SEIT 1920

JOACHIM KUCH

MAZDA
SEIT 1920

JOACHIM KUCH

Einbandgestaltung: Luis Dos Santos

Bildnachweis:
Alle Abbildungen, soweit nicht anders vermerkt, stammen aus dem Archiv der
Mazda Motors Deutschland GmbH, der Mazda Motor Europe GmbH sowie der
Mazda Motor Corporation, Japan.

Vielen Dank für die freundliche Unterstützung an Herrn Jochen Münzinger
und das Mazda Motors Deutschland-Presseteam, besonders an Frau
Katrin Wolfsperger, ohne deren Mithilfe dieses Buch niemals hätte entstehen
können. Einen besonderen Dank auch an die Mazda-Enthusiasten vom Forum
www.mazdayoungtimer.de, insbesondere Mathias Büthe, Günther Juen und
Richard Schwab.

Eine Haftung des Autors oder des Verlages und seiner Beauftragten für
Personen-, Sach- und Vermögensschäden ist ausgeschlossen.

ISBN: 978-3-613-03028-2

1. Auflage 2008

Sie finden uns im Internet unter www.motorbuch-verlag.de

Lektor: Martin Gollnick
Innengestaltung: Anita Ament, 71229 Leonberg
Druck und Bindung: Rung Druck, 73033 Göppingen
Printed in Germany

Inhalt

Die Mazda-Geschichte 8

Mazda in Deutschland 32

Mazda im Spiegel der Zeit 38

Nachhaltigkeit bei Mazda 44

Die Meilensteine 50

Die Concept-Cars von Mazda 62

Mazda im Rennsport 72

Die Personenwagen	88
Mazda 121	90
Mazda2	96
Mazda 1000/1300	102
Mazda 818	104
Mazda 323	106
Mazda3	118
Mazda 616	124
Mazda 626	126
Mazda6	138
Mazda 929	146

Die Luxusklasse	154
Mazda Xedos 6	156
Mazda Xedos 9	158

Die Wankel-Typen	162
Mazda RX-3	164
Mazda RX-5	168
Mazda RX-7	172
Mazda RX-8	180

Die Sportwagen	186
Mazda MX-3	188
Mazda MX-5	190
Mazda MX-6	202

Die Vans und SUVs	204
Mazda Demio	206
Mazda Premacy	208
Mazda MPV	210
Mazda5	214
Mazda Tribute	218
Mazda CX-7	220

Die Nutzfahrzeuge	224
Mazda B 2500	226
Mazda BT-50	230
Mazda E-Serie	234

Die anderen Mazda	238
Anhang	242

Die Mazda-Geschichte

Vorurteile sind bequem. Man muss nicht weiter darüber nachdenken. Niemand im Westen hatte Japan ernsthaft als Konkurrenz betrachtet. Dabei waren die Preußen aus Fernost längst da. Als das die Medien merkten, häuften sich die Meldungen. Das abgelegene Inselreich war zur drittgrößten Wirtschaftsmacht der Erde aufgestiegen. Auf japanischen Werften entstanden die größten Schiffe der Welt, Supertanker mit mehr als 300.000 Bruttoregistertonnen, und Sony baute die kleinsten Fernseher (Bildschirmdiagonale 10 cm). Kein anderes Land der Erde produzierte so viele Pianos, Nähmaschinen oder Fotoapparate, und mit 31,4 Millionen Einheiten hatte Japan auch die Schweiz als führenden Uhrenhersteller abgelöst. Allmählich begannen sich auch die Automobilhersteller Sorgen zu machen. Nach Produktionszahlen gerechnet, hatten die japanischen Firmen im Nutzfahrzeugbau die Spitzenposition eingenommen – und im Motorradsektor sowieso –, es war also nur ein Frage der Zeit, bis sich auch bei den Personenwagen etwas tat. Darüber spekuliert wurde schon länger. Das Boulevardblatt *Quick* titelte bereits im Oktober 1963: »Japanische Autos nach Deutschland?« »Die japanische Autowelle rollt auf uns zu«, ließ der *Stern* wissen und die *FAZ* sekundierte: »Japans Autoindustrie formiert sich«.

Nervosität machte sich also breit in den Chefetagen, denn die japanische Autoflut rollte unaufhaltsam auf Europa zu. In Belgien, Holland und Frankreich hatte man schon welche gesichtet, in Österreich und der Schweiz waren die ersten gescheitert, hatten aber in Skandinavien – dort war man zum Teil seit 1962 vor Ort – bereits begonnen, sich zu etablieren. Italien und Frankreich hielten noch vermittels strenger Einfuhrbestimmungen und gesetzlicher Hürden die japanischen Marken außen vor, doch ewig würde das auch nicht halten. Außerhalb der europäischen Gemeinschaft war sowieso schon viel Terrain

schon verloren gegangen. In den USA lieferten sich die japanischen Marken mit den europäischen Importwagen einen offenen Schlagabtausch mit ungewissen Ausgang, und in Australien waren die europäischen Marken bereits 1967 aus dem Feld geschlagen worden. Wer die Presse verfolgte, wusste: es herrschte ein unerbittlicher Krieg um Absatzmärkte und Marktanteile. Und mittendrin im Getümmel stand die Toyo Kogyo Corporation.

Das Unternehmen war am 30. Januar 1920 aus einer Vorgängerfirma hervorgegangen und widmete sich der Korkveredelung. Zu den Gründern gehörte Jujiro Matsuda. Matsuda, Jahrgang 1875, war der elfte Sohn eines Fischers. Mit 13 verließ er sein Zuhause in der Präfektur Hiroshima, um in Osaka eine Ausbildung als Schmied zu beginnen. Er muss sich recht ge-

Jujiro Matsuda war ein hellwacher Kopf, der vom Pumpenbauer zum Automobilhersteller aufstieg.

schickt angestellt haben, denn schon 1894 besaß er einen guten Ruf als findiger Bastler. In Firmenunterlagen wird er als Ingenieur bezeichnet, allerdings war er das nach heutigem Verständnis sicher nicht: Ein Hochschulstudium oder Ähnliches hat er wohl kaum absolviert (wie auch ein Honda, ein Toyoda oder ein Suzuki nicht – es waren alles Autodidakten), was ihn allerdings nicht daran hinderte, sich mit einer selbst entwickelten Pumpe – Japan ist ein wasserreiches Land – selbstständig zu machen. Seine neumodische Konstruktion passte gut in diese Zeit des technischen Fortschritts. Die Nachfrage stieg unaufhörlich, er gründete schließlich 1912 die Matsuda-Werke. Begünstigt durch den Ersten Weltkrieg (der Japan auf der Seite der Alliierten sah) nahm die Firma einen rasanten Aufschwung und beschäftigte zu Hochzeiten 4000 Arbeiter. 1916 verkaufte er sein Unternehmen – über seine Motive ist nicht mehr viel zu erfahren – und kehrte zurück nach Hiroshima.

Mit 41 Jahren war er wieder zurück in seiner alten Heimat und viel zu jung, um sich zur Ruhe zu setzen. Als er daher von der 1920 neu gegründeten Toyo Cork Kogyo zu Hilfe gerufen wurde, musste man ihn nicht lange bitten.

Bei dieser Firma wurde aus einer einheimischen Pflanze ein Korkersatz hergestellt; die Gegend um Hiroshima war seit den 1870er Jahre das Zentrum für deren Verarbeitung. Kork war damals rar, wurde aber in der Industrie dringend benötigt, etwa als Abdicht- oder Dämmmaterial. Infolge des Ersten Weltkriegs war der Nachschub aus den Mittelmeerländern versiegt, nun aber waren die Seewege wieder offen, und die Toyo Cork kam beinahe ein wenig zu spät. Recht schnell war das Unternehmen gezwungen, nach neuen Produktionsfeldern Ausschau zu halten.

In wörtlicher Übersetzung bedeutete übrigens Toyo Kogyo »Manufaktur des Ostens«; der Markenname »Mazda« kam erst später hinzu. Dieser Namen leitete sich von der Gottheit Ahura Mazda ab, dem Schöpfergott der von Zarathustra gestifteten Religion, der ältesten der Welt. Außerdem passte der Name des Lichtgottes auch ganz gut zum Namen des neuen Firmenchefs Matsuda. Dieser war 1921 zum Präsidenten von Toyo Cork Kogyo aufgestiegen und hatte die Produktpalette zielstrebig auf andere Bereiche ausgeweitet. 1927 entfiel das »Cork« aus dem Namen, denn mit Kork hatte das Unternehmen nichts mehr zu tun. Stattdessen konzentrierte man sich voll und ganz auf den Maschinenbau, hauptsächlich für den Bergbau. Das wiederum war eine logische Entscheidung, denn gut die Hälfte Japans ist gebirgig und eigentlich unbewohnbar. Der Bau von Steinbohrern und ähnlichen Produkten liegt da schon nahe, der Autobau nicht unbedingt: In Japan gab es keine vernünftigen Straßen, auf denen hätten Autos fahren können.

Auf dem Weg zum Auto: Die Threewheeler

Das erste Auto, das nach Japan gelangte, war ein dreirädriges amerikanisches Elektroauto, ein Progress, gewesen. Ein Amerikaner hatte ihn in der Hafenstadt Yokohama an Land gebracht, ihn alsbald aber wieder im brackigen Hafenwasser versenkt. Ob aus Verzweiflung oder infolge eines Unglücksfalles, ist nicht überliefert. Es ist jedenfalls kaum vorstellbar, dass der Progress-Elektrowagen längere Zeit durchgehalten hätte. Zehn Jahre später wird von einem Dreirad berichtet – zwei Räder vorn, eines hinten –, das 1911 in Tokio gebaut worden sein soll, und aus dem Osaka des Jahres 1916 ist der Bau eines ähnlichen Vehikels überliefert, das Yamata hieß. 1917 schließlich beschäftigte sich der eingebürgerte Amerikaner William R. Gorham (dem die japanische Automobilgeschichte wesentliche Impulse verdankt) mit einem Dreiradwagen für einen behinderten Freund. Er baute zunächst drei dieser motorisierten Krankenfahrstühle, einen mit Front- und zwei mit Heckmotor. 1919 gründete Gorham die Jitsuio Jidosha Seizo, die zu einer Keimzelle der späteren Nissan Company werden sollte.

Mit Lastendreirädern fing es an: Das DA-Dreirad mit 482-Kubik-Einzylinder und 200 Kilo Nutzlast.

Bis auf den Hubraum praktisch unverändert: Mazda GA von 1949, jetzt schon mit 1157 Kubik.

Nach diesen eher bescheidenen Anfängen bedurfte es einer Katastrophe, um dem Motorfahrzeug zum Durchbruch zu verhelfen. Im September 1923 wurde Japan von einem verheerenden Erdbeben heimgesucht, das die Regionen Tokio und Yokohama in Trümmer legte. Für den Wiederaufbau der verwüsteten Städte – die Zahl der Toten ging in die Hunderttausende – wurden Fahrzeuge gebraucht, und die gab es in Japan nicht. Und wenn, kamen sie aus dem Ausland und waren so groß und teuer, dass sie sich niemand leisten konnte. Gut, das Kaiserhaus hatte welche, aber sonst? Die einfach aufgebauten und günstig zu produzierenden Dreiradwagen schienen da als Notbehelf ideal zu sein.

Im Anfang wurden ausländische Smith-Motoren mit 0,5 bis 1 PS Leistung eingeführt, der klassische Fahrrad-Hilfsmotor. Der konnte problemlos auch an die pedalgetriebenen Rikschas angehängt werden. Die Behörden erlaubten den Betrieb ohne Führerschein. Mit den Motorleistungen stiegen die Nutzlasten. Zu diesem Zeitpunkt legten die Behörden erstmals Mindestmaße und Gewichte für diese Fahrzeug-Kategorie fest: Nicht mehr als 350 Kubik, nicht mehr als 90 cm breit und 2,4 m lang. Höchstgeschwindigkeit 25 km/h, Zuladung 187,5 kg. Fahren durfte so ein Ding jeder, und bauen auch, sofern er eine sauber gezeichnete Konstruktionszeichnung vorlegen konnte. Verkaufen natürlich auch, es durfte aber nicht mehr als 500 Yen kosten.

Die Aufbauarbeiten zogen sich hin und erforderten viel Geld, das dann nicht für den Aufbau einer funktionierenden Infrastruktur zur Verfügung stand. Die Bankenkrise von 1927 erleichterte die Situation auch nicht gerade. Im Gefolge des Börsencrashs von 1929, der anschließenden Weltwirtschaftskrise und den Turbulenzen der Finanzmärkte präzisierte die Regierung im Februar 1930 die Richtlinien für den Bau der Dreiräder und definierte neue Spezifikationen. So wurden ein Hubraumlimit für Viertakter von 500 Kubik eingeführt und neue Abmessungen (maximal 1,2 m Breite, Länge 2,8 m) festgeschrieben. Zu dem Zeitpunkt begannen sich die großen Maschinenbauer dafür zu interessieren. Daihatsu, Kurogane, Aichi – und natürlich Toyo Kogyo, das im Oktober 1930 die ersten 30 Prototypen fertig stellte. 1931 begann mit diesem Mazda-GO dann die Geschichte von Toyo Kogyo als Nutzfahrzeughersteller. Und die ersten Mazda-Exemplare gingen dann nach China, mutmaßlich in die Mandschurei.

Der erste Mazda hatte einen luftgekühlten Einzylinder-Motor. Dieser Viertakter leistete 9,5 PS bei 3300 Touren, bei ihm handelte es sich schlichtweg um eine Kopie des englischen JAP-Einzylinders. Die ganze Fuhre sah ein wenig aus wie das in Deutschland hergestellte Framo-Dreirad, hatte eine Nutzlast von 500 kg und einen luftgekühlten Viertakt-sv-Motor. Als technischen Leckerbissen wies dieses Fahrzeug ein Differential

auf. 1933 änderte der Gesetzgeber ein weiteres Mal die Bestimmungen. Die Hubraumgrenze stieg auf 750 Kubik (inzwischen gab es ein Unternehmen, das Lizenz-Harleys herstellte), und erstmals war die Mitnahme von Personen gestattet. Das, zusammen mit den gewaltig angestiegenen Ausgaben zur Ankurbelung der Wirtschaft, heizte die Nachfrage zusätzlich an und führte zu einem Dreirad-Boom. Das Jahr 1937 markierte mit 15.236 Einheiten einen Produktionshöchststand, die Führerscheinfreien waren die meistverbreiteten Fahrzeuge auf dem Markt, weit vor jedem Vierrad-Personenwagen. Spätestens 1938 herrschte in Japan Vollbeschäftigung, der kleine Traum vom eigenen Untersatz schien in greifbare Nähe zu rücken. Allerdings steckte man zu dem Zeitpunkt bereits tief in Kriegsvorbereitungen, die leichten Nutzfahrzeuge waren aber für den Kriegseinsatz nur bedingt tauglich und wurden bei der Materialzuteilung benachteiligt. 1941, im Jahr des Überfalls auf Pearl Harbor, war die Produktion auf 4666 Einheiten gesunken, 1945 dann auf 380 Exemplare. Dreiräder hatten also Tradition, und mit kleinen Dreirad-Lieferwagen lief 1950 die Produktion bei Mazda wieder an.

Auf dem Weg zum vierten Rad

Die einzigen Automobilfabriken im Japan der Vorkriegszeit, die in großem Maße Personenwagen hergestellt hatten, waren Ford und General Motors gewesen. Die hatten den Markt gleich nach dem Ersten Weltkrieg ins Visier genommen. Erstens, weil sich unmittelbar nach dem Kriege Japans Volkswirtschaft verfünffacht hatte, und zweitens, weil nach dem Erdbeben Lastwagen und Busse benötigt wurden, um das Land wieder aufzubauen. Ein riesiger Bedarf und keine Konkurrenz, lächerlich niedrige Einfuhrzölle und billige Arbeitskräfte – ideale Voraussetzungen also, um so mehr, als die japanische Regierung dem Aufbau einer heimischen Automobilindustrie keine Bedeutung zumaß.

Bis zum Jahr 1929 kann von einer japanischen Automobilproduktion eigentlich nicht die Rede sein. Die dortigen Bastelbuden hatten insgesamt noch keine 400 Vehikel auf die Räder gestellt, während die beiden amerikanischen Konzerne schon eigene Montagewerke in Osaka und Yokohama unterhielten und rund 18.000 Autos produzierten. Dabei stützten sie sich nach bewährtem amerikanischen Muster auf landesweite Händlernetze. Da diese Fahrzeuge allerdings ausschließlich aus Teilen produziert wurden, die in den USA hergestellt und nach Japan verschifft worden waren, konnte sich keine eigene Zulieferindustrie etablieren. Und, was noch schlimmer war: Diese Teilesätze verschlechterten die bis dahin positive japanische Handelsbilanz. Die Threewheeler versprachen daher zumindest eine gewisse Entlastung von den dringendsten Verkehrsproblemen, zumal sie ohne großes technisches

Der erste Mazda: Der Vierrad-Prototyp von 1940. Der Krieg verhinderte den Serienbau.

Wie ein kleiner Jeep: In Mini-Stückzahlen entstanden um 1950 Vierrad-Lastwagen, auch in Feuerwehr-Ausführung.

Knowhow unkompliziert im eigenen Land hergestellt werden konnten.

Im Mai 1936 wurde ein neues Gesetz zum Schutze der einheimischen Wirtschaft erlassen. Demnach benötigten alle Autoproduzenten, deren Jahresproduktion 3000 Einheiten übertraf, eine Lizenz der Regierung. In Japan waren davon nur GM und Ford betroffen. Überdies stiegen 1937 die Einfuhrzölle auf Teile und Zubehör dramatisch, und nach 1938 produzierte Japans Autoindustrie praktisch nur noch vierrädrige Lastkraftwagen für das Militär. Die Hersteller, die solche Fahrzeuge anbieten konnten, wurden bei der Materialzuteilung bevorzugt. Mazda gehörte nicht dazu, war aber als Maschinenbauer anderweitig in die Kriegsvorbereitungen mit eingebunden und baute Gewehre für Heer und Marine. Dennoch ließ Matsuda 1940 noch den Prototyp eines vierrädrigen Kleinwagens entwickeln, der allerdings nicht mehr zur Serienreife gelangte.

Dass der Krieg Hiroshima nicht verschonte, ist hinlänglich bekannt. Die Hafenstadt hatte bis August 1945 nicht unter Bombenangriffen zu leiden gehabt, ganz im Gegensatz zu praktisch allen anderen japanischen Großstädten. Warum auch? Schließlich war sie kaum von militärischer Bedeutung, lediglich die für die Verteidigung Südjapans zuständige 2. Armee hatte dort ihr Hauptquartier. Die Innenstadt bestand zum Großteil aus typisch japanischen Holzhäusern, die rund 250.000 Einwohner beherbergten. Aus Sicht der US-Militärs war Hiroshima ideal, nicht zuletzt weil es dort keine Kriegsgefangenenlager gab. Genaue Opferzahlen gibt es bis heute nicht, die Angaben schwanken zwischen 90.000 und 200.000, die direkt bei der Explosion starben. Bis Ende 1945 sollten noch einmal rund 150.000 Strahlenopfer dazukommen.

Toyo Kogyo, reichlich fünf Kilometer vom Zentrum entfernt, wurde beim Abwurf der Bombe natürlich in Mitleidenschaft gezogen. Einige Gebäude wurden zerstört, andere abgedeckt.

119 Angestellte starben sofort, 335 erlitten schwerste Verletzungen. 200 Mazda-Mannen hatten sich zu Arbeiten in der Stadt aufgehalten in der Nähe des Nullpunktes. Auch sie hatten keine Chance. Nach der Katastrophe wurden die Werkshallen als Notlazarette genutzt, die Belegschaft leistete Hilfe, so gut es eben ging. Bei vielen ging es nicht.

Die fünfziger Jahre

Bei Kriegsende existierten nach offiziellen Angaben noch rund 110.000 Automobile in Japan. Die tatsächliche Zahl der fahrbereiten dürfte erheblich darunter gelegen haben. Und in den folgenden Jahren änderte sich daran nicht viel. Zum einen lasteten auf Neufahrzeugen exorbitante Steuern zwischen 20 und 50 Prozent, zum anderen existierte ein schwunghafter Gebrauchthandel mit den Wagen, die von den amerikanischen GIs eingeführt wurden. Der Gesamtausstoß aller japanischen Pkw-Hersteller kletterte 1948 auf 381 Wagen (darunter drei Toyota, der Rest Datsun) und erreichte 1949 immerhin 1070 Fahrzeuge. Zum Vergleich: die Produktions-Statistik wies in diesem Jahr 25.560 Lkw, 2.070 Busse sowie 26.727 dreirädrige Lastenkarren auf. Anfang der Fünfziger, so belegen Statistiken, importierten die Amerikaner 12.503 Personenwagen, alle japanischen Firmen zusammen brachten mit Mühe 8789 Pkw auf die Räder. Ganz anders dagegen sah es bei den Dreirädern aus.

Die erlebten in den Fünfzigern ihre Blütezeit, und Mazda marschierte vorneweg. Die Popularität dieser Fahrzeuggattung gründete sich nach wie vor auf die damals geltenden gesetzlichen Bestimmungen. Threewheeler waren von den Steuern befreit und man benötigte für sie keinen Pkw-Führerschein. Das führte zu einem unglaublichen Anstieg der Produktion: Von den 2692 Exemplaren des Jahres 1946 bis zu rund 130.00 Einheiten des Jahres 1960. Mazda hatte am Ende der Dekade rund 30 verschiedene Nutzfahrzeug-Modelle im An-

Das CT-Lastendreirad ging im September 1950 in Serie. Mit dem GA-Motor und 32 PS hatte es eine Tonne Nutzlast.

Prospekt für die D-Serie, den Rompa. Mazdas erster Vierrad-Lkw ging im April 1958 in Serie.

Lastendreiräder wurden bis Mitte der Sechziger gebaut, mit 1,5 (T 1500, im Bild) und zwei Tonnen.

Im März 1959 ging der K360 mit 300 kg Nutzlast in Serie.

gebot, zumeist Dreirad-Lieferwagen mit Nutzlasten von 0,5 bis 2,0 Tonnen. Der monatliche Ausstoß lag bei 6000 Einheiten. Mazda hatte eine ausgesprochen hohe Fertigungstiefe, abgesehen von Gummi, Elektrik und Kugellagern wurde alles im Werk Hiroshima hergestellt. Höhe- und Endpunkt der Dreiradentwicklung war der Typ CTL1 von 1952, der verschiedentlich überarbeitet wurde. In der HBR-Ausführung brachte es der Dreisitzer auf einen Radstand von 3,81 m; der unter den Sitzen untergebrachte 1,4-Liter-Motor – eine moderne Eigenkonstruktion mit OHV-Steuerung – leistete 42 PS bei 3500/min. Obwohl Mazda beteuerte, alles Erdenkliche für die Motordämmung getan zu haben, dürfte der gebläsegekühlte Zweizylinder-Viertakter einen Höllenlärm veranstaltet haben. Die Kraftübertragung erfolgte über ein teilsynchronisiertes Vierganggetriebe, der Schalthebel saß an der Lenksäule. Als mögliche Höchstgeschwindigkeit wurden 77 km/h angegeben, das war für den je nach Aufbau gut sechs Meter langen Truck eine ganze Menge. Am anderen Ende der Produktpalette stand der K360, der Threewheeler in der steuerbegünstigten Kei-Klasse mit einem 356-cm³-Motor und einer Länge von 2,97 m. Seine Spitze betrug laut Angaben 65 km/h, seine Nutzlast lag bei 300 Kilogramm.

Doch solange es in Japan kein Straßenbauprogramm gab und das Verkehrswesen in dem zerklüfteten Inselstaat sich auf die Ballungszentren an der Küste beschränkte oder auf dem Wasser abspielte, konnte das Auto keine größere Bedeutung erlangen. Der Besitz von Personenwagen war Privatpersonen seitens der amerikanischen Besatzungsbehörden bis 1949 sowieso komplett verboten und danach nur den wenigsten Privatpersonen erlaubt, die von Toyota und Nissan gebauten Autos gingen praktisch ausschließlich an das Taxigewerbe. Erst 1955 wurden die Bestimmungen gelockert, auch Privatleute

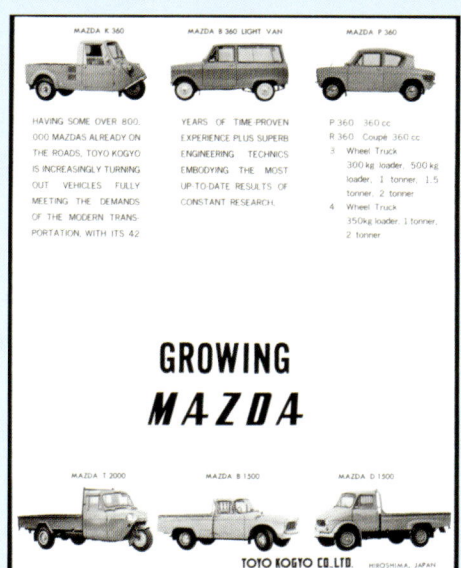

Mazda wächst: Anzeige aus dem Jahr 1962.

Im Sommer 1963 aufgenommen: R360 vor der sogenannten Atombombenkuppel, dem Mahnmal für den Bombenwahnsinn. Foto: Gronefeld.

konnten an den Besitz von Pkw denken. Wie sehr die Automobilwirtschaft Japans unter der veralteten Infrastruktur des Landes litt, bewies 1952 ein längerer Streik bei der Eisenbahn. In Hiroshima stauten sich die bislang auf dem Bahnweg ausgelieferten Lastendreiräder innerhalb weniger Tage in einem Ausmaß, das die Fortführung der Produktion in Frage stellte. Und auf der Straße war kein Durchkommen, undenkbar, die Fahrzeuge auf dem Landweg auszuliefern. Mal abgesehen von der Tatsache, dass Mazda keine Autotransporter zur Verfügung hatte. Als Folge davon stellte Mazda um auf eine Schiffsverladung, nicht umsonst war Hiroshima seit alters her einer der wichtigsten Seehäfen Japans. Toyo Kogyo legte sich eine eigene Transporterflotte zu, die 1954 bereits 23 Schiffe umfasste. Gut 95 Prozent der Auslieferung fand fortan auf dem Seeweg statt, auch die Anlieferung von Rohmaterial, Halbfertigprodukten und Zubehör von Zulieferfirmen erfolgte per Schiff; Toyo Kogyo war damit so gut wie unabhängig von öffentlichen Transportmitteln.

Die sechziger Jahre: Es läuft rund bei Mazda

Anfang der 60er Jahre änderten sich die Verhältnisse, die olympischen Spiele von Tokio führten zu einem gewaltigen Anstieg der Investition in die Infrastruktur des Landes. Dazu kam ein spürbarer Nachfragerückgang bei den Lastendreirädern, die Absätze brachen dramatisch ein, zum Teil sogar um fast 50 Prozent. Die bisher dafür vorgehaltenen Produktionskapazitäten mussten anderweitig genutzt werden, und da lag der Bau eines Kleinwagens nahe – einen in der Kei-Klasse, der Kategorie bis 360 Kubik. In der Kleinwagen-Klasse waren die Steuerlast geringer, die TÜV-Intervalle (die natürlich nicht so hießen) länger und die Führerscheinbestimmungen weniger streng.

Außerdem entfiel die Pflicht, einen Parkplatz nachzuweisen – bei 1,3 Millionen Autos und nur 250.000 Parkplätzen, wie die Statistiken etwa für Tokio Mitte der 60er nachwiesen, waren das gewichtige Argumente. Die Entscheidung, hier anzutreten, war also goldrichtig.

In Rekordzeit entwickelte Mazda einen Wagen für diese Klasse, das R360 Coupé, das 1960 in Serie ging. Der neue Mazda wurde ein wahrer Renner und ermutigte das Unternehmen, weiter auf Personenwagen zu setzten. Es folgten Erfolgsmodelle wie der Carol, der Familia und der Luce.

Toyo Kogyo verfügte über ausreichende Reserven, um die Herstellung seiner kleinen Autos nach modernsten Methoden durchzuführen. Durch den jahrelangen Bau der Lastendreiräder hatte man genügend Geld verdient. Doch die Erweiterung der

Der Porter trat 1969 die Nachfolge des K360-Dreirads an.

Vor der großen Expansion: Ein Blick auf die Fertigungshallen 1961.

Trotz des Erfolgs des R360 war Mazda in erster Linie ein Nutzfahrzeughersteller. Foto: Gronefeld. R360 und Carol am Ufer der Götterinsel Miyajima. Foto: Gronefeld.

Produktionsanlagen strapazierte die Firmenkasse in größerem Ausmaß als angenommen, und letztlich musste Toyo Kogyo doch Fremdmittel in Anspruch nehmen, um im mittleren Fahrzeugbereich die angefangenen Projekte zu Ende führen zu können. Als Finanzier trat die Sumitomo-Bank auf, die damit einen großen Einfluss gewinnen und letztlich dann auch die Fusion mit Ford vorantreiben sollte. Zu der Zeit liefen die Entwicklungsarbeiten am Kreiskolben-Motor bereits auf Hochtouren.

Im Januar 1960 erhielt Tsuneji Matsuda, der 1951 seinem Vater auf den Stuhl des Präsidenten von Toyo Kogyo Co. Ltd gefolgt war, ein Schreiben von seinem deutschen Freund Forster. Die beiden kannten sich seit 30 Jahren. Er bezog sich in diesem Schreiben auf das Wankel-Symposium in München, veranstaltet vom VDI am Jahresanfang, bei dem er zugegen gewesen war. »Dieser Motor ist eine wirklich epochale Erfindung«, schrieb er da und riet, möglichst umgehend in Vertragsverhandlungen einzusteigen, und bot auch seine Unterstützung an.

Mazdas Interesse war geweckt. Ein technischer Ausschuss beschäftigte sich näher mit dieser Entwicklung (was allerdings zu der Zeit vor allem darin bestand, das entsprechende Schrifttum auszuwerten, wirklich gesehen hatte diesen Motor noch niemand bei Mazda) und kam zu dem Schluss, dass, ungeachtet aller noch zu lösenden Probleme, etwa in Sachen Materialbeschaffenheit, eine Serienproduktion denkbar erschien. Das Ganze sei zu überschaubaren Kosten machbar und damit für Mazda zu stemmen. Außerdem passte das gut zum Image als technikorientiertes Unternehmen. Und noch ein Vorteil: dank der Herkunft aus dem Maschinenbau war Mazda in der Lage, alle dafür notwendigen Maschinen und Werkzeuge in eigenen Werkstätten herzustellen. Und Metallurgen und ähnliche Spezialisten, die bei dieser Art von Grundlagenforschung unerlässlich sind, standen ebenfalls zur Verfügung.

Das alles mag Matsuda bewogen haben, mit NSU in Lizenzverhandlungen zu treten.

Begehrte Sache: Der Kreiskolben-Motor

Damit standen die Japaner aber keineswegs allein, über 100 Firmen hatten bei den Neckarsulmern nachgefragt, 34 davon allein aus Japan. NSU, so wird überliefert, antwortete auf jenen ersten, mit Kirschblüten verzierten Brief aus Hiroshima noch nicht einmal.

Im Mai 1960 besuchte der damalige deutsche Botschafter in Japan, Dr. Wilhelm Haas, Mazda in Hiroshima. Beim gemeinsamen Mittagessen bot Haas dann seine Dienste an (»Wenn ich einmal etwas für Sie tun kann ...«) und wurde prompt beim Wort genommen: Matsuda erzählte von seinen Versuchen, zu einer Wankel-Lizenz zu gelangen, und der Diplomat ließ seine Verbindungen spielen: Toyo Kogyo wurde nun Ernst genommen. Gleichzeitig war Matsuda-Intimus Forster (nach anderen Quellen war es Eugen Diesel, der Sohn des berühmten Vaters) nicht untätig gewesen, die konzertierte Aktion jedenfalls trug Früchte: Im Juli 1960 erhielt Mazda ein Schreiben von NSU, in dem es um eine mögliche Zusammenarbeit ging.

In Hiroshima begann daraufhin das Kofferpacken, eine fünfköpfige Delegation um Mazda-Chef Matsuda machte sich auf den Weg, um das technische Wunderwerk mit eigenen Augen zu begutachten. Und man war tief beeindruckt von dem kompakt bauenden Aggregat, das mit gut einem Drittel weniger Teile auskam und so leise und vibrationsfrei lief. Man konnte sogar ein Münze auf das Motorgehäuse stellen, und die fiel nicht um ... Am 12. Oktober 1960 wurde schließlich eine vorläufige Vereinbarung unterzeichnet, wobei Klarheit darüber herrschte, dass Mazda noch keine Lizenz für den Bau von kompletten Motoren erhielt (die ja noch längst nicht serienreif waren), sondern die Genehmigung für Forschungen auf Grundlage der NSU-Arbeiten. Bestandteil dieser Vereinbarungen war ein intensiver Gedankenaustausch. Die formellen Verträge mit der NSU Wankel GmbH wurden am 3. März 1961 unterzeichnet. Die japanische Regierung billigte die Vereinbarung am 4. Juli 1961, denn noch immer waren die Devisen knapp. Damit war der Weg frei für eine einzigartige Entwicklung.

Mazda schickte kurz nach der Zustimmung durch die Regierung ein weiteres Techniker-Team an den Neckar. Kopf der sechsköpfigen Truppe war Kohei Matsuda, damals Vizepräsident bei Toyo Kogyo und Sohn von Tsuneji Matsuda. Zu dieser Zeit hatte NSU gerade 250-cm³-Motoren auf den Prüfständen

Der erste Wankel-Testmotor konnte nicht überzeugen.

Ließ nicht locker: Kenichi Yamamoto machte die Erfindung von Felix Wankel zum Erfolg.

wie auch im Fahrversuch, und ihre Entwicklungsarbeit schien erfolgreich zu verlaufen. Die Markteinführung stand aber noch in den Sternen. Denn ganz so einfach war sie denn doch nicht, die Sache mit den kreisenden Kolben. Ein Problem war der hohe Verschleiß, kenntlich an den »Rattermarken«: Torsionsschwingungen, die zu einer waschbrettartigen Laufbahnoberfläche führten. Ein Motor-Exitus war vorprogrammiert. Die Delegation aus Japan machte lange Gesichter: Sie war davon ausgegangen, dass das Problem bereits Ende 1956 gelöst worden sei. In düsterer Stimmung kehrte man nach Hiroshima zurück. Der Weg zur Serienreife war noch lang und steinig. Kurz nach der Rückkehr der Technikergruppe stellte Mazda eine entsprechende Forschungsmannschaft zusammen, die sich des im November 1961 angelieferten NSU-Prototyp-Motors KKM 400 mit einem Kammervolumen von 400 Kubik annahm. Beeindruckend war dessen Leistungsvermögen, er brachte maximal 48,8 PS bei 9000/min und ein maximales Drehmoment von 61 Nm bei 4200/min – ganz erstaunlich für einen solch kompakten Motor, und das so reibungslos und ruhig, eine beeindruckende Vorstellung.

Parallel zum Testlauf des KKM 400 entstand aus den ebenfalls von NSU gelieferten Konstruktions-Blaupausen der erste in Hiroshima gebaute Wankel-Motor. Beide waren eine große Enttäuschung, vor allem Testmotor Nr. 1: Er entwickelte große Vibrationen, soff lästerlich und verbrannte Unmengen an Motoröl. Und nach 200 Stunden auf dem Prüfstand war er kaputt. Als die Ingenieure sich den Schaden besahen, entdeckten sie, neben zerbröselten Dichtungen, an der Laufbahn wieder die verflixten Rattermarken. Deren Beseitigung wurde zur ersten großen Herausforderung der japanischen Ingenieure.

Anfang 1962 hatte Mazda dennoch den ersten eigenen Wankelmotor in einem Carol getestet. Als man den Zündschlüssel umdrehte, stieß der Wagen dicke weiße Rauchschwaden aus: Motoröl war in die Verbrennungskammern gedrungen, auch die Öldichtungen hielten nicht: Ein weiteres Problem auf dem Weg zur Serienreife.

Im April 1963 wurde aus der Tüftlertruppe eine regelrechte Forschungsabteilung, die »Rotary Engine Research Division«. Zu deren Leiter wurde Kenichi Yamamoto, der spätere Präsident des Unternehmens, berufen. Yamamoto arbeitete seit 1946 als Konstrukteur bei Toyo Kogyo und hielt vom Kreiskolbenmotor eigentlich gar nichts. Die neue Abteilung hatte anfangs 47 Mitarbeiter aus vier Abteilungen, nämlich Forschung, Versuch, Konstruktion und Materialprüfung.

Die Bedingungen waren ärmlich, das Testequipment primitiv. Es gab keine geeigneten Motorenprüfstände. Im Januar 1964 wich dann das Provisorium allmählich einer mit modernstem Gerät ausgestatteten Entwicklungsabteilung, im August hatten die Rotarier dann insgesamt 30 Motorprüfstände zur Verfügung. Die wurden auch dringend gebraucht.

Zu Beginn hatte Yamamoto seinen Leuten verkündet, was er (und das ganze Unternehmen) von ihnen erwartete: »Von nun an sollte jeder von uns 47 Samurai [er spielte damit auf einen japanischen Mythos an, die sieben Samurai] die Forschungsabteilung als seine Heimat betrachten. Wir dürfen Tag und Nacht nur an den Wankelmotor denken. Auch unter widrigen Umständen und in schwierigen Situationen denken Sie bitte an den Geist der siebenundvierzig Samurai – und halten durch.« Yamamoto übertrieb nicht: Der Wankel war längst noch nicht serienreif, dieses »Tag und Nacht« wurde zum Schlachtruf der Rotary Engine Research Division.

Die neue Abteilung rückte zuerst den Rattermarken zu Leibe. Verursacht wurden sie von den Scheiteldichtleisten am dreieckigen Kreisläufer und der bisherigen Beschichtung der Laufbahn. Von ihnen hingen Leistung und Haltbarkeit des Wankel-

motors ab. Um das Problem zu beheben, mussten die Rotarier ganz tief in die Materialkunde einsteigen, erprobten, forschten, experimentierten und verwarfen. Und scheiterten. Immer wieder. In der Abteilung stapelten sich von Rattermarken gezeichnete Rotorgehäuse bis fast an die Decke. Letztlich aber fand man eine geeignete Beschichtung für die Zylinderlaufbahn, die Trochoide. Gleichzeitig musste man sich auch um die Dichtleisten kümmern, nicht nur, weil diese ein Teil des Rattermarken-Problems gewesen waren, sondern auch, weil diesen eine Schlüsselrolle bei der dauerhaften Abdichtung der drei Brennkammern gegeneinander zukam. Erschwerend kam noch hinzu: Der Motor musste nicht nur gas-, sondern auch öldicht gemacht werden. Beim Hubkolbenmotor liegen die entsprechenden Kolbenringe ja eng beieinander. Das tun sie beim Kreiskolbenmotor nicht. Daher mussten sich Yamamotos Mannen auch für die Ölabstreifringe etwas einfallen lassen. An diesen komplexen Anforderungen waren bislang alle Wankel-Bauer schier verzweifelt, der amerikanische Lizenznehmer Curtiss-Wright hatte zum Beispiel über 400 Konfigurationen ausprobiert.

Mazdas zunächst gefundene Lösung überstand dann einen Testdauerlauf von 300 Stunden. Damit stand der Wankel nun auf einer Stufe mit den konventionellen Hubkolben-Motoren, der Wankelmotor sollte aber mindestens 1000 Stunden Dauerbetrieb durchhalten. Der Materialmix musste verbessert werden. Mazda fand nach gut einem halben Jahr intensiver Forschungen – wirklich buchstäblich Tag und Nacht – 1964 schließlich eine Lösung für das Dichtungsproblem, baute die Dichtleisten aus einer Kombination von Aluminium und Karbon und versah die Laufbahn mit einer Hartchrom-Beschichtung. Und die Öldichtigkeit erreichte man durch eine spezielle Beschichtung auf der Innenseite der Öldichtung, was zu den für Mazda-Wankel typischen seitlichen Dichtstreifen führte.

Zwei Scheiben – eine Lösung

Sowohl beim KKM 400 als auch bei dem von Mazda gebauten Wankel handelte es sich um Aggregate mit einer Scheibe. Die liefen zwar prima bei hohen Drehzahlen, wiesen aber im unteren Drehzahlbereich ein absolut inakzeptables Laufverhalten mit beträchtlichen Vibrationen auf – eine konstruktionsbedingte Schwachstelle.

Was wäre denn aber, wenn man nun statt dem einen gleich zwei Drehkolben nähme?

Könnte man damit nicht das Verhalten eines konventionellen Vierzylinder-Viertakters erreichen? Überdies ist die Überlappung von Aus- und Einlass rund 1,5 Mal länger als beim konventionellen Ottomotor, was doch dem Zweischeiben-Motor eine Sechszylinder-ähnlichen Bandbreite verleihen müsste? Jawohl, tat es. Auch vier Jahrzehnte später erfüllt der Zweischeiben-Wankel alle Anforderungen hinsichtlich Leistung und Drehmoment. Zunächst allerdings führte diese Entscheidung zu weiteren Problemen. Diesmal war es die Gassteuerung, die nach jeder Menge neuer Ideen verlangte. Beim NSU Wankelmotor erfolgte die Frischgaszufuhr über einen Umfangseinlass, das heißt: Sowohl Einlass- als auch Auslassöffnungen befanden sich an der Außenseite des Rotorgehäuses. Nachteilig bei diesem System der Gasführung war die lange Überschneidung, also der Zeitraum, in dem Ein- und Auslasskanal gleichzeitig öffneten. Das kostete Leistung bei niedrigeren Motor-Drehzahlen und führte zu einem schlechten Teillast-Verhalten mit instabilem Leerlauf. Andererseits ergab sich so eine höhere Füllung und damit eine höhere Leistung. Kenichi Yamamoto indes ging lieber auf Nummer Sicher: Etwas weniger Leistung, dafür weniger Probleme bei der Gassteuerung. Letztlich operierte Mazda mit zwei seitlichen Einlässen – jeweils einem auf jeder Gehäuseseite.

In der frühen Phase der Wankelmotor-Entwicklung hatte man angenommen, dass ein normaler Zweistufen-Vergaser, wie er auch beim konventionellen Ottomotor verwendet wurde, genügte. Recht schnell war aber klar, dass sich damit nicht das volle Potential der Maschine ausschöpfen ließ. Also musste ein geeignetes Vergaser-Design für den Wankelmotor geschaffen werden, und auch bei der Zündung mussten eigene Lösungen gefunden werden. Die spezielle Bauform – schließlich darf die Zündkerze nicht wie beim Ottomotor in den Brennraum ragen – erforderte die Entwicklung neuer Kerzen. Außerdem entschied man sich für die Doppelzündung, also zwei Kerzen je Scheibe.

Wie sich das alles in der Praxis bewähren mochte, war allerdings unklar. Ausgedehnte Testfahrten konnten mangels geeigneter Strecken (Japans Straßen waren berüchtigt und in den meisten Fällen noch immer kaum mehr als Knüppeldämme) nicht durchgeführt werden. Außerdem fehlte der passende Wagen. An beidem wurde gearbeitet, die Teststrecke war früher fertig: Mazda nahm das eigene Testgelände Miyoshi im Frühjahr 1964 in Betrieb. Auf der 4,3 Kilometer langen Strecke, die 6,3 Millionen Dollar gekostet hatte, waren Schnitte von um die 200 km/h zu fahren, und auf dem neuen Allwetter-Prüfstand waren Startverhalten und Leistungsabgabe in Temperaturbereichen von –30 bis +40 Grad zu erproben. Übrigens hatten Yamamoto und seine Mannen auch Drei- und Vierscheibenmotoren im Versuch, doch deren Leistung hätte die damals zur Verfügung stehenden Fahrwerke überfordert. Mazda blieb beim Zweischeiben-Motor. Vorerst wenigstens.

Japans erster Sportwagen

Zum neuen Motor musste ein passender Wagen her. Ende 1962 hatte man Design und Architektur des Wankel-Wagens

Die Sensation auf der Tokio Motor Show 1963: Der Prototyp des Zweischeiben-Wankelmotors.

festgelegt, im August 1963 dann einen Prototyp fertig gestellt. Auf der 10. Tokyo Motor Show im September 1963 zeigte Toyo Kogyo dann zwei Ausführungen der neuen Maschine, ein Einscheiben-Aggregat mit 400 und eine Zweischeiben-Ausführung mit 800 Kubik Kammervolumen. Außerdem wurde auch ein Fahrzeug-Prototyp gezeigt. Diesen Wagen hatte Mazda auch auf der IAA in Frankfurt präsentieren wollen. Bei NSU war man damit aber ganz und gar nicht einverstanden, weil dort ja der Wankel-Spider enthüllt werden sollte. Der Mazda hätte dem NSU glatt die Schau gestohlen. NSU-Chef von Heydekamp erinnerte daraufhin über seinen Hausjustitiar Dr. Henn die Asiaten in einem frostigen Schreiben an die Bestimmungen des Lizenzvertrages. Es sollte nicht die einzige Verstimmung bleiben.

Mazda beschränkte sich also zunächst auf Japan. Im Jahr darauf, 1964, sorgten ein Zweischeiben-Motor mit jeweils 400 Kubik und ein gut 140 PS starkes Vierscheiben-Aggregat für Aufsehen. Und dort war der Prototyp des Mazda 110 S ein weiteres Mal zu bestaunen.

Die Fahrerprobung verlief nun parallel zu den Prüfstandversuchen, ein NSU-Ingenieur fuhr den Mazda-Wankel in Hiroshima Probe und äußerte sich ausgesprochen enthusiastisch: Toyo Kogyo war inzwischen zweifelsohne führend in der Kreiskolben-Entwicklung. Im Januar 1966 ordnete Mazda-Präsident Tsuneji Matsuda eine groß angelegte Vorserienerprobung an, etwas, was in der Form noch kein anderer japanischer Hersteller gewagt hatte: Sechzig Fahrzeuge wurden in ganz Japan, von Hokkaido bis Kyushu unter verschiedensten Wetter- und Straßenbedingungen von einigen tausend Menschen im Alltag getestet. Ob jetzt die Cosmo 600.000 oder insgesamt drei Millionen Kilometer abspulten, ist letztlich dabei nur von akademischem Interesse: Entscheidend ist, dass die neuartige Technik hielt. Die aufwändigen Fahrtests wurden im Dezember 1966 schließlich abgeschlossen: Der Wankelmotor war serienreif und voll und ganz in der Lage, sich im Alltag zu bewähren.

Eine Mischung aus Ferrari und Lotus, und doch ganz und gar einzigartig: Der Cosmo-Prototyp stand auf der Tokio Motor Show 1964.

Natürlich wurde der Cosmo 110 S, so die offizielle Bezeichnung, noch in einigen Details modifiziert, doch das war Kleinkram: Der Wagen wurde endlich freigegeben, der Verkauf lief am 30. Mai 1967 an – noch bevor NSU seinen Ro 80 auf den Markt bringen konnte, der stand nämlich erst auf der IAA im September.

Zahlen bitte

Für die Kreiskolbenlizenz zahlte Toyo Kogyo zwischen 1961 und 1963 zunächst drei Millionen Mark. Die Lizenz war auf fünf Jahre befristet. Das Geschäft war vor allem unter Forschungsaspekten abgeschlossen worden und hatte nur den ostasiatischen Raum abgedeckt. Und Mazda hatte sich das Recht einräumen lassen, andere japanische Autohersteller mit Wankel-Motoren zu beliefern. 1966 kam es dann zu einem Ergänzungsvertrag zur Ausweitung der Vertriebsrechte, Mazda durfte nun Motoren nicht nur für Automobile, sondern für alle Landfahrzeuge bauen. Inzwischen war klar, dass der Wankel-Motor tatsächlich kommerziell verwertet werden konnte. Außerdem hatte Toyo Kogyo bereits gewaltige Summen investiert. Daher ging es zu diesem Zeitpunkt vor allem um erweiterte Vertriebsrechte. 1968 war dann Mazda so weit, an den Export in die USA wie auch Westeuropa zu denken und bat zwei Jahre später, die bestehende Lizenz auf Kreiskolbenmotoren bis 500 PS auszuweiten. Die bisherige Obergrenze lag bei 200 PS. 1971 dann, bei der anstehenden nächsten Vertragsverlängerung, kam es beinahe zum Eklat, weil Audi-NSU – »warum sollen wir die Japaner stärker machen, es sind immerhin Konkurrenten« – den Verkauf von Wankel-Motoren an Ford verbot und drohte, den Lizenzvertrag nicht zu verlängern. Toyo Kogyo, noch auf die NSU-Grundpatente angewiesen, musste klein beigeben, daher tauchte auf jedem Wankel-Motor der NSU-Schriftzug auf.

Als Folge der Beinahe-Katastrophe von 1973/74 lockerte NSU die strengen Lizenzbedingungen und erlaubte Toyo Kogyo zum Beispiel eine weitere Ausweitung der Vertriebsgebiete und hob die Beschränkung auf Motoren für Landfahrzeuge auf. Jetzt durften Motoren aller Art gebaut werden. 1977 folgten dann – wiederum musste die NSU-Lizenz neu verhandelt werden – weitere Zugeständnisse, nicht zuletzt, weil aus dem Kreise der Wankel-Gemeinschaft im Grunde genommen nur noch Mazda übrig geblieben war: Die Lizenzgebühr für das zweite Halbjahr 1977 und das ganze Jahr 1978 fiel weg. Und für die folgenden Jahre wurde sie auf bis zu 40 % gesenkt. 1983 wurde sie endgültig gestrichen, weil zu diesem Zeitpunkt keine NSU-Patente mehr verwendet wurden, eine Verlängerung der ausgelaufenen Lizenzverträge erwies sich als nicht länger nötig. Denn der Basis-Patentschutz hatte eine Laufzeit von maximal zwanzig Jahren gehabt. Zuletzt waren die Patente in den USA abgelaufen, sie wurden im April 1982 gelöscht.

Damit allerdings endeten nicht die Transfers von Japan nach Deutschland, noch nicht: Die Japaner füllten noch immer fleißig Überweisungen aus, letztmals 1985. Die Gebühr errechnete sich übrigens nicht aus der Anzahl der gebauten Motoren, sondern aus der Wertschöpfung, oder besser: dem damit erzielten Umsatz. Als jährliche Mindestsumme war eine mit der Lizenz zu verrechnende Summe von einer halben Million Mark vereinbart worden. Mazda zahlte diese Mindestgebühr bis 1983 und in den letzten beiden Jahren jeweils noch die Hälfte. Diese Zahlungen der Jahre 1984 und 1985 beruhten eher auf freiwilliger Basis denn auf rechtlicher Grundlage, eine Zahlungsverpflichtung hat nicht mehr bestanden. Mazda-Chef Yamamoto hat diese wohl aus alter Verbundenheit noch zugelassen.

Bis zu dem Zeitpunkt waren insgesamt 1,5 Millionen Wankel-Mazda gebaut worden, die Hälfte davon war nach Nord- und Mittelamerika gegangen. Von jedem weltweit verkauften RX, Cosmo oder Luce sind, so die Berechnungen von Wankel-Spezialist Dieter Korp, rund 29 Mark an NSU beziehungsweise Audi NSU geflossen – summa summarum 42,6 Millionen D-Mark.

Die Export-Offensive der Sechziger

Mit dem Kreiskolbenmotor war Mazda der einzige Hersteller weltweit, der drei Motorkonzepte anbieten konnte, nämlich Otto-, Wankel- und Diesel-Motoren, letzteres dank des Lizenzabschlusses 1965 mit der britischen Firma Perkins (of Peterborough). In Japan wurde diesem Lizenzgeschäft viel mehr Beachtung zuteil als dem in Deutschland stark beachteten Wankel-Coup. Weiteres Technologie-Knowhow sicherte sich Toyo Kogyo unter anderem durch den Erwerb von Lizenzen zur Herstellung von Bremsen (Fairchild-Hiller) und metallurgischer Verfahren (Chrysler).

Der monatliche Fahrzeugausstoß bei Mazda betrug 1964 rund 28.000 Einheiten, das Werk platzte aus allen Nähten. Platz ist Mangelware im gebirgigen Japan, neues Land muss dem Meer abgetrotzt werden. Damit hatte Matsuda schon 1961 beginnen lassen, das umfangreiche Landgewinnungsprojekt vor der Küste Hiroshimas wurde zum Standort des neuen Werkes Ujina. Im Sommer 1966 ging es in Produktion, auf einen Schlag konnte Toyo Kogyo seine Kapazitäten vervierfachen – gerade rechtzeitig, denn wie bei allen japanischen Herstellern rückte der Export in den Vordergrund. Japans Regierung hatte einen Fahrplan für die nächsten 20 Jahre verabschiedet, um Japans Industrie in nahezu allen Bereichen an die Spitze zu bringen. Also wurden alle Hürden möglichst aus dem Wege geräumt. Mitte der Sechziger setzte daher auch Toyo Kogyo den Export auf die Tagesordnung, der Inlandsmarkt wies Anzeichen einer Sättigung auf. Mit CKD-Sätzen, die man nach Burma, Südafrika und Australien schickte, begannen die ersten Auslandsgeschäfte, doch betrafen diese ausschließlich Pick-ups und Lieferwagen. Die ersten Export-Pkw vom Typ Familia 800/1000 gingen Mitte 1964 nach Thailand, Singapur und Malaysia. Besondere Verkaufserfolge waren im praktisch vor der Haustür liegenden Australien zu verzeichnen, wo Toyo Kogyo 1966 auf 23.116 Exporteinheiten kam.

Die Luft wird dicker

Die Umweltverschmutzung rückte in der zweiten Hälfte der Sechziger immer mehr auf die Tagesordnung. Im Los-Angeles-Becken, bedingt durch Klima und Wetterlage, war das sogar bereits seit 1943 ein Thema. Ab 1959 hatte der Gesetzgeber eine ganze Reihe von Bestimmungen erlassen und Abgas-Grenzwerte festgesetzt, die natürlich auch für die Importmarken verbindlich wurden. Für das Modelljahr 1972 verbot Kalifornien die Verwendung von verbleitem Benzin, und 1975 wurde der Einbau eines Katalysators Pflicht. In den übrigen 49 Staaten der USA ging es zwar nicht ganz so zügig vonstatten, doch Silvester 1970 unterzeichnete der damalige Präsident Richard Nixon das von Senator Muskie initiierte Gesetz, das die Abgasemissionen bei Autos bis 1977 um 90 % reduzieren sollte. Auch in Japan herrschte dicke Luft, kein Wunder, denn aufgrund der Topographie des Landes sind Industrie- und Wohngebiete nicht zu trennen. Seit 1966 gab es feste Grenzwerte für die CO-Emission, die schrittweise verschärft wurden und sich den kalifornischen Bestimmungen annäherten. Ein 20-km/h-Limit aus Gründen des Umweltschutzes, wie es die alte Kaiserstadt Kyoto 1972 einführte, bildete aber die Ausnahme. Europa machte bei all dem nur halbherzig mit. Die Bundesrepublik senkte per Gesetz 1971 den Bleigehalt im Benzin, schrieb ab Modelljahr 1972 die Einführung eines Verbandskastens vor und ein Jahr später Sicherheitsgurte für Neufahrzeuge. 1975 folgte eine Begrenzung der Abgas-Emissionen im Automobil, 1976 wurde noch einmal der Benzin-Bleigehalt gesenkt. Darin erschöpfte sich denn auch so ziemlich die Bonner Besorgnis um Sicherheit und Gesundheit der Autofahrer, was erklärt, warum die europäischen und die amerikanischen Automobilbauer getrennte Wege gingen.

Japans Autobauer versuchten, beiden Märkten gerecht zu werden. Das stetige Bemühen um Wachstum und größere Marktanteile zwang sie zu immer kürzeren Modellzyklen. Außerdem konzentrierte man sich mehr auf den Export, der europäische Markt rückte in den Vordergrund. Was sich dort gut verkaufen ließ, ging auch in den USA. Was nach 1974 weder in den USA noch in Europa ging, war allerdings der Wankel. Alle hatten sich verrechnet.

Der Cosmo stand auch im Mittelpunkt der Motor Show 1967.

ロータリーエンジンを完成した〈技術革新のマツダ〉

MAZDA

Mazdas Kreiskolbenmotoren

Der Cosmo-Motor hatte einen Typ-10A-Wankelmotor mit einer Kapazität von 2 x 491 Kubik. Er hatte eine maximale Ausgangsleistung von 110 PS bei 7000 Umdrehungen, gemessen in japanischen Netto-PS. Bei diesen ersten Motoren bestanden die Gehäuse noch aus Sandguss mit beschichteter Laufbahn aus aufgespritztem Karbon und Hartchromauflage. Diese erste Serie lief bis Juli 1968. Die Facelift-Variante hatte dann nach Änderungen an Einlässen und Vergaser – komplizierte Dinger mit vier Schwimmerkammern – eine Leistung von 130 PS bei unveränderter Nenndrehzahl. Im ersten Großserien-Wankel, dem 1968 vorgestellten R100-Coupé, leistete der nunmehrige 10B-Motor dann 100 PS, was die Alltagstauglichkeit erhöhte. Außerdem war der Motor auf eine kostengünstige Großserienproduktion umgestellt worden.

Die nächste Ausbaustufe stellte der Typ 12A dar. Er hatte ein Kammervolumen von 2 x 573 Kubik und wurde im Mai 1970 im neu eingeführten Mazda RX2 (Capella) präsentiert. Die Form und Größe der 12A-Trochoide sind dieselben wie beim 10A-Motor, die Erhöhung der Kapazität wurde durch die Verbreiterung des Gehäuses um 10 mm erreicht.

Der Typ-13B-Wankelmotor wurde im Dezember 1973 präsentiert. Er sorgte im RX4 (Luce) für Vortrieb. Er war der bis dahin größte Zweischeiben-Wankelmotor. Sein Volumen lag bei 2 x 654 Kubik. Die Breite des Trochoiden-Gehäuses war gegenüber dem 12A-Motor um weitere 10 mm erweitert worden. Der 12A blieb rund 15 Jahre in Produktion, zuletzt sogar mit Turboaufladung.

Abgelöst wurde er durch den 13B-Motor, der die Basis für die Kreiskolben-Motoren bis auf den heutigen Tag legte. Im Grunde genommen handelt es sich dabei um eine vergrößerte Ausführung des 12A-Motors mit 80-mm-Kolben; der in Le Mans siegreiche 787B mit dem Vierscheiben-Motor R26B gehört ebenso zu dieser Familie wie die RENESIS-Maschine des gegenwärtigen RX-8. Und die Taiki-Studie mit 2 x 800 Kubik Kammervolumen, Motortyp 16X, lässt schon erahnen, wohin die Reise geht: Hin zu einer Direkteinspritzung, einer verbesserten Trochoidform, gesteigertem thermischen Wirkungsgrad und mehr Drehmoment. Trotz veränderter Abmessungen bleibt die neue Motorengeneration ebenso kompakt wie der aktuelle RENESIS-Motor. Und dank neuer Seitengehäuse aus Aluminium ist der 16X sogar leichter als der.

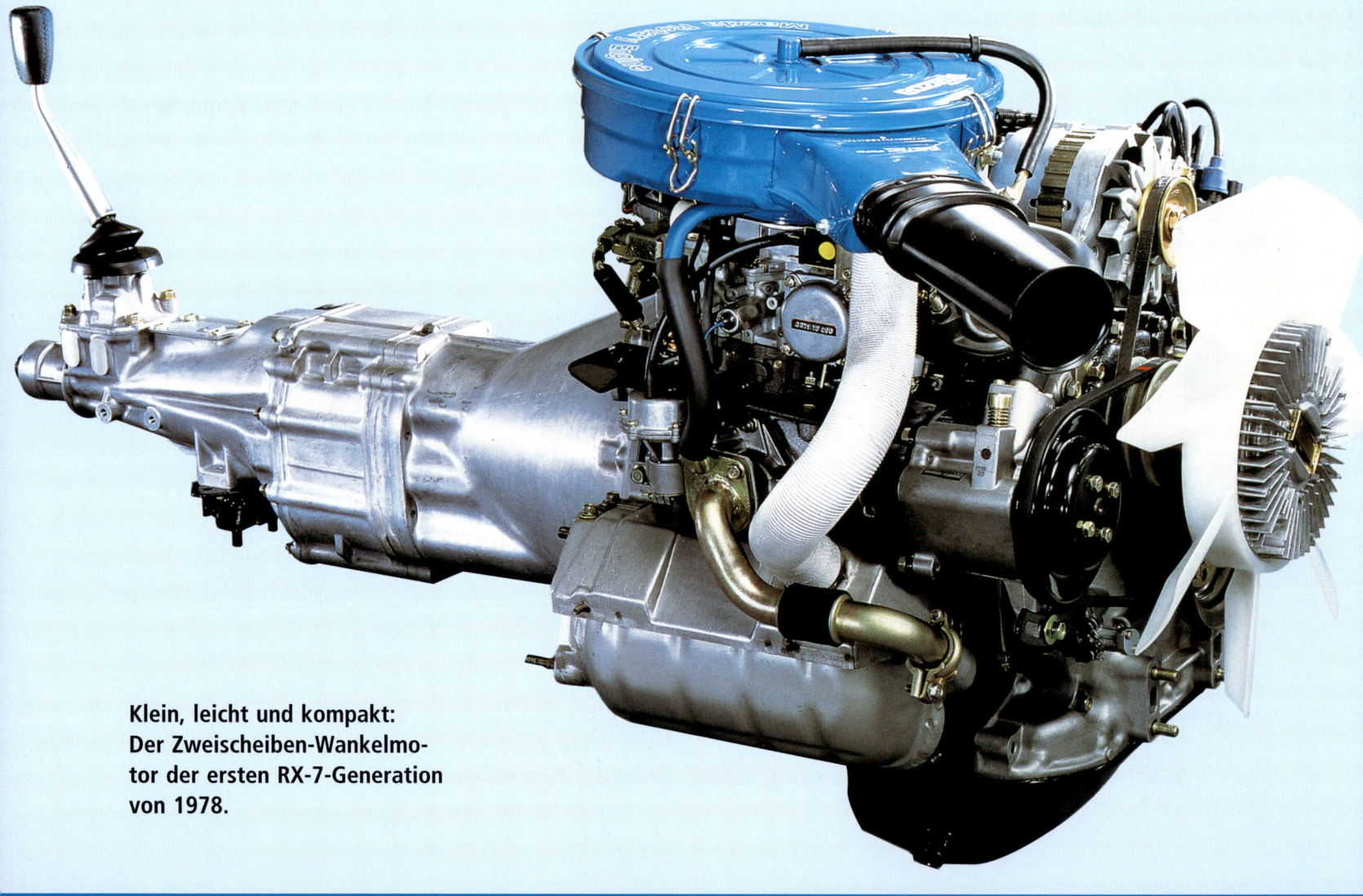

**Klein, leicht und kompakt:
Der Zweischeiben-Wankelmotor der ersten RX-7-Generation von 1978.**

Kraftwerk: Der Vierscheiben-Wankel R26B leistete rund 700 PS und verhalf dem 787B zum Le-Mans-Sieg.

Mit doppelter Aufladung: Der 13B-Motor der dritten RX-7-Generation mit Doppelturbo und ganz vorne platziertem Ladeluftkühler.

An diesem RENESIS-Motor sieht man sehr schön, wie wenig Teile so ein Wankel-Motor eigentlich benötigt.

Der EX005 von 1970 war ein Mobilitätskonzept mit Wankel.

Im Mai 1970 ging der RX-2 in Serie. Die Hubkolbenvariante hieß 616.

Das Wankel-Wanken

Dabei standen Anfang der Siebziger die Sterne günstig für den Kreiskolbenmotor, man rechnete damit, dass der Wankelmotor schon bald zu einer marktbeherrschenden Stellung gelangen könnte. Als Indiz dafür wurde die Tatsache gewertet, dass der weltgrößte Automobilhersteller, General Motors, Ende 1970 für 50 Millionen Dollar eine NSU-Lizenz erworben hatte, verteilt über fünf Jahre mit jederzeitigem Ausstiegsrecht. Ende 1971 hatte GM die zweite 10-Millionen-Tranche überwiesen. Das war ein klares Indiz, dass die Amerikaner an den Wankel glaubten. Schon 1974 sollten 30.000 Mittelklasse-Chevrolet vom Typ Vega vom Band laufen. Und spätestens bis 1975 wollten auch Nissan und Toyota ihre gesamte Produktion auf Wankelmotoren umgestellt haben.

Aus damaliger Sicht bot der Wankel nur Vorteile: Er benötigte weniger Bauteile als ein Hubkolbenmotor und war damit für eine kostengünstige Großserienproduktion geradezu prädestiniert. Er war kompakt, die neuerdings geforderten Knautschzonen und Abgasentgiftungsanlagen waren problemlos unterzubringen. Ein Wankel vertrug bleifreies Benzin, und die Geräuschemissionen waren auch geringer. Und viele Manager in der Automobilindustrie vertraten die Ansicht, dass die Umwelt-Gesetzgebung nur und ausschließlich mit dem Kreiskolbenmotor zu lösen wäre. So weit die Theorie, die aber erklärt, warum letztlich alle großen Autohersteller Wankel-Lizenzen erwarben. Ford hatte sich sogar schon vor GM um eine Wankel-Lizenz bemüht. Allerdings war NSU inzwischen Teil des Volkswagen-Konzerns, und dass VW einem Wankel-Ford auf deutschen Straßen zustimmen würde, schien ausgeschlossen. Also versuchte es Henry Ford II. durch die Hintertür und klopfte direkt in Hiroshima an. Angeblich war ihm der Wankel so viel wert, dass er auch gleich die Übernahme der kompletten Firma angeboten habe.

Zum Ford-Mazda-Wankel-Deal kam es nicht, und zur Übernahme auch nicht. Kohei Matsuda und seine Banker von der Nomura Securities waren nicht bereit zu verkaufen. Kein Stück. Und eine Wankel-Lizenz durften sie nicht verkaufen. Immerhin begann ein intensiver Austausch von Knowhow und Ideen, die

zu diskutieren Amerikaner nach Japan und Japaner nach Dearborn reisten. Gegen Jahresende 1970 kam ein Kontrakt zustande, der Ford zunächst die Vertriebsrechte am Mazda-B-Serie-Pick-up in den USA sicherte. Dort hieß er dann Ford Courier. Kolbenmotoren beherrschten zwar noch immer das Feld, aber deren Ende schien besiegelt zu sein. Der Wankel war dabei, ihn zu verdrängen, und die von der Familie Matsuda geleitete Toyo Kogyo hatte in diesem zukunftsträchtigen Bereich einen Entwicklungsvorsprung von zehn Jahren. Und das demonstrierte man auch selbstbewusst durch Studien wie den X 005, der im Oktober 1970 präsentiert wurde. Das Auto war ein hybridelektrischer Wagen mit trapezförmig angeordneten Rädern, von denen die äußeren angetrieben wurden. Auch der Prototyp RX 500 machte Schlagzeilen, er wurde als Gegenstück zum Mercedes-Benz C-III betrachtet. In Serie ging sogar ein Kleinbus mit Wankelmotor, mit dem Doppelscheiben-Aggregat des R 130.

Am Horizont aber zogen erste dunkle Wolken auf.

Die Siebziger:
Eine Marke am Abgrund

Das Unternehmen hatte 1970 den US-Import aufgenommen. Zunächst beschränkt auf Washington und Oregon, trug bereits 1971 die Hälfte aller verkauften US-Mazda einen Wankel. Und spätestens 1975 sollte in Hiroshima überhaupt kein konventioneller Hubkolbenmotor mehr vom Band laufen. Und zumindest in den USA war man auf bestem Wege dorthin, 92 Prozent der 1973 in den USA verkauften Mazda (insgesamt 104 960 Wagen, einschließlich der Pick-ups) hatten einen Kreiskolbenmotor unter der Haube.

Gegen Jahresende 1972 belief sich die Wankelmotor-Produktion bei Toyo Kogyo auf eine Größenordnung von 10.000 Einheiten pro Monat. Der Fahrzeugausstoß betrug 600.000 Wagen; die Gesamtzahl im Jahre 1972 kletterte auf 642.000 Einheiten; 1973 sollten es 750.000 Stück werden. Man steckte viel Geld in neue Produktionsanlagen, hatte 50 Millionen Dollar in das neue Werk Ujima investiert und das modernste Autowerk der Welt mit einer Kapazität von 240.000 Wagen jährlich hochgezogen. Hier wurde anschließend der Mazda 929 (RX-4) hergestellt. 1972 war auch Toyo Kogyos erstes Übersee-Transportschiff in Dienst gestellt worden, die 20.000 Tonnen große Seiyo Maru. Der Frachter konnte 2050 Autos an Bord nehmen. 54 kleinere Schiffe brachten Autos von Hiroshima zu anderen Plätzen Japans, um das eigene Netz zu versorgen. Die Verladepiers stellten quasi das Ende des Montagebands dar. Vollautomatische Verladevorrichtungen nahmen das Befrachten der Schiffe vor; die Aufwendungen hierfür beliefen sich auf ein Drittel dessen, was normalerweise der Transport auf dem Landweg kostete. Die Seiyo Maru steuerte nicht nur Nordamerika an. Mazda-Automobile wurden inzwischen auch nach Europa verschifft. Sie kamen in den Benelux-Ländern zum Verkauf, in der Schweiz und in der Bundesrepublik Deutschland (hier seit dem März 1973), und ein besonders aktiver Importeur arbeitete erfolgreich in Irland.

Durch die sich verschärfenden Umweltbedingungen und die steigenden Energiepreise änderte sich die Szene praktisch über Nacht. Für Mazda brachen schwere Zeiten an. Ein Indiz dafür war die Tatsache, dass GM nur Monate vor der für den Spätsommer 1974 geplanten Markteinführung der Wankel-Chevrolet die Notbremse zog, weil der Benzinverbrauch mit 23 Litern auf 100 Kilometer beinahe zweieinhalb Mal so hoch war wie mit konventionellem Motor. Und die Benzinpreise erreichten Rekordhöhen.

Die Ölkrise im Gefolge des israelisch-ägyptischen Kriegs 1973, bei dem die Araber erstmals das Öl als Waffe nutzten und die westliche Wirtschaft in Hysterie versetzten, führte bei den Automobilherstellern rund um den Globus zu Umsatzeinbrüchen und Kurzarbeit. In den USA verloren 650.000 Arbeiter ihren Job. Auch in Japan brach Panik aus, die Inlandsnachfrage verzeichnete bereits im Oktober/November 1973 Einbußen von 20 Prozent, und sogar 1977 hatte sich das Vakuum noch nicht wieder gefüllt. Es vervierfachten sich in jener Zeitspanne nicht nur die Benzinpreise; sämtliche Material- und Lebenshaltungskosten nahmen rapide zu. »Billige« japanische Autos gab es nicht, zumal im Zuge der Inflation auch Löhne und Gehälter in einem Maß stiegen, das Industrieprodukte aus Japan auf fast die gleiche Preisebene hob wie die der amerikanischen Anbieter. Immerhin handelte es sich aber bei den Volkswagen, Toyota, Nissan und Mitsubishi um relativ sparsame Vierzylinder, kein Wunder also, dass Importwagen Anfang 1975 bereits 15 Prozent des amerikanischen Automobilbestandes ausmachten. Mazda allerdings hatte wenig davon, die Konzentration auf den Kreiskolbenmotor sollte sich als verderblich erweisen. Mit Ausbruch der Ölkrise ging das Geschäft drastisch zurück, um so mehr, als die Umweltschutzbehörden Japans und Amerikas den Wankel-Autos kostspielige Auflagen hinsichtlich der Abgasreinigung machten. Bis man bei Toyo Kogyo die Sache

Die Sonne ging auf: Bald sollten nur noch Wankel gebaut werden.

1972 erschien der RX-4, der als erster die 1975er-Abgasstandards erfüllte.

**Mazdas RX-2 auf der RAI in Amsterdam, 1972.
Foto: Storz.
Die Mazda-Produktion erreicht 1972 die 5-Mio-Marke.**

im Griff hatte, waren die Ab- und Umsätze zusammengebrochen und erreichten existenzbedrohende Tiefstände: 1976 wurden kaum noch 35.000 Autos in den USA verkauft, ein absoluter Tiefpunkt, der an die Substanz ging. Denn Mazda operierte, wie praktisch alle japanischen Industrieunternehmen, mit extrem dünner Kapitaldecke: Wenn Geld verdient worden war, hatte man es unverzüglich wieder investiert – etwa in den Ausbau der Transportflotte und für ein neues Designcenter, das 1974 für 300 Millionen Dollar errichtet worden war. 650 Millionen Dollar hatte Mazdas fünftes Hochseeschiff für die Australien-Route gekostet, die Seio Maru. Das Geld fehlte nun bei der Entwicklung neuer Fahrzeuge. Trotz der sich verschärfenden Emissions- und Zulassungsbestimmungen sowohl in Japan als auch in den USA ließ Kohei Matsuda die Bänder in ungedrosseltem Tempo weiterlaufen, was zur Folge hatte, dass sich auf den Piers von Hiroshima alsbald Tausende von Wankel-Autos stauten. Ende 1974 war ihre Zahl auf 110.000 angewachsen, weitere 50.000 standen in den USA auf Halde. Matsuda glaubte, eine Kat-Nachbesserung würde sich händlerseitig vornehmen lassen, die Autobestände somit in absehbarer Zeit abgebaut sein. Er irrte gründlich, die Situation wurde prekär. Zu dem Zeitpunkt griff dann ein ebenfalls als typisch japanisch angesehener Mechanismus: Unternehmen, die in Schwierigkeiten geraten sind, können auf unbedingte Loyalität und Unterstützung durch Banken und die Regierung rechnen. Der damals 76-jährige Vorsitzende der Toyo-Kogyo-Hausbank Sumitomo, Shozo Hotta, wurde eingeschaltet. Er genoss das Ansehen eines Wirtschafts-Wunderdoktors, er hatte die vom Krieg schwer gezeichnete Bank zu neuer Blüte geführt. Sumitomo pumpte mehr als eine Milliarde Dollar in das vor dem Abgrund stehende Unternehmen, erzwang aber einen Rücktritt des Vorstandes, nur Galionsfigur Kohei Matsuda blieb in Amt und Würden. Es gab nur ein Thema: Autos verkaufen. »Wir müssen die Bänder anhalten, die Arbeiter aber nicht Feierschichten fahren lassen. Sie sollen helfen, die Autos zu verkaufen.« Zunächst klang dieser Vorschlag unrealistisch. Aber er half. Noch im Januar 1975 schwärmten 1150 Fließband- und Montagearbeiter zu sämtlichen Händlern des Mazda-Servicenetzes in Japan aus, denen man die Höfe voller Autos stopfte. Die Mazda-Werker rüsteten die Fahrzeuge gemäß den jüngsten Bestimmungen an Ort und Stelle um, was das Werk zusätzliche 113,7 Millionen Dollar kostete. Um das Geld aufzubringen, musste Toyo Kogyo sich von einigen Betriebsgrundstücken in Tokio und Osaka trennen. Als sich erwies, dass auf diese Art und Weise tatsächlich ein Abverkauf in Gang kam, wurden in Abstimmung mit der Gewerkschaft weitere 1400 Fließbandkräfte freigestellt und zu den Händlern geschickt. 1000 Mann übten für acht Monate Jobs als Autoverkäufer aus, 400 wurden noch einmal den Werkstätten zugeteilt.

Die Motivation der Leute aus der Fertigung, ihre Produkte selbst zu verkaufen, war größer als erwartet. Mazda schlug enormes PR-Kapital aus dieser Aktion, und sie regte die Konkurrenz an, diesen Weg ebenfalls zu gehen. Bis Ende September waren die Halden tatsächlich geleert. Die Produktion konnte in normalem Umfang wieder aufgenommen werden. Matsuda blieb nominell zwar Firmenchef, doch die gesamte Initiative lag nun in Händen der Banken.

Henry Ford II hatte sich während der Krise dezent im Hintergrund gehalten, und Kohei war zu stolz gewesen, um in Dearborn nach Unterstützung zu fragen. Stattdessen versuchte er, mit General Motors ins Gespräch zu kommen, etwa als Zulieferer für Holden. Der australischen Tochter wollte man Karosseriekörper und Fahrwerkteile für den Typ »Premier« liefern. Diese Kooperation führte letztlich auch zum kurzlebigen Mazda Roadpacer mit Kreiskolbenmotor. Ein zukunftsträchtiges Geschäftsmodell war das nicht.

1976 präsentierte Toyo Kogyo keine neuen Modelle; es galt, die Schäden des Vorjahres zu reparieren und Kräfte für die nächste Saison zu sammeln. In der Tat erneuerte Mazda 1977 in einer gewaltigen Kraftanstrengung praktisch seine gesamte Modellpalette, und nicht eines darunter war ein Flop. In jenem Jahr trat Kohei Matsuda zurück, dessen Nachfolger Yoshiki Yamasaki kein Mitglied des Matsuda-Clans war. In seiner Antrittsrede formulierte der seit 1938 dem Hause als Ingenieur dienende Veteran mit gebührender Höflichkeit: »Ich vermag über die Gründe, die das Unternehmen in diese Situation geführt haben, nichts zu sagen. Ich weiß nur, dass ich mich bemühen werde, unsere Firma wieder zu ihrem einstigen Ansehen zu führen.« Kohei Matsuda wiederum versprach, seine alten Verbindungen zur Finanzwelt zu aktivieren, um Toyo Kogyo aus der Talsohle zu helfen: »Ich werde jetzt mehr Zeit haben, mich dem Wohle des Hauses zu widmen, und von einer anderen Position aus Impulse beisteuern. Und ich werde Gelegenheit finden, die Ursachen zu analysieren, die zu den mangelhaften Resultaten während der Zeit meiner Geschäftsführung beitrugen.«

Das Mazda-Geschäftsjahr hatte 1975 mit einem Verlust von 70 Millionen Dollar geschlossen. Zwei Jahre später schaffte man es zwar, den Verlustvortrag auf die Hälfte zu reduzieren, doch der Sumitomo-Bank genügte ein Jahresgewinn von 35 Millionen nicht, um das Loch zu stopfen. Man verlangte bessere Ergebnisse als 25.000 im Inland verkaufte Fahrzeuge; der Breakeven-Point lag immerhin bei mindestens 30.000 im Monat. Zu viel Geld, so meinten die Banker, sei bislang für Forschungsprojekte ausgegeben worden, die nichts eingebracht hätten. Sie drängten auf eine Intensivierung der Verbindungen zur Ford Motor Company. Aus dieser Verbindung generierte Toyo Kogyo 12 Prozent seines Jahresumsatzes allein nur durch den Vertrieb des Courier Pick-up, es wäre doch gelacht, wenn nicht auch mit Personenwagen entsprechende Gewinne zu erzielen wären.

Der Erfolg des RX-7 vom Frühjahr 1978 mochte den angeschlagenen Asiaten auch für Ford wieder attraktiv machen. Und mit dem Mazda 626, mit Komponenten des erfolgreichen Sportcoupés, hatte man einen weiteren erfolgträchtigen Pfeil im Köcher. Auf der technischen Basis des RX-7 erschien im Oktober des gleichen Jahres der Mazda 626. Doch trotz zunehmender Erfolge im In- und Ausland verringerte sich das Defizit nur in so geringem Maße, dass Yoshiki Yamasaki dem Drängen seiner Finanzmänner nachgab und sich mit Ford an einen Tisch setzte, um über gemeinsame Geschäfte zu verhandeln. Sein Gesprächspartner war Philip Caldwell, einer der Vizepräsidenten der Ford Motor Company. Als dieser wieder aufstand, hatte Ford über ein Tochterunternehmen, die Ford Industries of Japan, einen Anteil von 25 % erworben. Der Handel wurde am 29. November 1979 besiegelt.

Die achtziger Jahre

Die Kooperation von Ford und Mazda bot beiden Partnern zahlreiche Vorteile. Ford zum Beispiel konnte dank Mazda die gefragten Kleinwagen relativ rasch in seine Verkaufskanäle schleusen. Der erste Mazda mit angetriebenen Vorderrädern war – wenn man den R-130 von 1969 einmal ausklammert – ein gigantischer Erfolg. Der Familia 323 in seiner zweiten Generation vom Juni 1980 hatte Quermotor und Einzelradaufhängung und war in 27 Monaten eine Million Mal verkauft worden. Hiroshima lieferte daher nach 1980 den 323 entweder komplett oder in Teilen an Ford, das ihn dann verschiedentlich als Laser oder Tracer anbot, je nach Bestimmungsort. Auch der Frontantriebs-626 wurde zum Ford Telstar umgeflaggt.

Trotz seiner engen Bindung an Ford behielt Mazda seine Unabhängigkeit als Hersteller und Repräsentant auch in den USA. Die bisher dort angesiedelte Vertriebsfirma und das Technik-Zentrum in Irvine, Kalifornien, waren im September 1981 -zur Mazda North America Inc. verschmolzen worden, blieben aber eigenständig. Gleichteile wurden nur dort verbaut, wo der Kunde es nicht sah.

Die USA waren der wichtigste Absatzmarkt für die japanischen Hersteller. Im Gefolge der Irankrise war es 1979 zur zweiten Ölkrise gekommen, und die sollte Detroit beinahe in die Knie zwingen: Die Produktionszahlen in Nordamerika (ohne Kanada und Mexiko) gingen binnen eines Jahres um 25 Prozent auf 6,3 Millionen zurück, das zweitschlechteste Ergebnis seit 1960. Nach dem kurzfristigen Einbruch im Gefolge der ersten Ölkrise hatten nämlich die amerikanischen Hersteller weiterhin auf ihre BigMacs gesetzt, die kleinen, sparsamen Autos aus Japan galten als die Untergrenze der Mobilität. Besser ei-

The 28th Tokyo Motor Show

MAZDA AUTOZAM EUNOS mazda

SPORTS & PLEASURE

Mehrmarken-Strategie: Autozam und Eunos sollten die Absatzwege verbreitern.

Ungewöhnlich: Der AZ-1 von 1992 mit Flügeltüren. Er lief als Autozam.

Autozam AZ-1

nen gebrauchten V8 als einen neuen Vierzylinder, so ungefähr war die Mentalität auf dem größten Automobilmarkt der Welt. Der Anstieg der Energiepreise traf die amerikanischen Automobilhersteller daher besonders hart. Die Kunden kauften japanische Autos, mit der Folge, dass in den USA die japanischen Hersteller über 20% Marktanteil eroberten.

Auf Druck der Autolobby setzte schließlich die Reagan-Administration bei der japanischen Regierung eine sogenannte freiwillige Selbstbeschränkung auf knapp 1,7 Millionen Fahrzeugen jährlich durch. Diese sollten paritätisch unter den einzelnen Fabrikaten aufgeteilt werden. Dieses Abkommen galt zunächst für drei Jahre und wurde danach verlängert. Bei einer ganzen Reihe von Fahrzeugen wurden die zugegebenermaßen lächerlich geringen Importzölle angehoben, bei Motorrädern über 750 Kubik zum Beispiel von 2,9 auf beinahe 50 Prozent (um Harley-Davidson zu retten) oder bei Nutzfahrzeugen, bei denen die Abgaben von vier auf 25 Prozent angehoben wurden. Nun waren weder Motorräder noch Nutzfahrzeuge unbedingt bei Mazda ein Thema, doch das änderte nichts an der Tatsache, dass Mazda einen großen Teil seiner Produktion –

1980 waren es 736.500 Fahrzeuge gewesen, 1981 dann 840.600 Personenwagen – exportierte. Daher trafen diese Beschränkungen natürlich auch Toyo Kogyo hart, das inzwischen fünf Millionen Mazda exportiert hatte. Zumal man sich in Japan nicht mit Toyota oder Nissan messen konnte und auch in der Kei-Klasse – der Carol war 1978 vom Band genommen worden – kein eigenes Standbein mehr hatte. Wenn in späteren Jahren noch ein Carol beim Mazda-Händler stand, handelte es sich um eine Konstruktion, die, wie der Carol von 1989, über die Mechanik des Suzuki Alto verfügte oder gleich einen Alto mit Mazda-Logo darstellte.

Der Weg nach Übersee schien die einzige Möglichkeit zu sein, dem Dilemma zu entkommen. Und Nissan, Honda und Toyota machten es ja vor. Sogar Mitsubishi, das rund 200.000 Einheiten hinter Mazda lag, hatte im Dollarraum investiert. In der Chefetage diskutierte man sicher heiß über eine Produktion in den USA, wohl wissend, dass das berühmte, die Produktivität erhöhende Just-in-time-System so nicht umzusetzen wäre: Die fristgerechte Anlieferung der zugelieferten Teile direkt am Band in richtiger Menge zur richtigen Zeit erforderte eine ausgeklügelte Logistik und entsprechende, in Werksnähe angesiedelte Zulieferer. Im November 1984 hatte man die Faxen dicke und kaufte sich für 450 Millionen Dollar bei Ford in Michigan ein und steckte noch einmal diese Summe in ein neues Werk. Die Grundsteinlegung erfolgte im Mai 1985, im September 1987 nahm dann die Mazda Motor Manufacturing Corporation (MMUC) in Flat Rock die Produktion auf. Gebaut wurden dort das 626 Coupé als MX-6 und der technisch identische Zwilling, der Ford Probe. Auch die 626 Limousine lief dort vom Band, Anfang der Neunziger wurde die dann auch nach Europa importiert. Die 400 Morgen große Fabrik war auf 250.000 Einheiten ausgelegt und gehörte zu 100 Prozent der japanischen Company. Allerdings war FlatRock nie richtig profitabel, 1990 trat Mazda 50 Prozent an Ford ab. Das Gemeinschaftswerk firmierte nun als AutoAlliance.

Auch die Politik machte den japanischen Herstellern zu schaffen. Im Plaza-Abkommen von 1985 beschlossen die Finanzminister der damaligen G5-Staaten die Abwertung des Dollars – eine der Ursachen der japanischen Finanzkrise, die in den Neunzigern die asiatischen Länder stark beutelte. Der Yen erfuhr eine starke Aufwertung, was die US-Preise nach oben trieb. 1986 sank der Profit bei Mazda das erste Mal seit elf Jahren. Die Abhängigkeit vom US-Export sollte die Geschicke von Mazda ein weiteres Mal unheilvoll beeinflussen. Dazu trug sicher auch die Tatsache bei, dass sich Mazda nach wie vor über die Technik definierte. Als einziger Hersteller weltweit erlaubte sich Mazda den Luxus, drei Motorentypen zu bauen: Klassische Benzinmotoren mit Hubkolben, Kreiskolbenmotoren und Dieselmotoren. Und mit dem Miller-Cycle-Motor soll-

te Anfang der Neunziger eine vierte Bauart dazu kommen. Für einen relativ kleinen Hersteller ein kostspieliger Luxus. Mazda verfügte nie über eine richtig gut geführte Portokasse, was immer man übrig hatte, wurde in den Aufbau neuer Kapazitäten und neuer Produkte gesteckt, allein im Laufe der Achtziger über eine halbe Milliarde Dollar. Bis Anfang der Neunziger verfügte die ehemalige Toyo Kogyo, die seit 1984 unter Mazda firmiert, über zwei gigantische Fabrikkomplexe, nämlich das Werk Hiroshima (dazu gehörte auch der Ujina-Komplex) sowie rund 100 Kilometer westlich davon die beiden Werke, die den Hofu-Komplex bildeten. Hofu galt als das modernste Autowerk der Welt. Errichtet auf einem der See abgetrotzten Land, war die Anlage vollautomatisiert und auf einen Monatsausstoß von 20.000 Einheiten angesetzt, 155 Roboter waren an der Fertigung beteiligt. Die gesamte Anlage war auf eine Nutzung programmiert, die man für zehn Jahre im Voraus geplant hatte; drei oder vier separate Produktionsreihen ließen sich fahren. Hier entstanden die Modellreihen 626 und MX-5. Die fertigen Wagen rollten von der Fabrik sozusagen direkt auf die im Seehafen Nakanoseki wartenden Autotransporter. Zu den aufgebauten Kapazitäten, der Vielfalt an Motoren und Varianten sowie der Wechselkursproblematik gesellte sich die zurückgehende Inlandsnachfrage.

Praktisch jeder Japaner, der sich ein Auto leisten konnte, hatte eins, statistisch gesehen war das jeder zweite der 100 Millionen Inselbewohner. Allerdings waren von den rund 50 Millionen Autos nur 29 Millionen auf Privatpersonen zugelassen, die restlichen 21 Millionen liefen als Dienst- und Firmenwagen. Und gerade die Firmen litten unter der Finanzkrise. Wo sollten da große Zuwachsraten herkommen?

Die Krisen der Neunziger

In Hiroshima versuchte man diese durch ein engmaschigeres Vertriebsnetz zu erreichen. Dazu etablierte Mazda in Japan neben dem bestehenden Mazda-Händlernetz weitere Vertriebskanäle, ganz so, wie es die japanische Konkurrenz schon längst getan hatte. Zu den bestehenden Mazda-Händlern war 1982 das mit 340 Servicestationen halb so große Autorama-Netz gekommen. Diese Händler verkauften Ford-Fahrzeuge, die von Mazda gebaut wurden, und nahmen 1988 auch US-Ford ins Programm auf. 1989 etablierte Mazda zwei weitere Kanäle, nämlich Eunos und Autozam. Die 140 Eunos-Händler verkauften den MX-5 und die aus Frankreich importierten AX-, BX- und XM-Citroen. Unter dem Eunos-Label sollte auch eine eigene Luxusmarke ins Leben gerufen werden, die im US-Markt gegen die Lexus von Toyota und die Honda/Acura antreten sollte. Die Xedos-Modelle gehörten dazu. Autozam mit 810 Händlern konzentrierte sich auf Kleinwagen wie den Carol und die Import-Lancia Thema und Y10. 1990 folgte dann ein fünfter Ver-

Zwischen 1991 und 1996 gebaut wurde das
Eunos Coupé mit Dreischeiben-Wankelmotor.

Lief in Japan als Eunos 100: Mazda 323 F.

Der Anfini MS-8 (1991–1997) war ein
Ableger des Millenia.

triebskanal Mazda Auto, der im Herbst 1991 in Efini bezie-
hungsweise Anfini umbenannt werden sollte. Insgesamt hatte
Mazda damit in Japan 1200 Vertragshändler und rund 2800
Verkaufs- und Servicestellen, weltweit rund 7000.

Am 1. April 1989 war in Japan eine Kraftfahrzeug-Steuerreform
in Kraft getreten. Für Wagen mit mehr als zwei Liter Hubraum
hatte der Staat zuvor bis zu 23 Prozent Luxussteuer kassiert, für
Autos zwischen 550 und 2000 Kubik 18 Prozent. Jetzt betrug
der Steuersatz einheitlich sechs Prozent. Nutzfahrzeuge und
Kei-Class-Cars waren bislang von der Kaufsteuer befreit worden, für sie galt jetzt ein Steuersatz von drei Prozent. Das Interesse am Kleinstwagen nahm damit schlagartig ab. Um so besser aber ließen sich Wagen der höheren Hubraum-Kategorien
verkaufen – der Boom an Hochleistungswagen führte sogar zu
einem Appell der Regierung an Japans Autohersteller, zukünftig
eine Höchstgrenze von 300 PS (210 kW) einzuhalten.

So weit die Theorie, die in der Praxis aber nicht so recht funktionierte. Wie eine Seifenblase platzte die Sumpfblüte der japanischen Wirtschaft, und Mazda mit seiner geringen Kapitaldecke – und dem hohen Kreditbedarf, immerhin wollte man
weiter expandieren – litt besonders. Und der erste Irakkrieg
1991 war auch nicht dazu angetan, die Gemüter zu beruhi-
gen. Drohte etwa eine neue Ölkrise?

Mazda hatte Anfang der Neunziger in den beiden japanischen
Werken rund 1,5 Millionen Fahrzeuge produziert. Diese Produktionszahlen sollten sich bis Mitte der Dekade nahezu hal-
bieren. Die Verluste erreichten Milliardenhöhe, obwohl das
Mazda-Management bereits Restrukturierungsmaßnahmen
eingeleitet, zwei Milliarden an Kosten eingespart und die Belegschaft von 30.000 auf 26.000 Mitarbeiter reduziert hatte.

Wiederum war es die Sumitomo-Bank, die die Strippen zog
und die Ford Motor Company überzeugte, im April 1996 für
484 Millionen Dollar weitere Mazda-Aktien zu übernehmen.
Damit stieg die Beteiligung auf 33,4%, und mit dem Schotten
Henry Wallace wurde der erste Nicht-Japaner Präsident eines
japanischen Automobilunternehmens. Wallace wurde später so
beliebt in Japan, dass er sogar in der Werbung eingesetzt wurde. Am Anfang sah es allerdings nicht so aus, zumal der Schot-
te verkündete, eine weitere halbe Milliarde Dollar einsparen zu
wollen und noch einmal tausend Mitarbeiter abzubauen.

Miyoshi war das erste Mazda-Testgelände,
drei weitere folgten.

Seit 2003 verfolgt Mazda ein neues Vertriebskonzept, das den Einkauf zum Erlebnis machen soll: Die Mazda Retail Revolution ist vorerst auf die USA beschränkt.

Global Player

Mazda betreibt in Japan die beiden genannten Werkkomplexe. Die außerhalb Japans entstehenden Mazda-Fahrzeuge laufen in Gemeinschaftswerken mit Ford vom Band. Über die US-Produktion ist schon berichtet worden. Daneben aber gab es eine umfangreiche Lieferung von CKD-Bausätzen, von Bausätzen, die vor Ort zusammengesetzt wurden. Mazdas entstehen oder entstanden in Taiwan (vor allem leichte Nutzfahrzeuge), in Neuseeland (1969), in Südafrika (1963), Südkorea (ursprünglich mit Kia, 1961), Indonesien (1971), Indien, Iran, in Pakistan (1977) und auf den Philippinen (1961). In Griechenland (1970) erfolgte ebenso eine CKD-Montage wie in Ghana (1970), dem früheren Ceylon (1970), Portugal (1971) oder Trinidad & Tobago (1971) und Costa Rica (1978). Sogar in Irland wurden 1974 CKD-Mazda gebaut. In Thailand und in Burma (1963) gibt es ebenfalls Montagewerke. An der 1967 gegründeten Asia Automobile Industries in Petaling Jaya, Malaysia, hat auch Peugeot Anteile sowie Montagekapazitäten, und auf den Philippinen gibt es in Las Pinas bei Manila einen Betrieb, der jährlich etwa 1500 leichte Mazda Lastwagen baut, teils als »Jeepneys« karossiert.

In Simbabwe (früher Rhodesien) gab es einen zu 80 Prozent staatlichen Montagebetrieb, ebenso im kenianischen Nairobi, wo die Leyland Kenya Ltd. auch Fahrzeuge der Marke Mitsubishi zusammenbaute. Im kolumbianischen Bogota übernahm Mazda 1984 einen 15-prozentigen Anteil an einem großen

Mazda-Transport mit der Transsib.

Werk, das zuvor von Fiat genutzt wurde. In China gelang mit Partner Ford erst 2003 der Markteintritt. Die nunmehrige Changan Ford Mazda Automobile Co. hat 2008 eine Kapazität von 410.000 Einheiten und ist für Südchina zuständig. Mazda hält dabei 15 Prozent der Anteile, gebaut werden die Typen Mazda2 und Mazda3, der Mazda6 wird kommen. Für den Norden ist die Firma FMMS/FAW in Nanjing zuständig, dort läuft der Mazda6 vom Band.

Die Gemeinschaftswerke von Ford und Mazda firmieren unter AutoAlliance. In Thailand werden Pick-ups ...

... im US-Werk Flat Rock seit 2008 Mazda6 gebaut.

Nein, kein Familia, sondern ein Kia: Die Koreaner begannen 1974 mit dem Lizenzbau.

Das neue Jahrtausend: Phoenix aus der Asche

Nach den schwierigen Jahren schaffte die Mazda Corporation zum neuen Jahrtausend den Turnaround. Dahinter stand ein im Jahr 2000 initiiertes Zehnjahres-Programm, das unter dem Schlagwort der Monotsukuri-Innovation bekannt wurde. »Monotsukuri« steht für alte japanische Handwerkskunst, und diese Rückbesinnung bei gleichzeitiger Anpassung an die modernen Gegebenheiten sollte Mazda aus der Krise holen. Dieser Prozess sollte dreistufig ablaufen. Der erste Teilabschnitt hieß »Millenium-Plan« und endete mit Ablauf des Geschäftsjahres 2003. Seine Zielsetzung war die Konsolidierung und eine Rückbesinnung auf das, was Mazda groß gemacht hatte. Und das gelang viel besser, als auch größte Optimisten für möglich gehalten hätten. Im Jahr 2002 leitete Mazda die neue Design-Ära und den Zoom-Zoom-Gedanken ein. Der Mazda6 und der Mazda3 waren erste Schritte hin zu einem unverwechselbaren, emotionalen Markenimage im automobilen C- und D-Segment. Und mit dem 43-jährigen Briten Moray Callum wurde ein ehemaliger Ford-Designer zum Leiter der weltweiten Designaktivitäten der japanischen Marke ernannt. Diese standen unter dem Motto »Emotion in Motion« (Emotion in Bewegung), es ging darum, emotionale, unverwechselbare Autos zu bauen. Die neuen Modelle und die eingeleiten Restrukturierungsmaßnahmen zeigten Erfolg, das Geschäftsjahr 2001 brachte das beste Ergebnis in der Firmengeschichte. Mazda-Präsident Mark Fields hatte allen Grund, mit dem Ergebnis zufrieden zu sein: »Mazda schreibt wieder schwarze Zahlen. Wir haben alle unsere Leistungsziele erreicht ... Im Vergleich zum letzten Jahr haben wir unseren Reingewinn um 164 Mrd. Yen (US-$ 1,231 Mrd. / € 1,411 Mrd.) erhöht.«

Die Kombination aus Design, technologischem Fortschritt und Zoom-Zoom-Fahrspaß ließ in den Folgejahren in Hiroshima die Kassen klingeln, bei Mazda purzelten geradezu die Rekorde. 2003 zündete die zweite Monotsukuri-Stufe, der »Momentum-Plan«, der bis Ablauf des Geschäftsjahres 2006 befristet war. In Zahlen ausgedrückt ging es bei diesem Strategieplan um ein operatives Betriebsergebnis von über 700 Millionen Euro und eine Absenkung des Netto-Verschuldungsgrads auf unter 100 Prozent. Beides wurde erreicht, schon 2004 ließ sich diesbezüglich hervorragend an. In Europa zum Beispiel legte nicht nur Mazda Deutschland zu, auch die Tochtergesellschaften in Italien, Spanien, Portugal, Frankreich, der Schweiz, Österreich, England und den skandinavischen Ländern erzielten fast ausnahmslos zweistellige Zuwachsraten und schrieben schwarze Zahlen. Der weltweite Fahrzeugabsatz erhöhte sich um drei Prozent auf über 1,1 Millionen Einheiten.

Und es ging gerade so weiter. Für das Geschäftsjahr 2005 vermeldete die Mazda Motors Corporation neue Rekordzahlen

Werk Hofu: Der Firmenkomplex zerfällt in zwei Teile. Hofu Nr. 1 wurde 1981 im Bezirk Nakanoseki eröffnet, Hofu 2 im Bezirk Nishinoura 1992.

Hiroshima ist Japans siebtgrößte Stadt, hat rund 1,3 Millionen Einwohner und Japans größtes Straßenbahnnetz.

bei Umsatz und Gewinn, Mazda sprach von neuen historischen Bestwerten. Zum Rekord-Ergebnis trugen die steigenden weltweiten Absatzzahlen dank der neuen Modelle, umfangreiche Kostensenkungen und die günstige Wechselkursentwicklung bei. Im Gegenzug sank die Netto-Verschuldung um 467 Millionen auf noch 1,7 Milliarden Euro. Das entsprach einem Verschuldungsgrad von 62 Prozent (Vorjahr: 117 Prozent). Und im nächsten Jahr, 2006, peilte dann Mazda den Absatz von 1,21 Millionen Autos an. Mit Ablauf dieses Finanzjahres trat dann übrigens der neue »Mazda Advancement Plan« (MAP) in Kraft. Bei diesem dritten Geschäftsplan für die Fiskaljahre 2007 bis 2010 geht es im Grunde genommen darum, weiterhin attraktive Modelle zu bauen, die Produktivität zu verbessern, den Vertrieb zu stärken und weiterhin gutes Geld zu verdienen. Das ist an sich nicht weiter überraschend, was diesen Plan aber von den Konzepten der Konkurrenz unterscheidet ist die Tatsache, dass man in Hiroshima gewillt ist, dafür tief in die Tasche zu greifen. Die Entwicklungskapazitäten sollen kräftig ausgebaut werden, so zum Beispiel durch Einstellung von einem halben Tausend zusätzlicher Ingenieure. Überdies werden die japanischen Werke umfassend modernisiert und die Kapazitäten um 100.000 auf eine Million Fahrzeuge erhöht – zu einem Zeitpunkt, zu dem allenthalben über Überkapazitäten geklagt wird, ein ambitioniertes Unterfangen. Dazu wird auch der Vertrieb kräftig aufgerüstet. Die Investitionen im Bereich Forschung und Entwicklung sollen sich bis 2010 um 30 Prozent, die Investitionen um 50 Prozent steigern – verglichen mit den Ausgaben seit 2002. Laut mittelfristigem MAP-Geschäftsplan will Mazda bis 2010 gut 1,6 Millionen Einheiten weltweit verkaufen und einen Umsatz von 200 Milliarden Yen (1,28 Milliarden Euro) erzielen.

Während sich die zukünftigen Maßnahmen in Japan und den USA insbesondere auf eine Weiterentwicklung des Händlernetzes und der Marke Mazda konzentrieren, steht in Europa die Förderung von neuen Antriebssystemen im Vordergrund. Auch sollen neue europäische Märkte erschlossen werden.

Natürlich kann sich auch Mazda der CO_2-Problematik nicht entziehen und startete ein neues, langfristiges »Zoom-Zoom Nachhaltigkeitsprogramm« (Sustainable Zoom-Zoom) im Bereich Technologie-Entwicklung. Den Schwerpunkt bildet dabei die Förderung von Synergien mit Ford und die Weiterentwicklung der Hybridtechnik auf Basis der von Mazda bereits bis zum Prototypenstadium entwickelten Hydrogen (Wasserstoff) RE Hybrid-Technik. Auch die Einführung des Mazda-eigenen-Start/Stopp-Systems (Smart Idling Stop System, SISS) ist Bestandteil des neuen Nachhaltigkeitsprogramms.

Der Mazda-Höhenflug setzt sich fort. Am 17. Juli 2007 rollte im Werk Ujina 2 der 40-millionste Mazda vom Band: ein neuer Mazda2. Im Geschäftsjahr 2007 (Zeitraum: 1. April 2007 bis 31. März 2008) konnten 1,36 Millionen Mazda abgesetzt werden. Dies bedeutete ein Wachstumsplus von 4,7 Prozent im Vergleich zum Vorjahr und somit das beste Verkaufsergebnis seit dem Geschäftsjahr 2000.

In Zeiten von Finanzkrise und rückläufigen Autoabsätzen wird es natürlich schwer, diese Rekordergebnisse fortzuschreiben. An den Fahrzeugen kann es nicht liegen ...

Das Mazda-Hauptquartier in Hiroshima: Von hier aus werden die Geschicke von 20.000 Mitarbeitern gelenkt.

Setzt auf den Seeweg: Mazda unterhält ein Flotte von modernen Autofähren. Hauptabsatzmarkt sind die USA.

Übersee-Fracht: Ersatzteilverschiffung im Container.

Mazda eröffnete 1994 sein Museum.

Zoom-Zoom: Die globale Marketing-Strategie aus dem Jahr 2002 soll die Freude an Bewegung und Dynamik widerspiegeln – wie ein Kind, das selbstvergessen sein Spielzeugauto über den Teppich schiebt und dabei Motorgeräusche nachahmt.

Mazda in Deutschland

Nach 1965 suchten alle japanischen Automobilhersteller ihr Heil im Export. Einige, wie Datsun oder Toyota, hatten schon länger den Schritt nach Europa gewagt, andere – wie Mazda – zogen erst später nach. In der Tat war Mazda vergleichsweise spät dran, hatte aber dafür von Anfang an ein sehr stimmiges und attraktives Modellpaket geschnürt. 1967 gingen die ersten Mazda nach Norwegen. Im August 1968 wurde in Belgien dann die Mazda Motor Europe gegründet, die auch für den Deutschlandstart sehr wichtig werden sollte. Um den Markt anzutesten, stellte die deutsche Niederlassung des japanischen Handelshauses C. Itoh auf der IAA 1969 die Mazda-Typen 1200, 1800 und R 100 vor, »obwohl sie«, wie betont wurde, »keineswegs vor 1970 im Bundesgebiet lieferbar sein« würden. Ein Preis stand auch schon fest, der 1200er sollte 7250 Mark kosten. Die Handelsmänner mit Sitz in Düsseldorf waren aber keine Automobilfachleute, das entsprechende Knowhow lieferte Mazdas Europazentrale. Von Belgien aus wurde dann in den Jahren 1971/72 die Gründung der Deutschen Mazda-Tochter vorbereitet. Die Nacht im November 1972, die dem Eintrag ins Düsseldorfer Handelsregister voraus ging, verbrachte der designierte Geschäftsführer Masayuki Kirihara übrigens im Düsseldorfer Hilton in Zimmer 323 ...

Am 1. März 1973 startete Mazda Motors (Deutschland) GmbH dann mit dem Fahrzeugverkauf. Das Angebot umfasste drei Modellreihen, doch nur ein paar Unerschrockene interessierten sich dafür. Mit 458 Einheiten tauchte man damals in den offiziellen Statistiken unter »Sonstige« auf, bis 1977 war Mazda – trotz nahezu verzehnfachter Absatzzahlen – praktisch jenseits der optischen Wahrnehmbarkeit, das Händlernetz grobmaschig. 1975 etwa schraubten und verkauften lediglich 171 Stützpunkte für die Asiaten, von denen jeder im Schnitt 28,5 Wagen, übers Jahr gesehen, auf die Straßen schickte. Das

Mazda-Kurier: Signet der Kundenzeitschrift zum ersten IAA-Auftritt 1973.

war im Gefolge der Ölkrise ja gar nicht so schlecht, alle japanischen Hersteller zusammen kamen schließlich nur auf 1,7 Prozent Marktanteil.

Dann kam der 323, und mit ihm der Durchbruch. Auf dem Mazda-Messestand auf der Frankfurter IAA begrüßte der damalige Deutschland-Chef Masayuki Kirihara seine Besucher dann mit Champagner, die große Fernfahrt mit dem 323 von Hiroshima nach Deutschland war ein gigantischer Erfolg geworden. »Wir erwarteten«, so *Auto-Zeitung*-Chefredakteur

Fernfahrt: Zur Einführung des 323 fuhr eine Mazda-Karawane von Hiroshima nach Frankfurt.

Praktisch serienmäßig: 323, präpariert für die Fahrt nach Frankfurt.

Brav: Mazdas Werbung aus
den Anfangsjahren. Mit dem
323 kam der Erfolg.

Ankunft in Frankfurt: Eindrucksvoller hätte die Premiere kaum ausfallen
können. 1989 wurde diese Fernfahrt wiederholt.

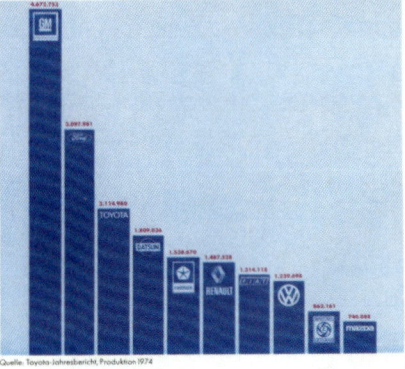

Lernen Sie den zehntgrößten Automobilhersteller der Welt kennen.

Er heißt Mazda und kommt aus dem Hause Toyo Kogyo, Japans drittgrößtem Automobilkonzern.

Seit 1973 ist Mazda nun auch auf dem deutschen Markt. Deshalb sollten Sie Mazda ruhig einmal etwas näher kennenlernen.

Im Jahre 1920 wurde Toyo Kogyo gegründet.

Man produzierte zuerst nur Maschinen und Maschinenwerkzeuge. (Auch heute entwickelt und konstruiert Mazda alle Maschinen und Meßinstrumente, die für die Mazda-Produktion erforderlich sind, selbst. Da weiß man, was man hat.) Ab 1930 baute man Motorräder, ein Jahr später Lastwagen. Der erste PKW wurde 1940 vorgestellt. Heute sind es weit über 6 Millionen Mazdas, die auf den Straßen in aller Welt fahren.

Mazda gehört zu den Pionieren im Automobilbau.

In jahrelanger Forschungsarbeit brachte Mazda den Kreiskolbenmotor (Lizenz: NSU/Wankel) zu einer solchen Perfektion, daß allein dieses Triebwerk bisher in fast eine Million Mazda-Automobile eingebaut wurde.

Dieser hohe Standard der Technologie ist selbstverständlich auch in den Hubkolben-Motoren von Mazda zu finden.

So perfekt wie die Technik ist auch die Verarbeitung.

Das liegt an Mazdas sprichwörtlicher Liebe zum Detail. Und am know-how im Automobilbau. Die Mazda-Werksanlagen gehören zu den modernsten, die es heute auf der Welt gibt.

Menschliche Fehlerquellen sind hier praktisch völlig ausgeschaltet.

Wundert es Sie immer noch, daß Mazda inzwischen die Zehntgrößte ist?

Schön gefärbt: die Balkengrafik, die den Erfolg der jungen Marke illustriert.

Für die Saison 1979 wurde der 323-Pokal ausgeschrieben. Mit dem Aufbau der Fahrzeuge wurde die Firma Georg Schmidt in Freienohl beauftragt. Schmidt setzte darüber hinaus zwei nach Gruppe 2 homologierte 323 ein.

Wiechmann, »Headlines dieser Art: Neuer Mazda im Hindukusch zerbrochen«. Doch es kam ganz anders: »Die Redakteure sahen bei der Ankunft geschaffter aus als das Auto«.

Und auch sonst waren die japanischen Hersteller quietschvergnügt, denn sie wurden ernst genommen: »Wir müssen uns warm anziehen«, ließ VW-Chef Schmücker wissen, was wiederum für Verwunderung in den Chefetagen der japanischen Importeure sorgte: Bei einem Marktanteil von 2,2 Prozent aller Hersteller zusammen wirkte das wie Panikmache. Achselzuckend spuckte man sich dann in die Hände und bemühte sich nach Kräften, die düsteren Prognosen Realität werden zu lassen. Mazda tat dies 1978 mit der Premiere des RX-7, der unglaublich viel fürs Image brachte und auch sein Scherflein dazu beitrug, dass 17.400 Zulassungen zu verzeichnen waren – das machte immerhin 38,5 Wagen pro Händler, die künftig ihre Post aus dem neuen Verwaltungsgebäude in Leverkusen empfangen sollten.

Ende der Siebziger lagen alle japanischen Hersteller gut im Rennen, die acht Produzenten waren mit einem halben Hundert Modelle auf dem deutschen Markt präsent. Der Marktanteil der japanischen Marken kletterte unaufhörlich und passierte 1979 die 5-Prozent-Marke. Und die neuesten Wasserstandsmeldungen verhießen den Deutschen nichts Gutes: Durch die geringere US-Nachfrage und bei gleichzeitiger Yen-Aufwertung geriet Europa zwangsläufig ins Visier der Asiaten, allen voran Deutschland – das als einziges Land keinerlei Einfuhrbeschränkungen kannte.

Anfang der Achtziger näherten sich die Absatzzahlen zügig der 50.000er-Marke (46.727 Einheiten, um genau zu sein), zu be-

ziehen über rund 900 Mazda-Händler. Die hatten nur noch wenig mit den Hinterhofgaragen der Aufbaujahre zu tun. Die neue Professionalität schlug sich auch alsbald in den Verkaufszahlen nieder. Dass der Marktanteil aller japanischen Hersteller nur eine Richtung kannte, nämlich aufwärts, lag in erster Linie am 323. Der avancierte zum erfolgreichsten japanischen Auto in Deutschland und hatte zeitweise knapp drei Monate Lieferzeit.

Je mehr Mazdas unterwegs waren, um so mehr kam es auf eine perfekt funktionierende Ersatzteilversorgung an. Das hatte bei Mazda bislang ganz gut geklappt, und damit es auch so blieb, wurde 1981 ein neues Teilelager mit mehr als 100.000 Teilen in Betrieb genommen. Der japanische Marktanteil in Deutschland überstieg die 10-Prozent-Marke. Mit etwas über 40.000 Neuzulassungen hatte Mazda 1982 erstmals einen Rückgang in den Zulassungszahlen zu verzeichnen. Das Autobauen hatte man zwar nicht verlernt, doch machte die schwache D-Mark den Asiaten einen Strich durch die Rechnung. Innerhalb eines Jahres verteuerte sich die Einfuhr japanischer Waren statistisch gesehen um rund 30 Prozent. Das traf natürlich auch die japanische Konkurrenz, Toyota zum Beispiel hatte binnen Jahresfrist seine Preise vier Mal erhöht und so insgesamt rund 20 Prozent aufgeschlagen, Honda wollte das mit einem Mal erledigen und setzte die Preise um acht Prozent hoch. Die Kunden waren nicht erfreut, der Marktanteil sank wieder unter die magische 10-Prozent-Marke. So richtig durchatmen konnte die deutsche Konkurrenz allerdings nicht. Der Mazda 626 stand zur Ablösung an.

Sein Nachfolger kam dann rechtzeitig zum Frühjahrsgeschäft

Im Rundstreckentrimm brachte der gut 200 km/h schnelle Mazda rund 145 PS, in der Deutschen Rallyemeisterschaft etwa 125 PS.

1983, hatte Frontantrieb und war kaum teurer als der Vorgänger. Hier waren die Lieferzeiten mitunter deutlich länger als beim 323, Mazda dehnte seinen Marktanteil von 1,9 Prozent vom Jahreswechsel 1982/83 auf 2,4 Prozent, dann drei Prozent aus. Allein 1983 wurden 58.476 Einheiten verkauft, Mazda hatte erstmals Toyota und Nissan auf die Plätze verwiesen und stand damit an achter Stelle in den deutschen Zulassungscharts. Meistverkauftes Auto aus Fernost war der neue Mazda 626, der 323 folgte an dritter Stelle, und beide zusammen machten 90 Prozent des Mazda-Absatzes aus. Und erstmals triumphierte ein japanisches Auto – in dem Fall der Mazda 626 – in einem Vergleichstest über einen Mercedes – in diesem Fall einen Typ 190. »Die Situation ist da«, kommentierte eine ratlose Motorpresse diesen Vorgang, der dem Mazda 626 endgültig den Weg zum Import-Modell Nummer 1 in Deutschland ebnete.

Auch im Folgejahr, 1984, lag Mazda mit mehr als 63.000 Verkäufen wieder vorn, und dass auf alle Pkw- und Kombi-Modelle eine Durchrostungsgarantie von sechs Jahren gewährt wurde, hat dabei sicher nicht geschadet. Bis Ende des Jahrzehnts war Mazda stets ganz vorne mit dabei, baute ein neues Ersatzteillager (1986) und ein Schulungszentrum (1988), legte in Oberursel bei Frankfurt den Grundstein für das europäische Mazda Design- und Entwicklungszentrum (MRE, ebenfalls 1988) und war in Berlin mit dabei, als am 9. November 1989 die Mauer fiel: Das Mazda-Top-Management war nämlich nach Berlin gereist, um das »Goldene Lenkrad« von *Bild am Sonntag* für den Mazda 323 in Empfang zu nehmen. Dieser Abend im Axel-Springer-Haus verlief dann ganz anders als er-

wartet ... In dieser zweiten Hälfte der 80er Jahre hatte sich Mazda bei rund 90.000 Zulassungen eingependelt (gut die Hälfte davon entfiel auf den 626, zusammen mit dem 323 machten die beiden noch immer knapp 90 Prozent aus). Mit einem Marktanteil von 3,2 Prozent und einem rund 1000 Stationen umfassenden Servicenetz durfte man als erfolgreichster japanischer Automobilimporteur zum Jahreswechsel dann ruhig das Tässchen Sake erheben: Das neue Jahrzehnt konnte kommen.

Und das fing ja auch ganz gut an, 1990 ging das europäische Entwicklungszentrum in Betrieb. Neben Hiroshima und Yokohama sowie Irvine und Ann Arbor war es das fünfte derartige Entwicklungszentrum und dazu bestimmt, noch zielgerichteter auf die europäischen Bedürfnisse hin zu entwickeln und abzustimmen: »Unser Stethoskop auf dem Herzschlag des europäischen Automobilmarktes«. Inzwischen ist Oberursel ein unverzichtbarer Bestandteil im weltweiten Entwicklungsverbund, mit einem internationalen Team aus 90 Designern und Ingenieuren. Dazu passten auch die 105.000 abgesetzten Einheiten. Auch 1991 konnten die Mazda-Mannen dann wieder einen neuen Absatz- und auch Umsatzrekord nach Japan melden, mit fast 113.000 Einheiten und fast drei Milliarden D-Mark Umsatz. Erstmals aber war man nicht richtig zufrieden, und Geschäftsführer Albert Hogrewe erklärte auch, warum: »Die zwischen EG und dem MITI [Japans Industrie- und Handelsministerium] vereinbarte Einfuhrquote ließ uns keine Chance für weitere Steigerungsraten«. Diese umstrittene Quote, die den japanischen Importeuren die Feierlaune verdarb, war eine Folge der berechtigten Furcht von Japans Autobauern vor euro-

Ende 1992 bezog Mazda Deutschland eine neue Hauptverwaltung in Leverkusen. Heute befindet sich dort auch der Sitz der Europa-Zentrale.

Mazdas europäisches Entwicklungszentrum MRE ist in Oberursel angesiedelt.

paweiten Importbeschränkungen. Dass im nächsten Jahr also keine neuen Rekorde fielen, lag daran – und an dem neuen, rundlichen 626, der beim Publikum nicht so gut ankam wie erwartet. Und der Schritt in die Premiumklasse mit dem Xedos 6 führte auch nicht zu den erhoffften Stückzahlen. Zugegeben: Die wirtschaftlichen Rahmenbedingungen verschlechterten sich ebenfalls, und nach der Sonderkonjunktur, hervorgerufen durch die Wiedervereinigung, hatte die Realität auch in Deutschland wieder Einzug gehalten. Mazdas Konzentration auf relativ wenige Modellfamilien, sonst eigentlich ein Vorteil, erwies sich hier als nachteilig. Wobei das noch immer ein Klagen auf hohem Niveau war, Mazda kam auf 103.000 Zulassungen und 2,7 Milliarden Umsatz – nicht schlecht, aber nicht gut genug. Allen konjunkturellen Einwirkungen zum Trotz genoss Mazda laut Umfragen bei den Deutschen das beste Image und belegte vor Toyota den ersten Platz unter den Japanern.

1993 brach dann der Automarkt in Deutschland nach fetten Jahren endgültig ein, Mazda erwischte es besonders heftig. Die Rutschpartie kostete Stückzahlen, Marktanteile und hohe dreistellige Millionenbeträge. Gut, das hing auch mit dem Wechselkurs von Yen und D-Mark zusammen, doch irgendwie schienen alle japanischen Hersteller komplett neben der Spur zu fahren. Schönes Beispiel dafür war die wieder aufflammende Sicherheitsdiskussion. Während Volkswagen und Co. mun-

ter ihre Fahrzeuge mit Airbag offerierten, standen die japanischen Hersteller da wie begossene Pudel. 1996 markierte mit etwas mehr als 66.000 neuen Mazda den absoluten Tiefpunkt des Jahrzehnts. Es konnte nur noch besser werden. Und das tat es auch. 1997 wurde zum »Jahr des Wachstums« ausgerufen. In Japan gibt man auch harten Restrukturierungen blumige Namen (und erstmals wurde in Hiroshima über Entlassungen diskutiert), und was immer auch die neuen Hausherren in Hiroshima (Ford hielt inzwischen 33 Prozent der Mazda-Anteile) ausknobelten: Es schien zu wirken. Ein neuer 626 für die Welt, neue Diesel für Europa – erstmals war wieder Licht am Ende des Tunnels zu erkennen. Sowohl die deutschen Absatz- (72.498 Einheiten) wie auch Umsatzzahlen (1,93 Mrd.) wiesen aufwärts. Abseits der Zahlen verlegte Mazda die Europäische Zentrale von Belgien nach Deutschland an den Standort der Mazda Motors, und die Einführung einer europaweiten Mobilitätsgarantie auf Lebenszeit des Wagens half den Verkaufszahlen weiter auf die Sprünge. Nach dem Jahr 2000 wollte man wieder in den sechsstelligen Stückzahlenbereich kommen und europaweit mindestens 300.000 Fahrzeuge verkaufen. Und die Verbreiterung der Modellpalette verringerte die Abhängigkeit von 323 und 626. Die im Jahr 2000 beschlossene Modelloffensive »Mirai« mit insgesamt 36 neuen Modellen bis zum Jahr 2004 bescherte Europa neun neue Modelle, als

**Wichtiger Imageträger:
Der MX-5 in der Werbung.**

**Gut ein Dutzend Jahre liegt zwischen
diesen Annoncen.**

**Die Zoom-Zoom-Kampagne
läuft seit 2002.**

Speerspitzen waren die Neuauflagen von 626, 323 und Demio auserkoren. Und wie immer in der Mazda-Geschichte, wenn es wirklich darauf ankam, waren die asiatischen Produktplaner hellwach: Kein Modell wurde zu einem Ladenhüter, Mazda Motor Europe und Mazda Motors Deutschland steuerten auf Erfolgskurs und legten trotz der weltweiten Flaute in der Autobranche zu – von 1,9 Prozent in 2002 auf 2,3 Prozent in 2003. Und der neue Mazda3 ging gerade erst an den Start ...

2003 wurden hierzulande insgesamt 73.830 Mazda zugelassen, mit eine Folge auch der in diesem Jahr begonnenen Restrukturierung, die unter dem Schlagwort des Wirtschaftsraum-Konzepts erfolgte. Allerdings war nicht jeder Händler davon begeistert, in der Folge begann eine unerquickliche Diskussion um's liebe Geld. Viel erfreulicher indes die Tatsache, dass Mazda das Niveau halten konnte und im Jahr 2004 mit einem Zuwachs von sechs Prozent auf fast 78.300 Einheiten seinen Marktanteil auf 2,4 Prozent steigern konnte. Damit war Mazda fünftgrößter Importeur. Erfolgreichstes Modell war wieder der Mazda6 mit 22.387 Einheiten. Allerdings musste auch der Bestseller im Mazda-Programm der schwachen Nachfrage in der Mittelklasse Tribut zollen und verlor im Vergleich zu 2003 mit 24 Prozent in ähnlichem Umfang wie das gesamte Segment. Mehr als ausgeglichen wurde dieser Rückgang jedoch durch den Mazda3. Der schaffte mit 18.683 Zulassungen

nämlich eine Steigerung von 75 Prozent gegenüber dem Vormodell. Beide Modellreihen machten zusammen rund 50 Prozent des Gesamtabsatzes aus, ein sehr viel gesünderes Verhältnis gegenüber den Achtzigern, als das Wohl und Wehe der Marke nur an 323 und 626 hing. Mit 27 Prozent Anteil am Umsatz und sogar rund 40 Prozent am Ergebnis von Mazda Europe unterstrich aber Mazda Motors Deutschland seine Bedeutung innerhalb der europäischen Märkte und für das Gesamtunternehmen.

2005, im Jahr, in dem die zweite Phase der weltweiten Restrukturierung griff (der Momentum-Plan), eröffnete Mazda die größte Modelloffensive seiner Geschichte. Bis 2009 sollten weltweit 16 neue Modelle eingeführt werden. Dafür rüstete das Unternehmen kräftig auf, der Momentum-Plan sah unter anderem eine Steigerung der Ausgaben für die Fahrzeugentwicklung um 30 Prozent und eine kräftige personelle Aufstockung in diesem Bereich vor. Natürlich werden dabei die Verkaufsschlager Mazda2, Mazda3 und Mazda6 eine tragende Rolle spielen, doch es bedarf keiner besonderen Gaben, um auch den noch kommenden Fahrzeugen ebenfalls Bestseller-Potenzial zu bescheinigen. Durchaus wahrscheinlich, dass dann Mazda sich von seinem seit Jahren eingenommenen zweiten Platz unter den japanischen Importeuren in Deutschland an die Spitze zoom-zoomt.

Mazda im Spiegel der Zeit

Je intensiver die Exportbemühungen wurden, desto ausgefeilter musste die Ansprache der Kundengruppen und Märkte werden.

In den Anfangsjahren der Sechziger war das Exportvolumen noch ziemlich gering, daher lohnten sich eigene, landesspezifische Prospekte und Annoncen nicht. Es gab eine Gestaltung (die meist identisch war mit der japanischen), ausgetauscht wurde nur der Text.

In den Siebzigern wurde die Werbung zunehmend auf die jeweiligen Märkte zugeschnitten, Deutschland beziehungsweise Europa hatte allerdings noch nicht die Bedeutung, die es heu-

te hat. Man einigte sich auf europäische Gestaltungslinien. Im Grunde genommen änderte sich daran in den nächsten Jahren und Jahrzehnten nicht wirklich viel. Wenn die einzelnen Importgesellschaften eigene Prospekte herausgaben, dann erkannte man die in der Regel an der etwas schlichteren Gestaltung mit schwarzweißen Bildern, eventuell leistete man sich noch eine Schmuckfarbe: Farbe war teuer.

Heute sieht es natürlich anders aus, auch nationale Prospekte können farbig sein, doch der Auftritt ist in der Regel europaweit einheitlich. Und die Zoom-Zoom-Botschaft wird überall verstanden.

Die USA hatten es diesbezüglich besser, die Wichtigkeit des Marktes rechtfertigte ganz andere Werbeauftritte.

Einer für alles: Die Export-Prospekte glichen jenen, die in Japan verteilt wurden. Luce, 1966/67.

Frühwerk: Die ersten 818-Prospekte zeigen den Bauzustand bis 1975.

Mazda RX-4

Testen Sie den neuen Mazda. Gerade jetzt.

Für japanische Werbung in den späten 60ern nicht unüblich, wurde diese Konzeption bis Mitte der 70er genutzt.

Die Ölkrise als Argument: Annonce Ende 1974.

Der zehntgrößte Automobilhersteller der Welt stellt sich vor.

Mazda ist Japans drittgrößter Automobilhersteller. 1974 liefen 740 088 Mazda-Wagen vom Band in alle Welt. Zur Zufriedenheit aller Welt.

Garantie: 1 Jahr ohne km-Begrenzung

Emotionaler Auftritt, aber nicht für Deutschland: 929-Werbung, 1973.

Wieder aufgelegt: Einer der ersten für den deutschsprachigen Markt aufgelegten Farbprospekte von 1974, reprinted zum 75-jährigen Jubiläum 2006.

Mazda 929

Auf der Rückseite wird für den in Deutschland nicht angebotenen Kombi geworben: 929-Prospekt für die Facelift-Generation von 1976.

MAZDA 818

Drei neue Mazda mit 1,3 l / 60 PS Motor:

818 Variabel
DM 10.090,–*

818 Coupé
DM 9.99

818 Limousine
DM 9.590,–*

Mazda 818 Limousine (1,3 l/60
mit Automatik DM 10.580,–*

*unverbindliche Preisempfe

Bescheiden: Schlicht aufgemachter 818-Sammelprospekt, ca. 1976.

Mazda 1000/1300

In dem grauen Balken kann jede beliebige Schrift und Sprache stehen: Einheits-Prospekt, 1976.

Europäische Linie: Prospekt für den 1979er L.

Mazda gehört zu den Pionieren im Automobilbau.

Bei Mazda wurde beispielsweise in jahrelanger Forschungsarbeit der Kreiskolben-Motor (Lizenz: NSU/Wankel) zu einer solchen Perfektion gebracht, daß allein dieses Triebwerk in ca. 800.000 Mazda-Automobile eingebaut wurde.

Seine außergewöhnliche Laufruhe und seine optimal arbeitende Abgasentgiftungsanlage (die heute schon die Gesetze der nächsten Jahre erfüllt) machen ihn zu einem Motor der Zukunft.

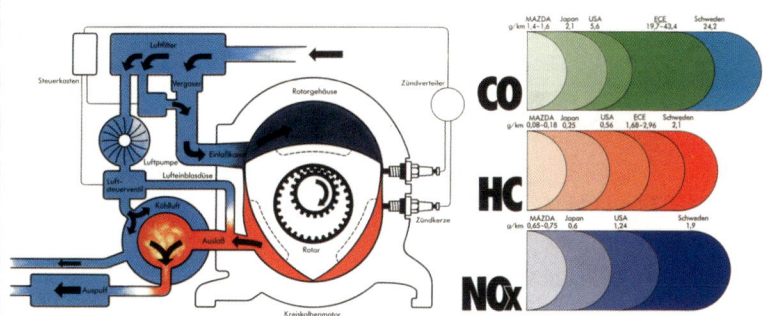

Automobilabgase sind eine der Hauptursachen der Luftverschmutzung. Auch in Japan. Darum gibt es in Japan die strengsten Abgasgesetze. Und darum hat Mazda eines der effektivsten Abgas-Systeme der Welt, sowohl was Leistung als auch Langlebigkeit betrifft.

Das System besteht aus drei Elementen: Dem Wankelmotor, der von sich aus schon die Bildung von Nitrogenoxyd weitgehend reduziert. Einem Wärmereaktor, der die schädlichen Stoffe, die in Abgasen vorhanden sind, verbrennt, und einem Kleincomputer, der diesen Reaktor steuert.

So perfekt wie die Technik ist auch die Verarbeitung.

Das liegt einmal an unserer sprichwörtlichen Liebe zum Detail. Zum anderen aber auch an unserem knowhow im Automobilbau. Unsere Werksanlagen gehören wohl zu den modernsten, die es auf der Welt gibt:

Eine hochentwickelte Automation mit riesigen Pressenstraßen und modernsten Fördersystemen hat menschliche Fehlerquellen praktisch völlig ausgeschaltet.

mazda
Der Japaner mit dem deutschen Herzen.

MAZDA MOTORS (Deutschland) GmbH, 4010 Hilden, Neustraße 41–47

Vorsprung durch Technik: Imageanzeige von 1978.

Mazda 626. Perfektion in der Mittelklasse.

EV·C 626

mazda
Die Perfekten aus Japan

Jetzt ganzseitig im Hochformat: Zu Beginn der 1980er Jahre kam ein neuer Werbe-Auftritt.

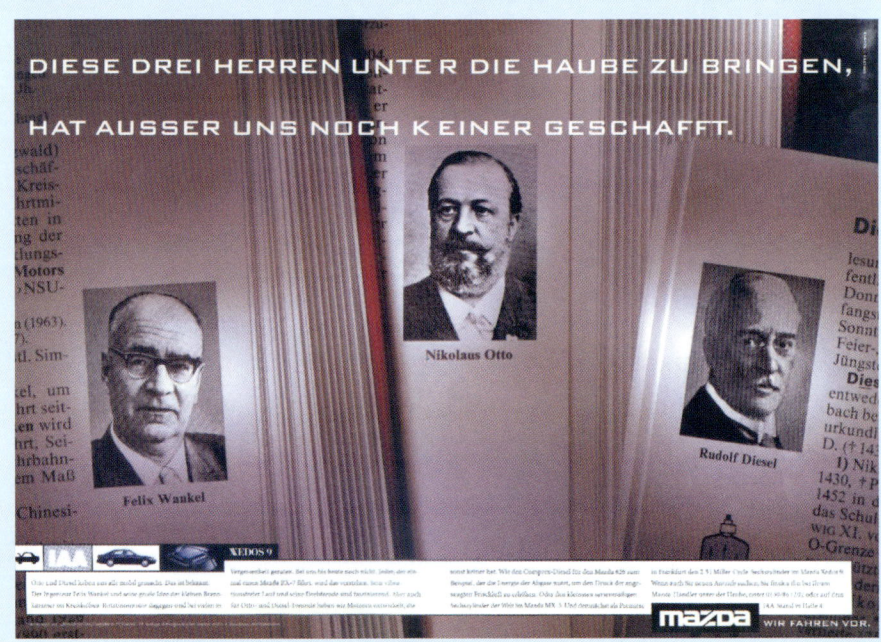

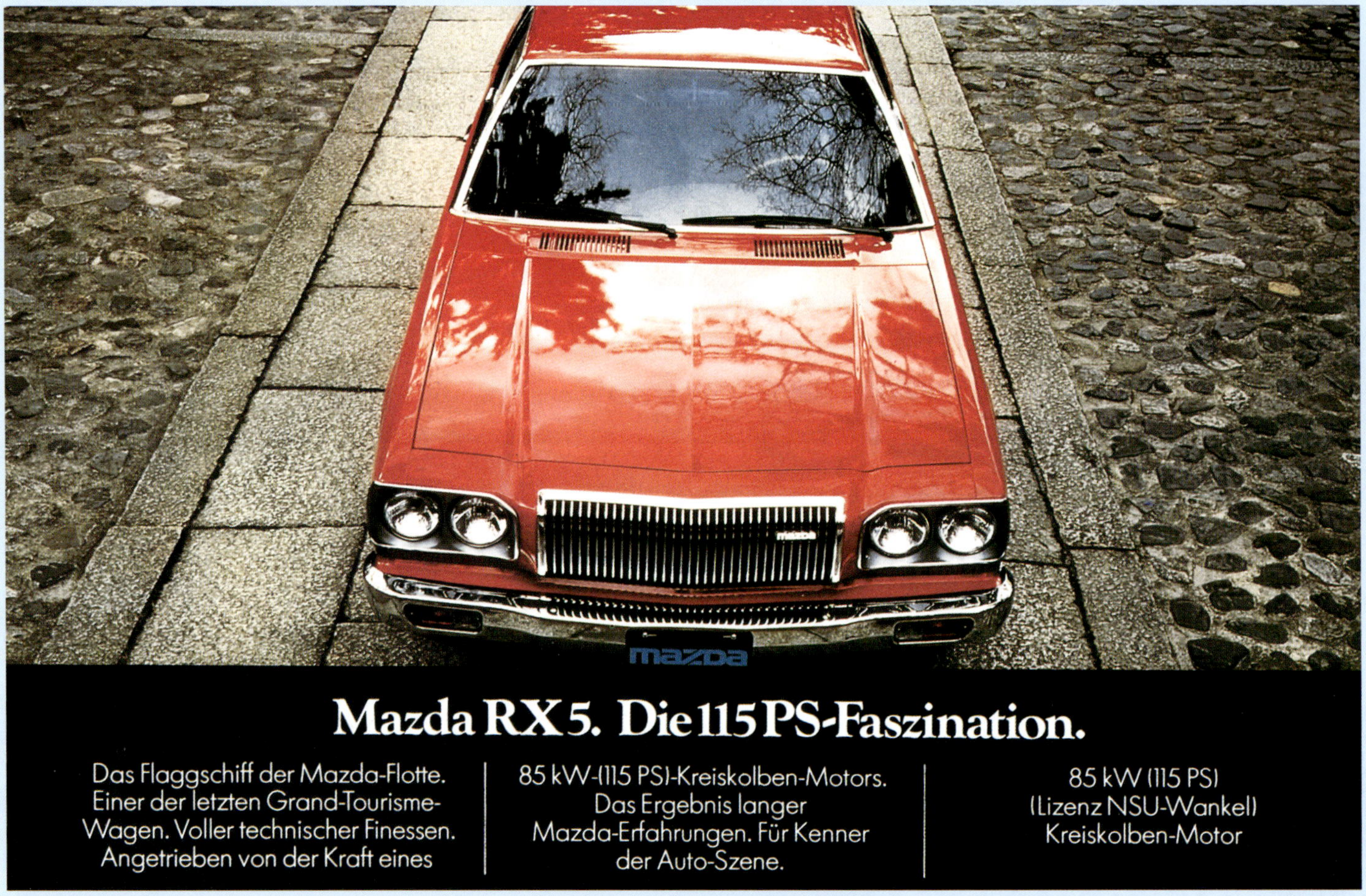
mazda
Mazda RX5. Die 115 PS-Faszination.
Das Flaggschiff der Mazda-Flotte. Einer der letzten Grand-Tourisme-Wagen. Voller technischer Finessen. Angetrieben von der Kraft eines
85 kW-(115 PS)-Kreiskolben-Motors. Das Ergebnis langer Mazda-Erfahrungen. Für Kenner der Auto-Szene.
85 kW (115 PS) (Lizenz NSU-Wankel) Kreiskolben-Motor

Brav: Die RX5-Werbung von 1977 war dem Flaggschiff nicht angemessen.

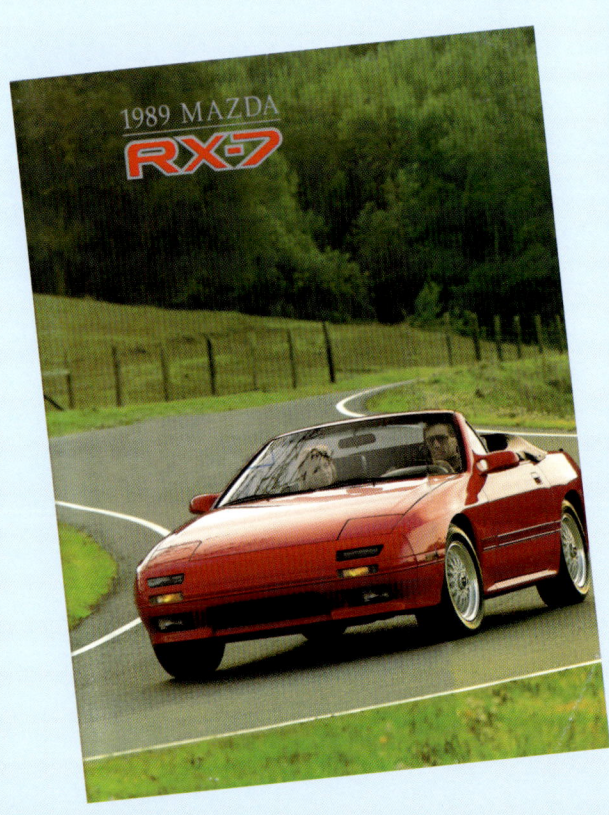

DIESE DREI HERREN UNTER DIE HAUBE ZU BRINGEN,
HAT AUSSER UNS NOCH KEINER GESCHAFFT.
Felix Wankel
Nikolaus Otto
Rudolf Diesel
XEDOS 9
mazda
WIR FAHREN VOR.

Imageträchtig: Nach wie vor dient der Wankel als technologisches Aushängeschild.

1989 MAZDA
RX-7

US-amerikanischer Sonderweg in der Werbung: Prospekte mit Ausklappseiten.

ZOOM-ZOOM

Un sueño en edición limitada.

Nuevo MX-5 Phoenix.

Denken Sie in neuen Dimensionen.
Der neue MAZDA PREMACY.

Familiensinn in Serie: ABS, Traktionskontrolle, 4 Airbags,
Sitze zum Verschieben, Umklappen, Herausnehmen und mehr.

Eine Linie für den europäischen Auftritt.
Verschiedene Länder, verschiedene Sprachen,
aber unverkennbar eine Linie: Premacy-Werbung,
Deutschland, 1999 (oben), MX-5, Spanien
(oben rechts), BT-50, Frankreich, 2007.

Nouveau Mazda BT-50.
A vous de jouer.

ZOOM-ZOOM

Nachhaltigkeit bei Mazda

Die Zeiten für Autobauer werden nicht besser. Dass die Umwelt aufgrund der Verbrennung fossiler Kraftstoffe unter dem Autoverkehr ebenso leidet wie das Klima, ist eine Binsenweisheit. Und dass Erdöl bald zu teuer sein wird, um es einfach im Auto zu verfeuern, auch. Also müssen Alternativen her. Doch bis diese serienreif sind, ist es noch ein weiter Weg.

Mazda allerdings ist darauf schon ein bemerkenswertes Stück vorangekommen und hat sich ganz konkrete, relativ schnell umzusetzende Ziele gesetzt. So wird sich die Kraftstoffeffizienz aller weltweit verkauften Mazda bis 2015 um durchschnittlich 30 Prozent verbessern.

Das Unternehmen spricht in diesem Zusammenhang vom »Nachhaltigen (Sustainable) Zoom-Zoom«, versucht, Fahrspaß und Umwelt unter einen Hut zu bekommen. Bei der Bekanntgabe der langfristigen technischen Entwicklungspläne versprach Seita Kanai, Mazda Direktor und für Forschung und Entwicklung verantwortlicher Senior Executive Officer, im August 2008 eine »sorgenfreie und gleichzeitig begeisternde Mobilität«, die das Unternehmen gewährleisten werde, und kündigte »spannende Fahrzeuge an, die das Kundenherz erobern und viel Fahrspaß bieten an«. Hinter diesen Ankündigungen steht das Versprechen, durch »verbrauchseffiziente und saubere Motoren sowie Leichtbau« wesentlich zum technischen Fortschritt beizutragen.

Mit anderen Worten: Die neuen Mazda – bis zum Jahr 2015 will Japans viertgrößter Autobauer praktisch seine gesamte Modell- und Motorenpalette erneuern – sollen die bislang scheinbar unvereinbaren Eigenschaften Fahrspaß und Wirtschaftlichkeit miteinander vereinen. Und gut aussehen sollen die Autos auch noch, also Herz und Vernunft gleichermaßen ansprechen. Das hat ein wenig etwas von einer Quadratur des Kreises. Andererseits begreift sich Mazda seit den sechziger Jahren des vorherigen Jahrhunderts nicht nur als design-, sondern auch als technikorientiertes Unternehmen. Denn nur ein solches hat den Wankelmotor allen Widerständen zum Trotz zur Serienreife bringen und daran festhalten können, auch wenn man daran beinahe pleite gegangen wäre.

Diese Dickköpfigkeit, den einmal als richtig erkannten Weg über alle konjunkturellen Höhen und Tiefen hinweg weiter zu beschreiten, unterscheidet die japanischen Hersteller von den an kurzfristigen Profiten orientierten europäischen und amerikanischen Herstellern. In Hiroshima ist man diesbezüglich besonders störrisch.

Folgerichtig verweigert sich Mazda auch der allgegenwärtigen Hybrid-Hysterie: Die naheliegende Interimslösung aus Benzin- und Elektromotor ist für Mazda kein Thema (und auch Hybrid-Pionier Toyota räumt ein, dass diese Technik nur ein Zwischenschritt ist hin zu Wasserstoffantrieb und Brennstoffzelle). In Hiroshima weiß man das schon lange und arbeitet daran schon seit Ende der Sechziger: 1970 präsentierte man den EX 005, ein Hybridfahrzeug, das sowohl einen Elektromotor als auch ein Kreiskolbenaggregat aufwies. In den Folgejahren hat Mazda dann ganz auf den Elektroantrieb gesetzt, scheiterte aber, wie alle anderen Elektrofahrzeuge davor und danach, an der ungenügenden Speicherkapazität der Batterien. Typischerweise heißt das aber nicht, dass man diesbezüglich alle Forschungen eingestellt hätte, noch in den Neunzigern waren Elektrostudien zu bestaunen.

In den Achtzigern hat man sich im Schwerpunkt dem Methanol-Antrieb zugewandt, ein Konzept, das durch die Partnerschaft mit Ford zum Thema wurde. Allerdings wird für die Methanol-Produktion Erdgas benötigt, auch das ist ein endlicher Rohstoff. Daher forciert man trotz Erfolg versprechender Großversuche die Forschungen im Bereich des Wasserstoff-Antriebs

– Indiz für den wachsenden Ehrgeiz des Unternehmens, die große, die letztendliche Lösung zu finden: das abgasfreie Auto, das Zero Emission Vehicle. Daran tüfteln die japanischen Querdenker schon seit Anfang der neunziger Jahre im Rahmen des von der Regierung auf den Weg gebrachten New Sunshine Project. Das sah vor, dass bis 2010 drei Prozent der elektrischen Energie, zehn Prozent des Stadtgases und fünf Prozent der Kraftstoffe durch Wasserstoff ersetzt werden sollen.

1991 stand mit dem HR-X das erste Konzeptfahrzeug mit Wasserstoffantrieb auf dem Messestand der Tokyo Motor Show, 1993 folgte der weiter entwickelte HR-X2. Und ausgerechnet dem ehemals als Säufer totgesagten Kreiskolbenmotor hat Mazda bei seinen Wasserstoff-Plänen eine Schlüsselrolle zugewiesen. Denn dessen Vorteile, allen voran die kompakten Abmessungen bei geringem Gewicht, sind wesentliche Voraussetzungen für einen Antrieb der Zukunft. Und noch etwas spricht für den Wankel: Im Gegensatz zum Hubkolbenmotor sind beim Kreiskolbenmotor die Gaswechsel klar getrennt, Überschneidungen treten nicht auf – was beim Hubkolbenmotor mit Wasserstoffantrieb ein mit Fehlzündungen behaftetes Problem darstellt. Ein wenig von einem Hybriden hatte der HR-X allerdings schon, ein Elektromotor diente als Flautenschieber: Der Kreiskolbenmotor wirkte mit einem Elektroaggregat zusammen, der im Schiebebetrieb als Generator funktionierte und in der Beschleunigungsphase Energie abgab. Schon der HR-X hatte ein Leistung von beachtlichen 100 PS bei 6500/min und eine Reichweite von 200 Kilometern. Natürlich konnte von einer Serienreife noch keine Rede sein, doch nähert man sich bei Mazda mit großen Schritten diesem Stadium. Nachdem 2001 ein Premacy mit Brennstoffzellenantrieb vorgestellt wurde (wobei wiederum Methanol als Energieträ-

Elektrofahrzeuge sind bei Mazda schon seit Jahrzehnten ein Thema: Im Bild der Chantez EV, 1972.

Wasserstoff und Wankel: Der HR-X von 1991.

Seit Jahren experimentiert Mazda mit Wasserstoff-Kreiskolbenmotoren. Im Moment geht es um die Alltagstauglichkeit. Links ein Premacy/Mazda5, rechts der Hydrogen-RX-8.

Während deutsche Hersteller noch über die Brennstoffzelle diskutierten, hatte Mazda sie schon gebaut: 1997 im Demio ...

... und 2001 im Premacy.

Deutsche Hersteller beginnen die mitlenkende Hinterachse gerade wieder zu entdecken. Mazda hatte sie nie vergessen: 4WS-System des Millenia, 2000.

ger diente), wurde 2003 ein alternativ betriebener Mazda RX-8 vorgestellt. Seit 2006 drehen acht dieser besonderen RX-8 ihre Runden in der Hand japanischer Kunden: Die sogenannten Hydrogen RE laufen in einem kommerziellen Leasingprogramm, im Folgejahr wurde beschlossen, im Rahmen eines Pilotprojekts mit einem norwegischen Gasversorger dreißig weitere Hydrogen RE nach Skandinavien zu liefern. Und ab Juni 2009 rollt der Mazda5 Hydrogen RE Hybrid, der einen Wasserstoff-Kreiskolbenmotor (der auch mit Benzin betrieben werden kann) und einen Elektromotor miteinander kombiniert, im Test über Japans Straßen. Dabei handelt es sich um Dual-Fuel-Konzepte, die Motoren vertragen auch konventionellen Kraftstoff. Obwohl der Entwicklungsschwerpunkt bei Mazda auf dem wasserstoffbetriebenen Kreiskolbenmotor liegt, vernachlässigt das Unternehmen keinesfalls die von deutschen Herstellern so favorisierte Brennstoffzelle. 1992 wurde ein Golf-Cart mit Brennstoffzelle vorgeführt, 1997 rollte eine Demio mit dieser Technik aus Mazdas Hexenküche, 2001 dann ein Premacy. Akihiro Kashiwagi, Mazda Programm Manager für die Hydrogen-RE-Entwicklung, erklärt, warum Mazda dennoch auf den Kreiskolbenmotor setzt: »Ein Wasserstoff-Kreiskolbenmotor emittiert ausschließlich Wasser. Zwar erreicht er nicht den Wirkungsgrad einer Brennstoffzelle, doch weil er die nahezu gleiche Konstruktion wie Benzinmotoren besitzt, sind Entwicklungs- und Fertigungskosten weit niedriger und die Zuverlässigkeit viel höher. Verglichen mit den Brennstoffzellen, werden Wasserstoffmotoren mit Dual-Fuel vor allem zu Beginn des Wasserstoffzeitalters eine wichtige Rolle einnehmen.«

So sehr das auch zu begrüßen ist: In den nächsten beiden Jahrzehnten werden der Otto- und der Dieselmotor die dominierende Antriebstechnik bleiben. Und da ist das Entwicklungspotenzial noch nicht ausgereizt. Auch hier tut Mazda eine ganze Menge – übrigens nicht erst seit heute. Wir erinnern uns: Mazda hatte ja nicht nur den Kreiskolbenmotor zur Serienreife gebracht, sondern auch andere eigentümliche Entwicklungen durchgeboxt, nicht immer mit dem verdienten Erfolg. Nur eine Fußnote in der Automobilgeschichte verbleibt zum Beispiel dem Allradlenksystem. Die 1983 in Tokio gezeigte Studie Mazda MX 02 wies einen Vierzylinder-16-Ventil-Motor mit verstellbarer Nockenwelle auf und holte aus 1,3 Liter Hubraum 100 PS heraus. Der mit einer Kohlefaser-Leichtbau-Karosserie bestückte Wagen war 200 km/h schnell – und hatte Vierradlenkung. Diese Besonderheit des MX 02 wurde von anderen Herstellern sehr schnell aufgegriffen. Alle Japaner (in der Folge auch einige Europäer) traten plötzlich mit allradgelenkten Autos an, eine Idee, die im Grunde nicht neu war und im Nutzfahrzeugbau längst Anwendung gefunden hatte, aber vom Mazda-Konstrukteur Tadahiko Takiguchi erstmals für den Personenwagen-Serienbau ausgearbeitet worden war.

Zu kaufen gab es die Allradlenkung 1987 im 626 4WS. Das elektronisch gesteuerte System verfügte über ein zweites Servolenksystem für die Hinterräder. Vernetzt mit dem System für die Vorderachse, passten sich die Hinterräder dem Einschlagwinkel und der Geschwindigkeit an der Vorderachse an. Der größte Lenkausschlag hinten war auf fünf Grad begrenzt und erfolgte unterhalb von 35 km/h in die den Vorderrädern entgegengesetzte Richtung.

Mit wahrhafter Nibelungentreue hat das Unternehmen auch an die Segnungen des Comprex-Druckwellenladers geglaubt, so inbrünstig, dass das Unternehmen 1990 in Österreich die Comprex GmbH zur Produktion und zum Vertrieb von Druckwellen-Kompressoren gegründet hat. Der Comprex-Lader sollte die damaligen Nachteile der Turbo-Diesels – wenig Kraft im unteren und mittleren Drehzahlbereich – eliminieren: Der Lader sorgte für hohes Drehmoment schon im unteren Drehzahlbereich, und das bei optimalem Abgasverhalten: »Der besonders saubere Diesel ... mit der Leistung und dem Durchzugsvermögen eines Benziners«, lobte Mazda das 75 PS starke Zweiliter-Triebwerk, das die erste Umsetzung des Druckwellenlader-Prinzips im Pkw-Serienbau darstellte. Die US-Norm 1996 unterbot er ebenso wie die deutsche, nach dem damaligen Umweltminister benannte Töpfer-Norm für den Ausstoß von Rußpartikeln. Angeboten wurde der durchzugskräftige Druckwellen-Diesel im Mazda 626 GLX zwischen 1993 und 1997, er verschwand mit dem Modellwechsel, ohne dass sein Fehlen groß bemerkt worden wäre.

Ebenso unbelohnt, aber gleichfalls ein wunderbares Stück Ingenieurskunst blieb die Arbeit am 2,3-l-Motor des Xedos 9 von 1995, der nach dem Miller-Prinzip arbeitete. Der Miller-Motor – wie der Comprex-Lader erstmals von Mazda in einem Landfahrzeug in Serie verbaut – schöpft aus kleinem Hubraum eine hohe Leistung und verkneift sich dabei die Untugenden, die man konventionellen Lader-Motoren nachsagt: Turboloch, Drehzahlschwäche im mittleren Bereich und hoher Verbrauch. Im Grunde genommen handelt es sich dabei um einen normalen Viertakter, bei dem das Einlassventil erheblich später schließt als üblich, während der Kolben schon wieder ein Drittel auf dem Weg nach oben zurückgelegt hat. Das ergibt ein niedrigeres Kompressionsverhältnis, die Temperatur vor der Zündung und während des Verbrennungsvorgangs ist niedriger. Die Folge: Kein »Klopfen« (ein vorzeitiges Zünden des Kraftstoff/Luft-Gemischs) und die Möglichkeit, mehr Frischluft einzupressen, was die Leistungsausbeute erhöht und gleichzeitig sauberer verbrennt. Dafür verwendete Mazda einen mechanischen Lader, den Lysholm-Lader, der über zwei Schneckengänge Frischluft zuführt. Wirkungsgrad, Geräuschemissi-

Kein echter Erfolg: der Miller-Motor, eingesetzt im Xedos.

**Wunderwerk:
Der neue MZR-CD 2,2-Liter-
Common-Rail-Turbodiesel wird 2009
zuerst im Mazda6 angeboten.**

on und ein konstant hoher Druck auch im ansonsten problematischen Teillastbereich gehörten zu den Vorteilen des Miller-Motors. Verglichen mit einem konventionellen Motor mit gleicher Leistung, so Mazda, verbrauche der Miller-Cycle zehn bis 15 Prozent weniger Kraftstoff. Man dachte daran, die Vorteile dieses Konzepts künftig auch in Motoren mit kleineren Hubräumen zum Einsatz zu bringen. Es blieb beim frommen Wunsch, die Ingenieursleistung, die dem 210-PS-Motor als perfekte Kombination aus Leistung, Effizienz und Laufkultur mehrfach Preise eintrug, wurde vom Publikum nicht angenommen.

Sehr viel besser angenommen werden die weiteren Maßnahmen, um Kraftstoffverbrauch und Emissionen zu senken. Mittelfristig, so die Einschätzung der Motorentechniker, sind weitere Einsparungen von gut einem Fünftel zu erreichen. Neben unspektakulären Kärrnerarbeiten wie verbesserter Motorsteuerungen oder optimierter Aerodynamik kommt der Reduzierung der Gesamtgewichte eine wesentliche Rolle zu. Für die bereits erwähnten DISI-(Direct Injection Spark Ignition)-Triebwerke strebt man mit der nächsten Generation des Benzindirekteinspritzers ein Leistungsplus von 15 bis 20 Prozent an – bei gleichzeitiger Senkung des Verbrauchs von 20 Prozent. Im Blickfeld der Ingenieure sind dabei insbesondere die Direkteinspritzung, die Zündungsregelung, die variable Ventilsteuerung und der Katalysator. Ein weiteres schönes Beispiel für die Feinarbeit, die kein Mensch sieht, ist der MZR-CD-2.2-l-Dieselmotor. Dieser Common-Rail-Diesel zählt mit einer Höchstleistung von 136 kW / 185 PS und einem maximalen Drehmoment von 400 Nm zu den kräftigsten Vertretern der Selbstzünder-Zunft. Um aus 2,2 Litern Hubraum ein maximales Drehmoment von 400 Nm zu realisieren, hat Mazda tief in die Trickkiste der technischen Verbesserungen gegriffen: Weiterentwickelter Turbolader mit variabler Schaufelgeometrie, Erhöhung des maximalen Einspritzdrucks von 1800 auf 2000 bar, verbesserte Kolben aus Aluminiumlegierung – zusammen mit einer ganzen Menge weiterer innermotorischer Fein- und Detailarbeit haben sich Wirtschaftlichkeit und Abgasemissionen dramatisch verbessert, die Euro 5-Norm stellt keine Hürde dar. Für die Abgasnachbehandlung verwendet Mazda einen selbstentwickelten Dieselpartikelfilter (DPF) mit Keramikstruktur. Bemerkenswerterweise ist es Mazda gelungen, die Zunahme an Gewicht und Größe gegenüber dem bekannten Zweiliter-Common-Rail-Diesel zu begrenzen. Die Abmessungen blieben praktisch gleich, während das Gewicht mit sechs Kilogramm nur leicht anstieg – trotz Hubraumvergrößerung und Ausgleichswellen. Die weitere Entwicklung wird zum Einsatz eines Hochdruck-Einspritzsystems nach dem Common-Rail-Prinzip mit Piezo-Injektoren führen, was ein noch schnelleres Ansprechverhalten nach sich ziehen wird, eine noch präzisere und feinere Zerstäubung des Kraftstoffs.

Ein schönes Beispiel für den Fortschritt im Detail ist auch das gerade vorgestellte Start-Stopp-System SISS (Smart Idle Stop System). Start-Stopp-Automatiken haben zwar auch andere, Mazda aber hat mal wieder einen anderen Weg gewählt: Das Mazda-Start-Stopp-System – auf der Tokio Motor Show 2005 erstmals gezeigt – ist weltweit das einzige System seiner Art, das den Motorstart im Wesentlichen durch Einspritzung von Kraftstoff in den Brennraum und dessen Entzündung durch die Zündkerze – also direkt mit der hieraus entstehenden Gaskraft – bewirkt. So erfolgt ein schnellerer und leiserer Neustart bei bis zu neun Prozent geringerem Kraftstoffverbrauch. Das System schaltet automatisch das Triebwerk ab, sobald das Fahrzeug zum Stillstand kommt. Wenn der Fahrer wieder anfahren möchte, springt der Motor ohne Verzögerung sofort wieder an. Im Gegensatz zu herkömmlichen Start-Stopp-Systemen, die ausschließlich den elektrischen Anlasser zum Neustart einsetzen, spritzt das Mazda-SISS direkt zu Beginn des Neustarts Kraftstoff in den Zylinder, der sich im Verbrennungstakt befindet. Das setzt natürlich voraus, dass die Kolben in einer bestimmten Position zur Ruhe kommen und die Kurbelwelle im richtigen Moment zum Stillstand kommt. Der Neustart erfolgt dann in Sekundenbruchteilen, nach etwa 0,35 Sekunden läuft die Maschine. Dieses System funktioniert allerdings nur bei einem Direkteinspritzer, vorläufig ist der 2.0-l-DISI das einzige entsprechende Benzin-Aggregat in der Mazda-Palette. Andererseits wird in den kommenden Jahren nahezu die gesamte Motorenpalette erneuert, so dass es nur noch eine Frage der Zeit ist, bis diese umweltverträgliche Technik sich auf breiter Front durchsetzt.

Doch auch in der Hardware ist das Potenzial noch nicht ausgereizt, Mazda-Techniker sprechen dabei vom »verbesserten Packaging« und verweisen dabei auf den in der Entwicklung befindlichen 2,0-Liter-Dieselmotor der nächsten Generation. Der wird dank Aluminium-Motorblock und kleinerer und leichterer Hub- sowie Rotations-Bauteile das Gewicht und die Baugröße erheblich minimieren und damit im Bereich des vergleichbaren Benziners liegen. Mazda verspricht sicher nicht zu viel, wenn es auf eine noch höhere Laufkultur und eine höhere Drehfreude hinweist – selbstverständlich bei besseren Verbrauchswerten. Dieser hier erstmals in aller Konsequenz durchgeführte Leichtbau weist den Weg in die Zukunft. Denn ab 2011, so das ehrgeizige Ziel, soll das durchschnittliche Gewicht neuer Modelle deutlich sinken. Dass das geht, zeigen bereits die neuen Mazda-Modelle des Jahres 2008, die trotz gestiegener Ausstattungsumfänge und gewachsener Außenabmessungen in Sachen Gewicht ihre Vorgänger klar unterbieten – je nach Typ um bis zu 100 Kilogramm. Mazda verfolgt in Zukunft einen dreifach gegliederten Ansatz zur Senkung des Fahrzeuggewichts: der Einsatz neuer leichter Materialien, moderne Bauweisen, die überflüssiges Gewicht einsparen, sowie neue Klebetechniken und Verbindungen, die existierende schwerere Anwendungen ersetzen könnten.

Zu einem umweltfreundlichen Auto gehört auch eine umweltfreundliche Fabrik. Alle Produktionsstandorte sollen daher künftig höchsten Ansprüchen in Sachen Umwelt- und Mitarbeiterfreundlichkeit entsprechen. Ansätze gibt es genug. Das Unternehmen arbeitet zum Beispiel intensiv an der Verringerung von Flüchtigen Organischen Verbindungen (VOC = Volatile Organic Compounds), CO_2, Industrieabfällen und der für die Produktion aufgewendeten Energie.

Ein gutes Beispiel ist der Lackierprozess: Mehr als die Hälfte an VOC und nahezu ein Viertel aller CO_2-Emissionen in Mazda-Werken fielen bisher während des Lackierprozesses an. 2005 führte Mazda an allen japanischen Standorten ein einzigartiges Dreilagen-Lackiersystem mit Farben auf Wasserbasis ein, das den VOC-Ausstoß um 45 Prozent und die CO_2-Emissionen um 15 Prozent verringert hat. Inzwischen ist diese Technik auch in den gemeinsam mit Ford betriebenen Werken im chinesischen Changan und in Thailand eingeführt. Und das Potential ist längst noch nicht ausgereizt, Mazda arbeitet an einer neuen wasserlöslichen Farbtechnik, die die Menge an VOC um weitere 57 Prozent verringern soll, ohne dabei den Ausstoß an CO_2 zu steigern. Der neue Lack ist eine verbesserte Variante der wasserlöslichen Dreilagenfarbe und wird ab 2009 eingesetzt. Mit im Vergleich zu herkömmlichen Farben auf Wasserbasis etwa 25 Prozent niedrigeren Kohlendioxidemissionen macht diese neue Technologie die Mazda-Lackierstraßen zu den saubersten in der weltweiten Automobilproduktion.

Weiteres Optimierungspotenzial gibt es in der Fertigung, wo die Bereiche Werkstoffe und Verarbeitung für rund die Hälfte des gesamten Energieverbrauchs verantwortlich sind. Auch da lässt sich noch sparen, zwischen 2001 und 2007 sank der Energieverbrauch pro produziertes Fahrzeug um 20 Prozent. Innovationsprogramme steigern die Anzahl flexibler Produktionslinien, so dass unterschiedliche Fahrzeugvolumen und verschiedene Modelle gefertigt werden können. Damit lässt sich die Arbeitslast zwischen den Werken besser verteilen und der Durchsatz optimieren. Das hilft, Kapazitäten und Ressourcen besser zu nutzen, was sich letztlich wiederum positiv auf die Umwelt auswirkt. Hinzu kommt der Aufbau einer entsprechenden Logistik-Infrastruktur. Unter diesem Gesichtspunkt ist auch die Nutzung der Transsibirischen Eisenbahn zu sehen, mit der seit Oktober 2008 Mazda-Neuwagen von Japan aus nach Russland transportiert werden.

Entscheidend ist aber letztlich, was hinten rauskommt: Zur Abgasnachbehandlung hat Mazda einen neuen Partikel-Verbrennungskatalysator entwickelt. Im Unterschied zu herkömmlichen Oxidations-Katalysatoren nutzt der neue Mazda-Kataly-

Beim SISS erfolgt der Anlassvorgang innermotorisch.

Die Zukunft hat längst schon begonnen: Die Motoren werden kleiner, leichter, sauberer und sparsamer sein.

sator nicht nur die Sauerstoff-Atome, die sich auf der Oberfläche der Oxidschicht des Katalysators befinden, sondern auch jene Sauerstoff-Atome, die sich in der gesamten Beschichtung befinden. Der höhere Anteil von Sauerstoff bewirkt eine noch effektivere Verbrennung der Kohlenstoff-Teilchen, entlastet so den nachgeschalteten Partikelfilter und verlängert damit dessen Regenerationszyklus. Zudem werden für die Herstellung des Filters weniger Edelmetalle benötigt.

Die Verringerung des Anteils schädlicher Stickoxide (NO_x) in Dieselabgasen ist für die Ingenieure weiterhin die größte Herausforderung. Mazda entwickelt, ähnlich Audis AdBlue-System, ein System zur selektiven katalytischen Reduktion (SCR). Durch das Einspritzen einer wässrigen Harnstofflösung in den Abgasstrom wird eine chemische Reaktion ausgelöst, durch die die Stickoxide in harmlosen Stickstoff (N_2) umgewandelt werden. Dazu kommen die Arbeiten an NO_x-Speicher-Systemen. Auch wenn also die Zeiten härter werden: Mazda ist gut aufgestellt. Und bei alledem wird der Fahrspaß nicht vergessen werden, zoom-zoom.

Die Meilensteine

R 360 Coupé

Die Geschichte von Mazda als Pkw-Produzent beginnt im Frühling des Jahres 1960. In knapper Entwicklungszeit hatten die Ingenieure einen vierrädrigen Kleinwagen auf die Räder gestellt, einen 380-kg-Winzling mit Namen Mazda R 360. Und der traf voll den Geschmack des japanischen Publikums. In ganz Japan war der kleine Mazda am 23. Mai 1960 in den Händler-Schaufenstern – und am Abend hatte er nicht weniger als 4500 Käufer gefunden. Der luftgekühlte, im Heck installierte Zweizylinder-V-Motor hatte 356 cm³ Hubraum und hängende Ventile. Es handelte sich um den ersten Viertaktmotor in dieser Klasse, und er bestand fast zur Gänze aus Leichtmetall. Aus diesem Material waren auch Bug- und Motorhaube, die Armaturentafel und die Rahmen der vier Sitze, ebenso die Bremstrommeln mit Stahlbeschichtung. Die Einzelradaufhängung ringsum war an Gummi-Elementen befestigt. Das

Getriebe konnte man mit drei manuell schaltbaren Gängen erhalten oder als Halbautomatik mit einem Drehmomentwandler, im Februar 1961 kam dann ein kleiner Kombi in Gestalt des R 360 dazu.

Mazdas erster Großserien-Personenwagen wurde ein wahrer Renner, Ende 1960 überstieg der monatliche Ausstoß die 4000-Einheiten-Marke. Zeitweise lag Mazdas Marktanteil in dieser Klasse bei schier unglaublichen 65 Prozent. Außerdem war der zunächst nur als Coupé angebotene Mazda unglaublich günstig, er kostete 300.000 Yen, mit Drehmomentwandler 20.000 Yen mehr. Japans billigster Personenwagen bot keinerlei überflüssigen Luxus, viel unverkleidetes Blech im Innenraum und einen munteren Zweizylinder im Heck. Als echter Viersitzer war er natürlich kaum zu gebrauchen. Mit 16 PS schaffte das knapp drei Meter lange Kei-Car eine Höchstgeschwindigkeit von 85 km/h.

Japans kleinstes, leichtestes und billigstes Auto: R360, 1960.

Eigentlich hätte er gar keine Werbung nötig gehabt, so gut verkaufte er sich.

Carol

Auf der 8. Tokio Motor Show im Herbst 1961 präsentierte Mazda den Typ 700, einen Prototyp mit wassergekühltem 660-Kubik-Vierzylinder. Entfernt erinnerte der 3,20 m lange Wagen an den britischen Ford Anglia, was vor allem der eigentümlichen, nach innen gezogenen C-Säule zu verdanken war. Mit entsprechender Karosserie wurde kurz nach der 1961er-Show der P 360 Carol gezeigt. Bei diesem Zweitürer sorgte ein quer eingebauter Vierzylinder-Viertakter für Vortrieb, ein unglaublicher Aufwand für gerademal 18 PS. Natürlich verfügte auch der Carol über Einzelradaufhängung

Der 700er-Prototyp von 1961 erschien dann im Mai 1962 als Mazda 600 mit 586 cm³ großem Vierzylinder-Viertakter und 28 SAE-PS. Dicker Minuspunkt bei den Carol-Typen war der fehlende Ablageplatz im Innenraum: Im Heck saß der Motor, und vorne machte sich das Ersatzrad formatfüllend breit. Und, anders als beim Käfer, gab es auch keine Ablage unter dem Rückfenster. Der rund 100 km/h schnelle Mazda 600 kam auf einen Inlandspreis von umgerechnet 4785 Mark, das 360er Coupé kostete 3410 Mark – wie gesagt, seinerzeit der günstigste Personenwagen auf dem Markt. Hauptkonkurrent für den kleinen R 360 und den Carol war der Mitsubishi 500, vorgestellt im September 1959.

Der Carol 360 überflügelte das Coupé rasch an Beliebtheit, Ende 1962 wurde er in monatlichen Stückzahlen um die 4000 fabriziert. 1963 war man sogar bei 5000 Einheiten angelangt, seit September 1963 gab es dann auch eine 20-PS-Version als Viertürer, auch erstmals in dieser Klasse verwirklicht. Am 9. März 1963 rollte der einmillionste Mazda vom Band, ein goldfarben lackierter Carol P 600. Der P 600 wurde bis 1964 gebaut. Der kleine Vierzylinder-Motor wurde dann auf 360 Kubik eingedampft, der Viertürer stand dann als 360 Sedan bis 1970 weiter im Programm. Der Marktanteil des Carol lag Anfang der Sechziger zeitweise bei 67 %.

Familia/1200

Aus dem 700-ccm-Wagen entwickelte Mazda den Mazda 800, der den Namen »Familia« erhielt. Der Tradition als Nutzfahrzeughersteller folgend, beschloss Mazda-Chef Matsuda, den neuen Wagen zunächst in einer Nutzwert-Variante herauszubringen, zumal Marktforschungen ergaben, dass viele Kombi-Käufer es gerne etwas komfortabler hätten. Also kombinierte man beides und schuf für die Markteinführung im September 1963 ein kleines Familienauto in Kombiform. Natürlich gab es auf dieser Basis auch einen Lieferwagen. In welcher Form auch immer: Das Auto hatte einen wassergekühlten 782-ccm-Motor aus Aluminium mit Kopfsteuerung und einer Leistung von 42 PS; die Zuladung betrug 400 Kilogramm. Zu diesem Zeitpunkt war kein anderer japanischer Hersteller in der Lage, den Mazda-Produktionsmethoden Paroli zu bieten, niemand hatte seine Fertigung so durchrationalisiert – was die sensationelle Preisstellung erklärt.

Mazdas Carol sind seit zwei Jahrzehnten Suzuki-Konstruktionen.

Nach Erscheinen des Familia wurde der Carol 600 abgerüstet: Er hatte jetzt 360 Kubik.

Mit dem Familia brachte Mazda die Konkurrenz in Zugzwang. Nissans Antwort war der Sunny, Toyotas der Corolla.

Eindeutig ein Nutzfahrzeug: Cockpit des Familia 800 Kombi.

Familia 1200 Coupé, 1968: Im Grunde genommen die alte Konstruktion mit längerem Radstand, neuer Front und stärkerem Motor.

Auf der Tokio Motor Show 1962 hatte Mazda den Prototypen eines Personenwagens in der Einliter-Kategorie vorgestellt, unzweifelhaft eine Variante des Familia-Kombis. Die Limousine ging dann im Oktober 1964 in den Verkauf, dafür räumte der Carol P 600 das Fließband. Dieser erste ausgewachsene Viersitzer wurde sogar als Auto »mit Platz für fünf Personen« bezeichnet. Es handelte sich um einen schlichten, aber harmonischen Viertürer im Bertone-Design mit einem Hauch von Corvair/NSU-Prinz-Styling. Er war nur 3,70 Meter lang und 740 Kilogramm schwer. Statt des erwarteten Einliter-Motors hatte der Familia aber den 782-cm³-Vierzylindermotor aus dem Kombi (dem auch ein Pick-up zur Seite gestellt worden war). Ende 1965 erschien der Familia als Zweitürer und als 800 S in schärferer Sport-Variante mit 52 PS – dank Doppelvergaser, Doppelauspuff und anderer Nockenwelle. Zum neuen Spitzenmodell aber avancierte das auf der 12. Tokio Motor Show 1965 präsentierte Familia Coupé. Es hatte einen Motor mit 985 Kubik und eine obenliegende Nockenwelle. Seine Leistung lag bei 68 PS. Verzögert wurde über Dunlop-Scheibenbremsen vorn.

Schon im ersten Monat setzten Mazda-Händler in Japan 2119 Exemplare des Familia 800 ab, im zweiten 3299, im dritten über 5000 Familia. Im Jahre 1965 kam Mazda damit auf einen Marktanteil von über 30 Prozent in seiner Klasse.

Die Fortführung der Familia-Reihe führte zum Mazda 1200, wie er im Jahre 1968 in Produktion ging. Seinen Erfolg verdankte er vor allem der Tatsache, dass es ihn auch mit vier Türen gab, was in dieser Fahrzeugklasse ein absolutes Novum darstellte. Zu den weiteren Assen im Ärmel gehörte die komplette Ausstattung inklusive aufpreisfreier Heizung-/Belüftung. Im Export auf jeden Fall obligatorisch war die sehr gute Ausstattung mit vorderen Liegesitzen samt Kopfstützen (was damals wirklich nicht selbstverständlich war), einer Verbundglas-Windschutzscheibe und, je nach Ausführung, getönten Scheiben, Radio, einem Lenkrad mit Holzkranzimitat und je nach Bestimmungsort sogar Weißwandreifen. Abgesehen davon sah der 1200er gut aus und war technisch durchaus auf der Höhe der Zeit. Gut, die hintere Starrachse an Blattfedern war nicht besonders fortschrittlich, dafür handelte es sich beim Motor mit 1173 Kubik allerdings um ein neu entwickeltes Leichtmetall-Triebwerk. Mit 73 SAE-PS lief der kaum 750 Kilo schwere 1200er knapp 150 km/h, der 1972 eingeführte 1,3-l-Familia hatte dann 78 SAE-PS, eine abgerundete Front und runde statt eckiger Scheinwerfer. 1977 erschien dann die Ablösung in Gestalt des Mazda 323.

Luce

Im November 1963 hatte man auf der Tokioter Automobilausstellung einen Prototypen namens Luce vorgestellt. Der aber wurde, etwas kleiner, zum Familia, die Bezeichnung fand sich dann beim Luce 1500 wieder, der nach seiner Premiere in Tokio 1965 im August 1966 in den Verkauf ging. Auch bei diesem Wagen handelte es sich um einen Bertone-Entwurf, er zeigte die für die Bertone seinerzeit typische A-Linie: Verlängerte man in einer gedachten Linie A-, B- und C-Säule, liefen diese in einem Punkt zusammen, der als die Spitze eines A verstanden werden konnte. Und die Dachlinie bildete dann den Querstrich des »A«. Dieser Wagen mit seiner fast schon grazi-

Dreispeichen-Lenkrad als Zeichen der Sportlichkeit.

Italienische Momente: Bis zum Mazda6 sah nie wieder ein Mazda so elegant-europäisch aus wie der Luce.

Leading Lady: Luce-Prospekt für die Schweiz.

THE LEADING LADY

MAZDA 1800 SEDAN

len Linienführung und den Respekt heischenden Doppel-scheinwerfern konnte es im Design mit den besten europäi-schen Mittelklässlern seiner Zunft aufnehmen: Was BMW in Deutschland, sollte Mazda in Japan werden.

Für Vortrieb sorgte ein quadratisch ausgelegter 1,5-l-OHC-Vierzylinder mit 78 SAE-PS bei 5600 Umdrehungen. Serienmä-ßig war eine vollsynchronisierte Viergang-Handschaltung, wahlweise stand er auch mit Borg-Warner-Dreigangautomatik zur Wahl. Seine Spitze lag bei 150 km/h – das reichte locker, um die allgegenwärtigen Datsun Bluebird in Schach zu halten, und nur in SS-Ausführung hatten die überhaupt eine Chance. Und denen setzte Mazda eine eigene SS-Ausführung entge-gen mit höherer Verdichtung und Doppelvergaseranlage und 86 SAE-PS. Mit diesem Wagen (der in Japan als Sechssitzer zu-gelassen war) hatte Mazda erstmals reelle Exportchancen. Ge-baut wurde der später auch als Kombi lieferbare Luce im neu-en Werkskomplex Ujina. Auf dem Salon in Tokio 1968 erschien der Luce dann mit 1,8-Liter-Motor und 101 PS, Slogan »The Leading Lady«. Die Lufthutze auf der Haube unterschied ihn

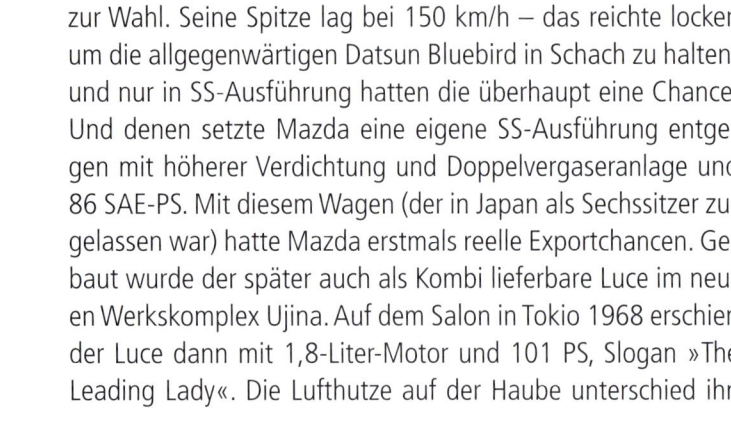

Nur in Kleinserie gebaut wurde das Luce-Coupé.

Mit hinterer Einzelradaufhängung, Frontantrieb und Wankelmotor dem Wettbewerb um Jahre voraus: der R130.

vom schwächeren 1,5 Liter. Verzögert wurde über Trommel-bremsen, für den Export wurden Scheibenbremsen vorn samt Bremskraftverstärker installiert. Die Produktion lief 1973 aus.

Luce R130

Mazdas Topmodell war der R130, ein bildschönes fünfsitziges Hardtop-Coupé. Der Wagen war 1967 in Tokio als RX 87 Tou-ring Coupé gezeigt worden. Bis auf leichte Retuschen an der Frontpartie ging dieses Bertone-Design (angeblich war dieser Entwurf ursprünglich Alfa-Romeo angeboten worden) als Luce R130 Ende 1969 dann in Serie. Im Gegensatz zum Luce 1500/1800 mit hinterer Starrachse verfügte das Coupé über Einzelradaufhängung rundum. Scheibenbremsen samt Servo vorn waren selbstverständlich, eine Lenkhilfe war optional. Unter der langen Haube arbeitete der vergrößerte Wankel (umgerechnet 2,6 Liter Hubraum, 126 PS) aus dem Cosmo. Dieser elegante, knapp 4,60 Meter lange GT besaß erstaunli-cherweise Frontantrieb, geriet aber im Sog des spektakuläre-ren 110S rasch in Vergessenheit: Bereits 1971 tauchte er in of-fiziellen japanischen Gesamtkatalogen nicht mehr auf.

R100

Mazda hat einige bedeutende Autos mit Wankelmotor ge-schaffen, der R100 ist zweifelsohne der Wichtigste, zumindest für den Export: Mit dem R100 begann die Eroberung des US-Marktes. Zusammen mit den späteren R130 war auch der R100 als Studie namens RX 85 Sports Coupé 1967 in Tokio gezeigt worden. Die technische Basis spendete dafür das Cou-pé der mittlerweile auf 1000 Kubik erstarkten Familia-Reihe, hatte aber einen etwas längeren Radstand, einen schwarzen Kühlergrill und runde Rückleuchten. Im Juli 1968 ging der Wa-gen mit Zweischeiben-Wankel und 100 SAE-PS in Serie, im Frühjahr 1969 stand er bei *auto motor und sport* im Testfuhr-park: »Hat sich die Chance entgehen lassen ... ein fahrwerks-mäßig bemerkenswertes Auto zu bauen ...«. Aber: »In Normal-form ist der Mazda nicht leicht zu schlagen: Fast 180 km/h Spitze, sportliche Beschleunigungswerte und weit ausfahrbare Gänge«. Allerdings zeichnete sich auch schon hier der größte Nachteil der frühen Wankel-Mazda ab: der »kräftige Appetit«. Man ermittelte Verbrauchswerte zwischen 12 und 19 Liter Su-per, jedoch, so gab man gerne zu, »entstanden bei durchweg recht munterer Fahrweise«. Der Wankelmotor fand sich als-bald noch in weiteren Vertretern der Familia-Familie, in der SS-Limousine (voller Name: R 100 Familia Presto Rotary SS). Der Viertürer mit konventionellem Hubkolbenmotor hieß dann Fa-milia 1200. Während dieser aber im März 1970 dem modell-gepflegten Mazda 1300 wich, blieb der R100 bis 1972 in Pro-duktion. Und bis dahin wurden knapp 96.000 R100-Wankel gebaut.

Mit dem R100-Coupé begann der Export in alle Welt. Für Deutschland kam der Familia-Ableger zu spät. Foto: Storz

Der Zweischeiben-Wankelmotor des R100 war mit einem Viergang-Getriebe gekoppelt.

Cosmo 110 S

Es ist ein Vogel. Es ist ein Vogel. Nein, es ist ein Super Car – reichlich psychedelisch kam sie daher, die Werbung für den Cosmo 110 S, der im Mai 1967 in den Verkauf ging. Die Linienführung hatte etwas von einem Ferrari Superamerica und eine Schuss von Lotus – jedenfalls war das eine ganz eigentümlich schräge Mischung mit ewig langem hinteren Überhang. Nur für den japanischen Markt bestimmt und dort nur mit abgedeckten Plexiglas-Abdeckungen für die Scheinwerfer, war er nur als Rechtslenker lieferbar. Eine extrem saubere, schnörkellose Linienführung. Das Cockpit mit Dreispeichen-Lenkrad und Holzkranz-Imitat dominierten zwei große Rundinstrumente, die Ergonomie war bemerkenswert gut gelungen.

Die Mittelbahnen der schwarzen Kunstleder-Sitze waren mit kariertem Stoff bezogen, auch das so, wie es ein ambitionierter Sportwagen der ausgehenden Sechziger zu haben hatte. Ganz und gar unerwartet dagegen die Antriebsquelle, der Zweischeiben-Wankel mit Vierfach-Vergaser von Hitachi (nach Stromberg-Lizenz) und Doppelzündung für jeden Kreisläufer. Mit 9,4 verdichtet, kam der Cosmo auf 110 SAE-PS bei 7000 Umdrehungen. Die Höchstgeschwindigkeit lag bei 185 km/h. Der Aluminium-Motor war hinter der Vorderachse montiert, die Kraftübertragung erfolgte über eine vollsynchronisierte Viergang-Handschaltung auf die Hinterräder. Der Motor entstand im Sandgussverfahren, ohne Nebenaggregate und Getriebe wog er lediglich 103 Kilogramm. Auch das Fahrwerk

Sergeant Pepper lässt grüßen: Psychedelische Werbung für den Wankel-Mazda, 1967.

war etwas feiner als die üblichen Einfach-Chassis jener Zeit, vorne wurde eine Einzelradaufhängung an Dreiecksquerlenkern verbaut, hinten eine De-Dion-Achse mit halbelliptischen Blattfedern. An der Vorderachse trug der 940 Kilogramm schwere Cosmo Scheiben-, an der Hinterachse Trommelbremsen. Laut Werk sollte der für 1,48 Millionen Yen verkaufte Wagen in knapp 9 Sekunden den Sprint zur 100-km/h-Marke absolvieren.

Der Cosmo Sport wurde 1968 überarbeitet, 128 PS und ein Fünfgang-Getriebe markierten die wichtigsten technischen Änderungen; bestes optisches Unterscheidungsmerkmal war der nunmehr vergrößerte Lufteinlass unterhalb des vorderen Stoßfängers.

Der Cosmo Sport, wie er im Mai 1967 in Serie ging.

Linienführung zwischen Ferrari Superamerica und Lotus.

Antriebsquelle war ein Zweischeiben-Wankel.

Der Cosmo 110 S war nur als Rechtslenker lieferbar.

Roadpacer

Der Roadpacer war das Ergebnis der kurzzeitigen Liaison mit GM. Die Schwierigkeiten im Gefolge der Ölkrise hatten Mazda-Chef Matsuda veranlasst, nach finanzstarken Partnern Ausschau zu halten. Zwangsläufig fiel da die erste Wahl auf den weltgrößten Autobauer der Welt. Wegen der geografischen Nähe zu Australien versuchte Mazda, sich als Zulieferer für die GM-Tocher Holden zu etablieren, der Roadpacer AP sollte so etwas werden wie das Aushängeschild der Marke. Karosserie- und Fahrwerkskonstruktion stammten von Holden und entsprachen der 1974 präsentierten HJ-Serie. Die Konstruktion war einfach und robust, mit Schraubenfedern an allen vier Rädern und einer hinteren, an Längslenkern und Panhardstab geführten Starrachse. Für Vortrieb sorgte üblicherweise ein Sechszylinder oder ein V8, im Falle des Roadpacer AP kam der 13B-Zweischeiben-Wankel aus dem RX-4 zum Einsatz. Sparsam war er allerdings nicht, Journalisten berichteten von Verbräuchen von bis zu 26 Litern auf 100 Kilometer. Der Roadpacer war Mazdas Gegenstück zu den Staatslimousinen von Toyota (Century), Mitsubishis (Debonair) und Nissan (Presi-

dent), war mit 3,8 Millionen Yen doppelt so teuer wie der Cosmo und damit für Normalverdiener unerschwinglich. Der Roadpacer ging nicht in den Export und stand nur zwischen 1975 und 1977 im Angebot.

Die Trucks

Mit den Dreirad-Lieferwagen hatte Japans Wiederaufbau begonnen, 1953 hatten 73 Prozent aller gebauten Trucks drei Räder. Mazda, in dieser Beziehung ein Schwergewicht, hatte aber längst schon das vierte Rad entdeckt. Seit 1950 hatte man kleine, schmale Lastwägelchen im Angebot, auch in Feuerwehrausführung. Diese Typen erinnerten ein wenig an amerikanische Jeeps, spielten aber mit ihren geringen Zuladungen im Verkauf praktisch keine Rolle.

Sehr viel ernsthafter dagegen waren die im April 1958 eingeführten Lastwagen der D-Serie, die Rompa. Dabei handelte es sich um stupsnasige, aber technisch sehr fortschrittliche Lastwagen mit einer Tonne Nutzlast. Angetrieben wurden sie von einem 32,5 PS starken wassergekühlten Zweizylinder, wie er auch in den Dreirädern zu finden war. Im März 1959 folgte

Australischer Holden mit japanischem Wankel: Der Roadpacer. Einige wenige Exemplare wurden exportiert.

Mazda hatte nie ernsthafte Ambitionen als Busbauer. Auf Titan-Basis baute man trotzdem welche, auch mit Wankel.

Nur kurzlebig: Das Mazda-Motorrad von 1931.

dann der D1100 mit Vierzylinder-Viertaktmotor mit nassen Zylinderlaufbuchsen. Mit einer Nutzlast von einer Tonne hatte der Mazda-Truck 46 PS bei 4600 Umdrehungen, beim D1500 mit zwei Tonnen Nutzlast kam der Vierzylinder auf 60 PS. Der Motor saß unter der Dreier-Sitzbank. Das Vierganggetriebe mit Schalthebel an der Lenksäule war teilsynchronisiert. Bemerkenswerterweise befand sich eine 12-Volt-Elektrik an Bord. Die Windschutzscheibe bestand aus Verbundglas, die nach vorne öffnenden Türen verfügten über Kurbelfenster. Das Rückgrat bildete ein solides Leiterrahmen-Chassis, die Räder führten blattgefederte Starrachsen. Das Eigengewicht lag, je nach Ausführung, zwischen 1375 und 1620 Kilogramm, die Höchstgeschwindigkeit bei etwa 90 km/h. Lieferbar mit 2,5 und 2,8 m Radstand, waren die Rompa bis Mitte der sechziger Jahre lieferbar. Im April 1962 fiel der 100er aus dem Programm, während der D1500 gründlich überarbeitet wurde. Sofort kenntlich an den Doppelscheinwerfern, war er nun für eine Tonne Nutzlast zugelassen, während der Zweitonner D2000 mit 81 PS neu ins Angebot rückte. Dem wiederum war eine vergleichsweise kurze Bauzeit beschieden, da Mazda im Januar 1964

neue Frontlenker präsentierte, die E-Serie. Erster Vertreter dieser modernen Lastwagenbaureihe war der Zweitonner. Die Reihe wurde rasch erweitert, 1965 zum Beispiel war bereits der E2300 mit 86 PS im Angebot, und im Oktober 1969 feierte der E3800 seinen Verkaufsstart. Dieser Viertonner hatte einen Sechszylinder-Diesel mit 3783 Kubikzentimetern Hubraum aus der Gemeinschaftsbaureihe mit Perkins. Seine Leistung lag bei 110 PS, die Einspritztechnik stammte von Bosch. Die Höchstgeschwindigkeit lag bei 105 km/h, die Kraftübertragung erfolgte per Fünfgang-Getriebe. Hauptabsatzgebiete für die E-Serie waren Australien und die asiatischen Nachbarstaaten. 1971 wurde die E-Serie gründlich überarbeitet und avancierte zur T-Serie, die innerhalb Japans als »Titan« verkauft wurde. In mehreren Auflagen gebaut, handelte es sich bei den Titan ab der vierten Generation um eine Gemeinschaftsentwicklung mit den Nutzfahrzeugspezialisten von Isuzu.

Am Busbau hatte Mazda übrigens nie besonderes Interesse. Im Februar 1960 entstanden auf Basis des D1500 Minibusse für die japanischen Streitkräfte. Die Sitze konnten umgelegt und der Bus zum Krankenwagen umfunktioniert werden. Im

Der erste Titan-Truck erschien 1971.

Die heutigen Titan-Trucks kommen eigentlich von Isuzu und entsprechen der dortigen ELF-Baureihe.

Die dritte Titan-Generation

Dezember 1960 wurden einige Busse in den Mittleren Osten exportiert, mit Fondheizung, elektrischem Türöffner und Flügeltüren im Heck, was den Ambulanz-Charakter unterstrich. Der erste Bus für zivile Zwecke kam 1965. Er hatte 25 Sitzplätze und zeigte die damals üblichen Linien mit Panorama-Windschutzscheibe. Im April 1972 folgte dann der Parkway 26, eine grundsolide, robuste Konstruktion auf Basis des im Vorjahr neu vorgestellten Titan-Trucks. Lieferbar mit zwei Diesel- und einem Benzinmotor, nahm der Parkway für sich in Anspruch, mit einem Radstand von 3285 mm der geräumigste Bus in seinem Segment zu sein. Die Ausstattung war gut und umfasste unter anderem ein Radio, ein dreistufiges Heizgebläse und eine durchaus luxuriöse Innenausstattung. Im Juli 1974 erschien dann eine Variante mit dem 13B-Wankelmotor, der erste Wankelbus überhaupt. Der Wankel punktete seinerzeit durch die extrem niedrigen Schadstoffwerte, der die strengen japanischen Grenzwerte noch unterbot. Durchsetzen aber konnte er sich dennoch nicht.

Die Pick-ups

Die B-Serie wurde im August 1961 vorgestellt. Erster Vertreter dieser neuen Baureihe war der B1500 mit 1484 cm³-OHV-Motor, ein wassergekühlter Vierzylinder mit nassen Zylinderlaufbüchsen, der 59 PS bei 4600 Umdrehungen leistete. Den 4,23 m langen Wagen mit einer Tonne Nutzlast gab es auch in zweitüriger Kombi-Ausführung als B1500 Van. Die Weiterentwicklung stand dann 1965 als B1500/Proceed auf der Motor Show Tokio im Mittelpunkt des Interesses. Technisch hatte sich nicht allzu viel getan, vielleicht die wichtigste Modifikation bestand in der Umstellung von Flachstrom- auf Fallstrom-Vergaser. Die nunmehrige UA-Maschine kam auf eine Leistung von 73 PS. Neu war vor allem auch die Optik mit Doppelscheinwerfern. Die weiterentwickelte B-Serie wurde 1972 als B1600 gebaut, 1977 stellte Mazda ihm den ähnlich aufgebauten, aber größeren B1800 zur Seite. Er hatte einen um 220 auf 2865 mm angewachsenen Radstand und durfte bis zu 2,3 Tonnen wegschleppen. Unter dem kräftig ausgeformtem Buckel auf der

Der Ropu (Rotary Pick-up) ist heute Kult. Der einzige Pick-up mit Wankelmotor wurde für Nordamerika gebaut. Der Versuch, aus einem Pick-up einen Geländewagen zu machen, führte zu Fahrzeugen wie dem Proceed Marvie.

Motorhaube werkelte ein 1,8-Liter-Motor mit 83 DIN-PS bei 5000/min. Weder ein Dieselmotor noch ein Verkauf in Japan wurden diskutiert, die Pick-ups waren nur noch im Export ein Thema. Die vierte Generation von 1979 stand als B2000 beziehungsweise B2200 im Programm und wurde bis 1985 produziert. Erst mit der nächsten Generation ergaben sich dann bemerkenswerte technische Änderungen. Erstens, weil jetzt erstmals auch eine Allrad-Option bestand, und zweitens, weil nun auch eine Viergang-Automatik zu haben war. Topmodell war der zwischen 1986 und 1988 lieferbare B2600 mit Mitsubishi-Vierzylinder und 102 PS. Lieferbar inzwischen in vier verschiedenen Radständen, wurde der Mitsubishi-Vierzylinder durch die 121 PS starke Mazda-Eigenentwicklung ersetzt. Mit der nächsten Generation verzweigte sich die B-Serie: Die in den USA verkauften Modelle waren amerikanische Ford-Pick-ups, die auch in Amerika produziert wurden, während der Rest der Welt echte Mazda-Minitrucks erhielt, auch wenn die Ford-Pflaume am Kühler prangte, zuletzt auch mit Vierliter-V6.

1998 folgte die auch in Deutschland verkaufte letzte und siebte Generation, bevor 2006 dann der in Thailand gebaute BT-50 seine Nachfolge antrat.

Ein Sonderstellung innerhalb der Pick-up-Reihe indes nimmt der Rotary-Truck ein. Aufgebaut auf Basis der B-Serie, war dieser Minitruck der erste und einzige Pick-up mit Wankelmotor (Typ 13B). Kühlergrill und Heckleuchten machten den optischen Unterschied aus, die Kotflügel waren ausgestellt. Außerdem war die Kabine etwas wohnlicher eingerichtet. Der Wankel-Truck war zwischen 1974 und 1977 lieferbar und wohl ausschließlich in Nordamerika zu haben. Etwa 12.000 Einheiten sollen gebaut worden sein, dass es nicht mehr wurden, lag an der Ölkrise. Der Modelljahrgang 1977 unterschied sich durch einige kleine Änderungen wie die etwas größere Kabine und das Fünfganggetriebe vom Vormodell. Von diesem Jahrgang wurden noch einmal rund 3000 Einheiten gebaut. In den Katalogen des Jahres 1978 war der Rotary nicht mehr zu finden.

Der erste Pick-up, der B1500 von 1961. Es gab ihn auch, etwa für Lateinamerika, als Kombi.

Ropu: Der Geschmack von Freiheit und Abenteuer oder: Achtung, wild!

Hat viele Namen: Mazdas B-Serie.

Alles im Fluss

Die Concept- Cars von Mazda

Cosmo 110 S, 1964

RX-85, 1967

Concept-Cars sind mehr als eine Fingerübung von Herstellern oder Designern. Sie bieten oft einen Ausblick auf künftige technische Entwicklungen und Designtrends. Das war und ist schon so, seit es diese Concpt-Cars gibt. Deren große Zeit begann in den USA der fünfziger Jahre, als die Technikgläubigkeit noch ungebrochen war und Autos mit Turbinen- oder Atomantrieb zu Zukunft zu gehören schienen. Auch wenn sich vieles als Utopie erwies: Die Faszination ist geblieben. Japans erste Concept-Cars – wobei wir hier einmal seriennahe Studien, die dann nur in Details verändert beim Händler standen, nicht berücksichtigen – wurden 1969 auf der Tokio Motor Show gezeigt. Mazda war damals noch nicht dabei, ist aber heute auf diesem Bereich führend: Nicht etwa wegen besonders ausgefallener Sci-Fi-Technik, sondern weil Mazda mit seinem Nagare-Konzept konsequent und kontinuierlich am Auto der Zukunft arbeitet. Und mit jedem neuen dieser Fahrzeuge wird die Formen- und Techniksprache weiterentwickelt, ganz konsequent, ein stimmiger Prozess hin zur Machbarkeit im Jahre 2020. Die Konkurrenz ist noch lange nicht so weit.

Tokio 1964
Der 110S zeigte, wie Mazda den neuen Wankel-Motor adäquat verpacken wollte.

Tokio 1967
RX-87 und RX-85 waren als seriennahe Studien deklariert und gingen rund anderthalb Jahre später, leicht modifiziert, in Serie. Der RX-87 als Luce R130 als erster Mazda mit Frontantrieb, und der RX-85, der als R100 Karriere machte, als erstes Großserien-Modell des Herstellers mit Wankelmotor.

RX-500, 1970

Tokio 1970

Das erste Mazda-Konzeptfahrzeug war der 1970 auf der Tokio Motor Show gezeigte RX 500 im Stil des Mercedes C111. Das Hochleistungs-Coupe wies einen Wankel-Mittelmotor auf und hatte eine ultraleichte Kunststoff-Karosserie.

Tokio 1981

Das erste in Deutschland gezeigte Mazda Concept Car stand auf der IAA 1983 und hieß MX-81. Dieser hatte seine Weltpremiere in Tokio 1981 gefeiert. Auf Basis des 323 Turbo verwirklicht, hatte Bertones Zukunftsstudie einen c_W-Wert von 0,29. Besonders auffällig: Ein bewegliches Kunststoffgliederband ersetzte das konventionelle Lenkrad, in dessen Mitte die Instrumententafel angebracht war. Die Frontsitze waren zum Ein- und Aussteigen schwenkbar, und die Front mit Klappscheinwerfern und Lufteintritten unterhalb des Stoßfängers fand sich später beim 323 F von 1989 wieder.

Paris 1983

Der Mazda MX-02 hatte auf dem Pariser Autosalon seine Europapremiere. Entfernt mit dem 626 verwandt, war dieser Typ mit seiner GFK-Karosserie in Japan entwickelt worden. Er sollte die Zukunft eines möglichen Familienwagens zeigen. Der c_W-Wert wurde mit 0,25 angegeben. Unter der Haube arbeitete ein 1,3-l-DOHC-Triebwerk mit verstellbaren Ventilöffnungszeiten und doppelter Einspritzung. Dank seiner Vierradlenkung passte er auch in engste Parklücken. Der mit einer Kohlefaser-Leichtbau-Karosserie bestückte Wagen war 200 km/h schnell. Alle Japaner (in der Folge auch einige Europäer) traten plötzlich mit allradgelenkten Autos an, eine Idee, die im Grunde

RX-87, 1967

MX-01, 1981

MX-02, 1983

63

MX-03, 1985

MX-04, 1987

AZ 550 Sports Type B, 1989
Gissya, 1990

nicht neu war und im Nutzfahrzeugbau längst Anwendung gefunden hatte, aber vom Mazda-Konstrukteur Tadahiko Takiguchi erstmals für den Personenwagen-Serienbau ausgearbeitet worden war.

Frankfurt 1985

Die Nachfolgestudie Mazda MX-03 (das »viersitzige Hochleistungs-Sportcoupé für die neunziger Jahre«) zeigte die technisch ausgereifte Version der Vierradlenkung mit deutlich reduzierten Lastwechsel-Reaktionen bei schneller Kurvenfahrt. Allradantrieb und ABS hatte der 4,55 m lange Zweitürer auch, als Leistung wurden 320 PS genannte. Die Allradlenkung wurde weiterentwickelt und verfeinert und hielt dann Einzug in das Mazda-Programm. Der im MX-03 verwendete Dreischeiben-Kreiskolbenmotor mit zweistufigem Ladersystem hingegen hat es bis heute nicht in den Serienbau geschafft, ebenso wenig der Steuerknüppel anstelle des Lenkrads.

Tokio 1987

Der MX-04 von 1987 verwirklichte ein neuartiges Modularkonzept mit einem Basischassis aus Aluminium-Zentralträger und kohlefaserverstärkter Kunststoffbodenplatte. Darauf ließen sich drei verschiedene GFK-Aufbauten setzen, ein Coupé, ein Roadster ohne Türen und Fenster und eine Art Rennzweisitzer namens »Semi-Cowl Chassis«. Für Vortrieb sorgte ein Zweischeiben-Wankel mit 2 x 491 Kubik. Der Wagen verfügte über einen Starterknopf. Daneben wurde noch der Mazda Pair ausgestellt, ein krudes, würfelförmiges Concept-Car mit Anhänger.

Tokio 1989

Als Showstücke für den neu eingerichteten Autozam-Vertriebskanal fungierten die Drillinge namens AZ 550 Sports. In ihren Abmessungen passten sie in die seinerzeitige Kei-Klasse, die ein Limit von 550 Kubik setzte und eine Länge von maximal 3,20 m gestattete. Damit waren die technischen Eckwerte definiert. Der Type-A war ein kantiger Mittelmotor-Zweisitzer mit Flügeltüren und Klappscheinwerfern, der Type-B hatte eine bulliger gewölbte Frontpartie mit Rundscheinwerfern unter Plexiglas. Er sollte die kompromisslose Fahrmaschine verkörpern. Nachgerade putzig wirkte der Type-C, das »Petit C-Car«. Zehn Zentimeter länger als seine Geschwister, wirkte er wie ein zu heiß gewaschener Gruppe-C-Rennwagen. Während der Type-A Ende 1992 als AZ-1 in Japan angeboten wurde, verschwanden die B- und C-Studien von der Bildfläche – ebenso übrigens wie der gleichzeitig präsentierte TD-R, ein Crossover-Konzept mit Offroad-Chassis und Flügeltüren-Coupé. Die Karosserie bestand aus GFK, für Vortrieb sorgte der B6-Motor aus dem 323 Turbo 4WD. Auch der TDR hatte Allradantrieb.

Oberursel 1990

Zur feierlichen Eröffnung des europäischen Forschungs- und Entwicklungszentrums (MRE) präsentiert die dortige Mazda-Crew das erste in Deutschland entwickelte Concept Car, den Mazda Gissya. Als Großraumlimousine angelegt, hatte diese Fingerübung der Designer den Dreischeiben-Wankelmotor des Cosmo von 1989, Vierradlenkung und Allradantrieb. Der Name »Gissya« leitet sich von einer alten japanischen Kutsche ab, die von Ochsen gezogen wurde. Gezeigt auf dem Salon in Birmingham.

HR-X: wasserstoffgetriebener Wankelmotor.

Tokio 1991

Nach ausgiebigen Versuchsreihen mit verschiedenen Motortypen stellte Mazda auf der Tokyo Motor Show 1991 den ersten Prototyp eines Automobils mit Kreiskolbenmotor und Wasserstoff als Energiequelle vor, den Mazda HR-X mit wasserstoffbetriebenem Kreiskolbenmotor. Der Mittelmotor-Prototyp verfügte über Heckantrieb, der Tank mit der »sauberen Energiequelle des 21. Jahrhunderts« war als Unterflurtank platziert. Im HR-X fanden vier Insassen Platz; die 3,85 Meter lange Karosserie bestand aus glasfaserverstärkten Kunststoffteilen und einem Aluminiumrahmen.

London Taxi, 1993

Oberursel 1993

Das London Taxi war ein von Mazda gesponsertes Projekt am Londoner RCA (Royal College of Art). Die Studenten-Vision eines einsitzigen Londoner Taxis für eine Zukunft, in der »normale« Autos aus der City of London ausgeschlossen sind. Die Studie wurde nie auf einer Messe gezeigt.

Tokio 1993

Die Weiterentwicklung des HR-X hieß HR-X2 und verfügte über eine Limousinen-Karosserie. Kernstück der beiden Studien war ein wasserstoffangetriebener Wankelmotor. Der eigentliche Clou befand sich im Tankinneren: Ein eigens entwickeltes Metallhydrid, das große Mengen von Wasserstoff absorbieren konnte. Alle Kunststoffteile der beiden HR-X-Modelle waren komplett recyclefähig!

HR-X2, 1993

Frankfurt 1995

Mit einem ganzen Bündel an neuartigen und sogar kurzfristig umsetzbaren Lösungen wartete auf der IAA 1995 der Mazda CU-X auf. Neben sehr variablem Innenraum ragte besonders das Fahr-Kontrollsystem (ICC) heraus, das den Sicherheitsabstand zu anderen Fahrzeugen automatisch regelte. Zudem ersetzten kleine Kameras die konventionellen Rück- und Seitenspiegel.

CU-X, 1995

RX-01, 1995

SU-V, 1995

MS-X, 1997

MV-X, 1997

Tokio 1995

Der RX-01 war eine erste Sportwagen-Studie mit einer neuen Generation von Kreiskolben-Motoren. Mit seitlichen Ein- und Auslasskanälen Vorläufer des heutigen RENESIS-Motors. Der 4,15 m lange SU-V stellte einen kompakten SUV-Entwurf dar; der BU-X basierte auf dem Mazda Demio und galt als Multi Activity Vehicle für das Kleinwagen-Segment, daher auch als B-MAV bezeichnet.

Frankfurt 1997

MS-X und SW-X entstanden beide im europäischen Design- und Entwicklungszentrum. Der MS-X war die Studie einer Limousine mit dem Raumgefühl eines MPV; der SW-X ein weiterer Van-Entwurf, diesmal im C-Segment (C-MAV) mit aggressiverem Design.

Tokio 1997

Der MV-X, entwickelt vom Mazda Designcenter North America, erlaubte einen konkreten Blick auf einen künftigen großen MPV.

Der Mazda SW-X (kurz für »Space Wagon Experimental«) sollte neue Maßstäbe im Minivan-Segment setzen und hatte ein trickreiches Innenraumsystem. Viele der da gezeigten Lösungen sind heute Standard. Als äußerst vielseitig erwies sich auch die Stufenheck-Studie Mazda MS-X (»Multipurpose Sedan Experimental«). Auch hier war ein üppiges Raumangebot mit extrem variablen Sitzkonstellationen das Thema.

Nur als Modell im Maßstab 1:2,5 wurde das Mazda Design Theme Model verwirklicht. Hier wurde die Mazda-Designlinie »Contrast in Harmony« entwickelt, das Zusammenspiel von klar akzentuierten Kanten und fließenden Formen. Aus der unterschiedlichen Flächenbehandlung bezog das Design seine Kraft. Auch das neue Mazda-Familiengesicht, der Fünf-Punkt-Kühlergrill, fand hier seine erste Ausprägung.

Frankfurt 1999

Der Neospace (Mazda R+D Europa) war ein Vorschlag zum Thema Minivans im B-Segment. Erstmals zeigte Mazda bei diesem Modell gegenläufig aufschwingende »Freestyle«-Türen. Dazu kamen eine frühe Form des Spurassistenten und eine Kurven-Früherkennung. Der Nextourer war in Japan entstanden und war eine Kreuzung aus Kombi und Coupé mit Freestyle-Türen, Heckantrieb und Hybrid-Motorisierung. Der mit Technik vollgestopfte Crossover ging nicht in Serie.

Tokio 1999

Highlight der Tokyo Motor Show 1999 war der Mazda RX-EVOLV, der auch auf dem Genfer Automobilsalon 2000 stand. Unter der langen, flachen Haube der viertürigen Sportlimousine verbarg sich ein neuer Zweischeiben-Kreiskolbenmotor auf Basis des bisherigen 13B-Motors, der als RENESIS dann den RX-8 befeuern sollte und zahlreiche Auszeichnungen (u.a. »Engine of the year«) einheimste.

Ebenfalls in Tokio enthüllt wurde die Studie »Activehicle Concept«, die schon recht seriennahe Studie eines SUV. Mazda sprach von einem »Offroader ähnlichen Wagen« und traf damit den Nagel auf den Kopf: der spätere Tribute war kein echter Draufgänger fürs Gelände. Features wie ein Computer mit Internetanschluss schafften es natürlich nicht in die Serie.

Las Vegas 2000

Auf der größten Tuningmesse der Welt, der SEMA in Las Vegas, stand der einsitzige MX-5. Der MX im Racing-Look war ein Entwurf des Mazda Designcenter North America und hieß Miata Mono-Posto Concept. Der Wagen wurde nicht in Europa gezeigt.

Tokio 2000

Der 626 MPS Concept (Mazda Designcenter Japan), gezeigt in Tokio, nahm die künftige Serie von Hochleistungsmodellen vorweg. In Serie ging dieser MPS allerdings nicht, das blieb dem Nachfolger vorbehalten.

Genf 2001

Der MX Sport Tourer war ein japanischer Entwurf, eine Hybrid-Studie mit umweltfreundlichem Antrieb und interessanten Öffnungssystemen (Freestyle-Türen und variables Lamellen-Dach). Die Ähnlichkeit zum späteren Mazda6 Kombi sind nicht zu übersehen. Stand dann auch in Frankfurt.

Tokio 2001

Auf der Tokyo Motor Show in 2001 setzte Mazda seine neue »Zoom-Zoom«-Markenbotschaft erstmals in Szene. Mazda6/ Atenza und RX-8 waren die ersten Vertreter dieser neuen Richtung. In die emotionale Richtung zielte auch der Mazda Secret Hide Out mit Freestyle-Türen, der einem besonders in Japan angesagten Trend folgte. Ein einfaches und freundliches Design mit zahllosen individuellen Details. Für Vortrieb sorgte ein neuer 1,3-l-Vierzylinder.

Genf 2002

Der MX Sport Runabout Concept, vorgestellt auf dem Salon in Genf, kam kurze Zeit später als Mazda2 auf den Markt.

Paris 2002

Wie gut das MPS-Konzept zum Mazda6 passte, zeigte Mazda R+D Europa auf dem Pariser Salon.

Neospace, 1999

Nextourer, 1999

RX-EVOLV, 1999

MX Miata Monoposto, 2000
Secret Hide Out, 2001

Washu, 2003

Kusabi, 2003

Ibuki, 2003
RX-8 X-Men Car, 2003

Detroit 2003

Der RX-8 Mazdaspeed Concept zeigte, wie sich Werkstuner Mazdaspeed die Sportversion des Wankelmotor-Sportwagens vorstellte. Ganz anders dagegen der in Japan kreierte Washu, der von traditioneller japanischer Architektur inspiriert sein sollte und sechs Personen Platz bot.

Genf 2003

Auf dem Genfer Autosalon präsentierte Mazda den Mazda MX Sportif. Zunächst noch als neues Konzeptfahrzeug bezeichnet, ging der MX dann als Mazda3 in Serie.

Frankfurt 2003

Aufgebaut auf der Plattform des Mazda2, handelte es sich beim Kusabi um einen kompakten Sportwagen mit vier Sitzen und 1,6-l-Common-Rail-Dieselmotor und Kompressoraufladung. Die Heckklappe war zweigeteilt.

Tokio 2003

Der Ibuki erlaubte einen ersten Blick auf die dritte Generation des MX-5. Stand dann auch in Los Angeles. Ebenfalls zu sehen: eine RX-Variante, die Wasserstoff verwendet. Das in einem Mazda RX-8 Hydrogen RE bereits im Praxistest laufende Triebwerk vertrug sowohl Wasserstoff als auch herkömmliches Benzin. Ebenfalls zu sehen: Der RX-8 X-Men (Mazda Designcenter Japan und Fox Studios), entstanden für den Auftritt im gleichnamigen Hollywood-Kinohit, sowie eine Roadster-Studie. Ebenfalls zu sehen: Roadster Turbo-Konzept für den japanischen Markt.

Detroit 2004

Auf der Plattform des Mazda2 basierte der Mazda MX-Micro Sport, der auf der Motorshow in Detroit (North American International Auto Show NAIAS) im Januar zum ersten Mal gezeigt wurde und in Genf seine Europapremiere erlebte. Der Viersitzer sollte Geradlinigkeit und Dynamik, Modernität und hohe Verarbeitungsqualität vermitteln.

Genf 2004

Weltweit zum ersten Mal zeigte der japanische Hersteller auf dem 74. Genfer Salon den Mazda MX-Flexa, die Studie einer sechssitzigen Großraumlimousine. Entwickelt im Mazda Advanced Design Studio in Hiroshima, erlaubte der Mazda MX-Flexa einen Ausblick auf den zu erwartenden Minivan, der dann als Mazda5 zu den Händlern gelangte. Natürlich mit an Bord: die intelligente Innenraumlösung, die dann als Karakuri-Konzept in die Serie einfließen sollte.

Tokio 2004

Nett anzuschauen, aber ohne erkennbare Auswirkung auf das künftige Modellprogramm blieb der Verisa TS Concept.

Detroit 2005

Auf der NAIAS war der MX-Crossport zu sehen. Die Mischung aus Sportwagen und SUV erlaubte einen ersten Blick auf die Zukunft des neuen Mazda-Designs. Auf die Straße gelangte der Entwurf dann als CX-7. Chef-Designer Iwao Koizumi, einer der Väter des erfolgreichen Mazda6, schuf damit den ersten Crossover mit den Talenten eines Sportwagens.

MX-Micro Sport, 2004

Frankfurt 2005

Auf der IAA in Frankfurt feierte der »Sassou« seine Weltpremiere, mit dem Mazda einen Ausblick auf eine mögliche Neuerscheinung im B-Segment gab. Der Sassou war von MRE entwickelt worden und sollte eine gewichtsoptimierte, dreitürige Schräghecklimousine für städtische Ballungsräume darstellen. Je nach Wunsch konnten drei oder vier Personen mitfahren, per Luftkompressor ließ sich im Fond eine weitere Sitzgelegenheit aufblasen.

MX-Crossport, 2005

Tokio 2005

Der Senku (»Pionier«) entstand im Mazda-Studio Yokohama. Der Wankel-Sportler für vier wirke, so *Der Spiegel*, »scharf wie ein Sushi-Messer«, und er glänzte auch so. Unter der Haube steckte der schon aus dem RX-8-Konzept bekannte Kreiskolben-Direkteinspritzer mit Elektromotor. Eine atemberaubende Umsetzung der Zoom Zoom-Philosophie.

Sassou, 2005

Detroit 2006

Mazda-Highlight in der Detroiter Cobo Hall war die Studie Kabura, benannt nach einer besonderen Sorte von Pfeilen. Das Sportcoupé entstand im kalifornischen Design-Studio, war kaum größer als ein MX-5 (von dem er auch die Architektur erbte), bot aber ein ungewöhnliches 3+1-Sitzkonzept. Die Tür auf der rechten Seite fuhr elektrisch nach hinten und verschwand dann im hinteren Kotflügel.

Los Angeles 2006

2006 gab Mazda einen ersten Eindruck der grundsätzlich neuen Mazda-Designlinie, des »Flow Designs«. Der Nagare (steht für »Fluss« oder auch »fließend«, wird »na-ga-reh« ausgesprochen) sollte schon im Stand den Eindruck von Bewegung vermitteln. Dazu dienten die Riffelungen an den Fahrzeugflanken, die an die Muster erinnern, die Wind im Wüstensand zeichnet oder die sanfte Brise auf einer Wasseroberfläche. Das Team stand unter Leitung von Laurens van den Acker, seit Mai 2006 neuer Mazda Design-Direktor, umgesetzt hat es das

Senku, 2005
Kabura, 2006

Nagare, 2006

Ryuga, 2007

Hakaze, 2007
Taiki, 2007

kalifornische Mazda Designteam in Irvine um Franz von Holzhausen: »Mit Nagare schauen wir weit in unsere eigene Design-Zukunft, es handelt sich sozusagen um das Konzept eines Konzepts. Damit wollen wir zeigen, wo das Mazda Design im Jahr 2020 sein könnte. Daher ging es hier auch primär um das Design, weniger um die technische Umsetzung.« Der Wagen war nicht fahrbereit, ein Interieur war nur in Ansätzen vorhanden. Nach Vorbild eines Rennwagens sollte der Fahrer zentral in der Mittelachse des Fahrzeugs sitzen.

Detroit 2007

Der Mazda Ryuga (»anmutiger Fluss«) war die zweite Studie gemäß der neuen, bis 2020 angelegten Mazda Designphilosophie. Während das Exterieur, abgesehen von der Farbe, unangetastet blieb, widmete man sich diesmal Cockpit und Technik. Der Einstieg in den Innenraum soll durch zwei über die gesamte Seitenflanke reichende Flügeltüren erfolgen. »Ryuga ist der zweite Schritt in der Evolution eines neuen Mazda Designs auf Basis des Grundthemas Nagare«, betont van den Acker. Der Ryuga (sprich: ri-ju-ga) führe, so der gebürtige Niederländer, die Nagare-Idee »in eine konkretere Richtung.« Aus diesem Grund hatte diese Studie neben einem voll ausgestalteten Innenraum auch einen praxisgerechten Antriebsstrang. Den Antrieb des 4,28 Meter langen Sportcoupés übernahm ein 2,5-Liter-Motor, der dank der Flex Fuel-Technik von Konzernmutter Ford mit dem umweltfreundlichen Ethanol-Kraftstoff E85 betrieben werden kann.

Genf 2007

Die Studie Mazda Hakaze stellte die dritte Nagare-Interpretation dar. Das im europäischen Mazda Designcenter in Oberursel bei Frankfurt entwickelte Modell war ein Crossover-Coupé, das auch einen Schuss Roadster-Feeling vermitteln sollte. Fließende, für den Nagare-Stil typische Linien sorgten für Spannung an der Außenhaut, während im Interieur an Sanddünen erinnernde Formen auf natürlich wirkende Oberflächen und funktionale Bediendetails treffen. Als Inspirationsquelle bezeichneten die Mazda-Designer die Trendsportart Kite-Surfing. Van den Acker: »Mazda hat Mut, eine wirklich neue Designaussage zu suchen«.

Tokio 2007

Der Mazda Taiki war die vierte Nagare-Studie und sollte nicht nur zeigen, wie ein möglicher künftiger Mazda Sportwagen aussehen könnte, sondern trug auch, ganz seriennah, einen RENESIS-Kreiskolbenmotor der nächsten Generation. Optisch wollte die Konzeptstudie die natürliche Strömung der Luft visualisieren und scheint dabei den Wind geradezu einzufangen, erklärt der verantwortliche Designer Atsuhiko Yamada. Als

Leitmotiv dienten dabei die »Hagoromo«-Roben, wunderschöne fließende Gewänder, die einer japanischen Legende zufolge einer himmlischen Jungfrau Flügel verleihen.

Detroit 2008

Der Furai war der Star der NAIAS 2008. Als bislang sportlichste Interpretation der hochgelobten Nagare-Designsprache verkörperte der Furai (Japanisch für »Der Klang des Windes«) einen zulassungsfähigen, verkehrstauglichen Rennsportwagen. Und – anders als die meisten anderen Concept-Cars, war er auch voll fahrbereit – und verdammt schnell: Bestückt mit dem 450 PS starken Dreischeiben-Wankelmotor von Mazdaspeed-Motorsports schafft die Flunder ein Spitze von 290 km/h. Die Basis für den Furai lieferte ein Courage C65 Chassis, das sich seine Lorbeeren bei LMP-2-Langstreckenrennen in der American Le Mans Serie (ALMS) verdient hat: »Mit einer Fahrzeug-Studie im üblichen Sinne hat der Furai wenig gemein«, zeigte sich die Schweizer *Auto Illustrierte* nach einer Probefahrt auf derRennstrecke beeindruckt.

Taiki, 2007

Moskau 2008

Erstmals feierte eine Mazda-Studie auf dem Moskau International Automobilsalon Weltpremiere. Entwickelt mit Blick auf das russische Marktsegment, war der Kazamai (»Tanzender Wind«) bereits die sechste Studie aus der aktuellen Mazda-Designserie und sollte einen Hinweis auf ein mögliches kompaktes Crossover-Fahrzeug der Marke geben. Der Kazamai, der kaum größer ist als ein Mazda3, sollte Mazdas langfristige Vision, technologischen Fortschritt und Zoom-Zoom-Fahrspaß in Einklang mit der Umwelt zu bringen, verkörpern. Auch hier hatten sich die Designer von den Kräften der Natur und ihren Bewegungen inspirieren lassen. Angetrieben werden könnte der Kazamai von einem 2,0-Liter-Benzindireinsprit-zer der nächsten Generation, der rund 30 Prozent weniger verbrauchen sollte.

Furai, 2008

Paris 2008

Highlight des Pariser Salons im Spätjahr 2008 war der Mazda Kiyora, gedacht als »umweltfreundliches Stadtauto«. Viele Komponenten des Kiyora hat Mazda für den Einsatz in näherer Zukunft entwickelt: Einen neuen 1,3-Liter-DISI-Benzindirekteinspritzer, ein neues Automatikgetriebe und eine hochfeste und leichte Karosserie für niedrigen Verbrauch und geringe Emissionswerte. Das Design des Kiyora soll die Fließeigenschaften von Wasser zum Ausdruck bringen.

Kazamai, 2008

Kiyora, 2008

Mazda im Rennsport

Im Mai 1967 präsentierte Mazda den Cosmo 110S – und zu der Zeit dürfte es auch gewesen sein, dass Mazda Auto Tokyo, die Werksniederlassung und zugleich Japans größter Mazda-Händler, eine »Mazda Sports Corner« etablierte. Das Ziel dahinter war ganz klar, Mazda musste als Hersteller sportlicher Fahrzeuge bekannt gemacht werden. Und dieser Imagetransfer funktioniert nun einmal am besten auf der Rennstrecke. Wo immer also in den nächsten 15 Jahren eine Mazda-Equipe an einer japanischen oder amerikanischen Rennstrecke auftauchte, waren mit ziemlicher Sicherheit die später unter Mazdaspeed firmierenden Jungs von der Sports Corner nicht weit.

Die ersten Jahre: Langstreckenrennen

So wohl auch am Nürburgring. Mazda nämlich hatte beschlossen, die Leistungsfähigkeit der neuen Zweischeiben-Wankel nicht bei einem japanischen Rennen unter Beweis zu stellen, sondern zuerst im Mutterland des Kreiskolbenmotors anzutreten. Sprintrennen kamen allerdings nicht in Frage, von Anfang an fokussierte sich Toyo Kogyo auf die Langstreckenszene, ein deutlicher Hinweis darauf, dass der Wankel zuverlässig und haltbar war, keine nur für Sportwagen brauchbare Spielerei. Die Veranstaltung mit der längsten Tradition war der seit 1931 ausgetragene Marathon de la route, ursprünglich eine Langstreckenrallye mit Startpunkt im belgischen Lüttich, ausgetragen auf öffentlichen Straßen im normalen Straßenverkehr. 1965 verlegte man diese Veranstaltung auf den Ring als 84-Stunden-Rennen. Der Start in der Eifel erfolgte am 21. August 1968. Mazda führte zwei Cosmo in die Grüne Hölle. Die Rennversion des 110S basierte auf dem Standard-Wankel 10A, hatte allerdings Änderungen am Einlasstrakt erfahren, um das Drehmoment zu verbessern, und verfügte über eine neue Vergaseranlage, gebaut von Hitachi nach Weber-Lizenz. Damit

leistete der Cosmo 130 PS bei unveränderter Nenndrehzahl. Vom Start weg lagen zwei Porsche und ein Lancia in Führung, gefolgt von den beiden Mazda. Es entspann sich ein tagelanges, munteres Treiben. In der 81sten Stunde brach bei dem einen Wankel zwar die Hinterradaufhängung und er verlor ein Rad, der zweite Mazda aber hielt durch und wurde Vierter im Gesamtklassement. Damit endete die Rennkarriere des ersten Serienwagens mit Zweischeiben-Kreiskolbenmotor auch schon wieder, der Beweis für die Zuverlässigkeit des Motors schien erbracht. Und für den Rennsport war der in Kleinserie produzierte Wagen sowieso nie konzipiert gewesen.

Große Stückzahlen erwartete Mazda viel eher vom R100 Coupé, das 1968 in den Verkauf ging. Mit diesem Ableger des Mazda 1200 griff man dann in das asiatische Tourenwagen-Renngeschehen ein. Die Rennvariante wurde im April 1969 beim Großen Preis von Singapur eingesetzt. In dieser Ausbaustufe leistete der 10A-Motor 195 Brutto-PS bei 9000 Touren. Dieser Leistungssprung ging zunächst auf Kosten der Standfestigkeit, beim Auspuffkrümmer traten aufgrund der Resonanzschwingungen Risse auf. Daher musste eine neue Lösung ausgetüftelt werden, die zu einer aus rostfreiem Stahl bestehenden, gerade geführten Krümmerkonstruktion führte. Damit sorgte der Wankel für den ersten Mazda-Rennsieg.

Im August 1969 hatte man in Hiroshima dann drei R100 aufgebaut, die bei den 24 Stunden von Spa-Francorchamps an den Start gebracht wurden. Aus Gründen der Motorstandfestigkeit war die Leistung um zehn auf 187 PS und die Drehzahl auf 8500/min heruntergesetzt worden. Das müsste reichen, um durchzukommen. Im Rennen aber gab es Probleme mit der Ölversorgung, mehr als ein fünfter und ein sechster Rang sprangen nicht heraus. Dennoch: Nur vier Porsche 911 davor, 3875 Kilometer mit einem Schnitt von 165 km/h abgespult – schämen musste man sich dafür wirklich nicht.

Mazda sammelte erste
Erfolge bei europäischen
Langstreckenrennen:
R 100 Coupé, 1971.

Auch gegen starke Konkurrenz behaupteten sich die Mazda.

Der RX-3 gehörte mit über
100 Siegen zu den erfolg-
reichsten Tourenwagen.

Danach wurden die drei R100 für den Marathon de la Route auf dem Nürburgring gemeldet, noch einmal waren Leistung und Drehzahlen herabgesetzt worden. Im Rennverlauf entwickelte sich bei einem Wagen ein Leck, er schied mit trockenem Tank aus. Der zweite rutschte im Regen aus, und beim dritten traten Spannungsrisse an der Auspuffanlage auf, doch rettete er sich noch als Fünfter ins Ziel. In diesem dritten Jahr von Mazda im europäischen Rennzirkus war klar, dass die ganze Rennerei auf etwas professionellere Basis gestellt werden musste. Man wollte Siege sehen. Auf dem Zettel stand der Gewinn des Langstreckenrennens von Spa-Francorchamps. Um zusätzliche Erfahrungen zu sammeln, meldete Mazda für ein Vier-Stunden-Rennen, die RAC Tourist Trophy in England, sowie ein Sechs-Stunden-Rennen auf dem Nürburgring. Ergebnisse waren kein Thema, es ging um die Feinabstimmung von Autos, Team und Strukturen. Denn bei der RAC bekam es der Wankel-Mazda mit der etablierten europäischen Konkurrenz zu tun, etwa Ford Escort, Alfa oder BMW. Und an deren Steuer saßen Leute, die das auch wirklich konnten – ein Jackie Stewart zum Beispiel. So gesehen war ein achter Rang gar kein schlechtes Ergebnis. Noch weniger zu meckern hatte man beim Tourenwagen-Rennen auf dem Nürburging. Drei Mazda am Start, drei durchgekommen und auf den Rängen vier, fünf und sechs eingelaufen – das hätte wirklich kaum besser laufen können.

Das aber waren nur Fingerübungen für die 24 Stunden von Spa, die 1970 in Angriff genommen wurden. Vier Wankel-Coupés tummelten sich im Starterfeld, nur einer kam durch und machte den Fünften. Man packte tief beschämt zusammen, um erst elf Jahre später wieder zurückzukehren. Diesmal hatte man drei RX-7 im Gepäck. Der beste RX mit Tom Walkinshaw qualifizierte sich für die zweite Startreihe. Walkinshaw erwischte einen glänzenden Start, er sortierte sich auf

dem zweiten Rang hinter BMW ein, trotz der wütenden Attacken der auf Sieg programmierten Ford Capri. In den letzten drei Stunden hatte sich das Feld gelichtet, Mazda und BMW drehten einsam ihre Runden. Zwei Stunden vor dem Ende vernaschte der von Pierre Dieudonné und Walkinshaw gesteuerte Mazda den BMW, nach einer weiteren Stunde konnte sich der Mazda schließlich absetzen. Der Bajuware machte schlapp, weil ein Zylinder Probleme bereitete, und der Mazda schaffte den ersehnten Sieg – elf Jahre nach der schmählichen Niederlage, der erste Sieg für einen japanischen Hersteller überhaupt bei dem traditionsreichen Langstreckenklassiker. So wurde es extrem hoch geschätzt, als einige Monate später eine belgische Delegation bei einem Besuch in Hiroshima den Siegespokal von Spa-Francorchamps an den Mazda-Präsidenten und den damaligen Entwicklungschef übergab. Letzterer war niemand anderer als Kenichi Yamamoto.

Heimspiele

Mazdas Renndebüt auf japanischem Boden erfolgte im November 1969 im Rahmen des All Japan Auto Race in Suzuka. Suzuka war die erste dauerhafte Rennstrecke in Japan und erst 1962 vollendet worden. Die Tourenwagenrennen jener Zeit wurden von den Nissan Skyline GT-R dominiert, Mazda setzte seinen R100 dagegen. Dummerweise differierte das japanische und das europäische Rennreglement in Nuancen voneinander, so dass die R100 in einer anderen Klasse antreten mussten, die Mazda in der Kategorie R, die Skyline in der GT-2. In seiner Klasse war der R100, für diese Sprintrennen auf 214 PS erstarkt, unschlagbar.

In Hiroshima suchte man aber das Duell mit den Skyline, man baute zwei R100 entsprechend den GT-2-Regularien auf und forderte die Nissan beim wichtigsten Rennen der Saison 1970, dem Japan GP, zum Duell. Die R100 brachten nun 224 PS bei

10.000 Touren. Auf der langen Geraden gegenüber der Haupt-tribüne waren die Wankel sauschnell, wurden aber in den S-Kurven von den Skyline wieder abgefangen: Weder Aufhän-gung noch Kraftstoffversorgung zeigten sich den hohe Flieh-kräften in den S-Kurven gewachsen. Immerhin reichte es zu ei-nem dritten Platz für einen Mazda, hinter zwei GT-R.

Die Gelegenheit zur Revanche ergab sich im Dezember 1971 bei der 6. Tourist Trophy in Fuji, einem Langstreckenrennen über 500 Meilen. Mazda meldete drei Capella und einen der brandneuen RX-3 Savanna. Das war der erste Auftritt für den im September 1971 in den Verkauf gelangten R100-Nachfol-ger, der gegenüber dem Vormodell vor allem Gewichtsvorteile und eine geschmeidigere Hinterachskonstruktion mit Watts-Gestänge ins Feld führen konnte. Unter der Haube wankelte der R10A. Je länger das Rennen dauerte, desto mehr lichteten sich die Reihen. Ein Nissan nach dem anderen streckte die Waffen, und auch die Capella fielen einer nach dem anderen aus. Schließlich waren nur noch ein Skyline und der RX-3 als potentielle Siegesanwärter im Rennen. Lange sah es wieder nach einer klaren Angelegenheit für den GT-R aus, doch prak-tisch in letzter Sekunde musste der Skyline in die Boxengasse abbiegen, um Reparaturen vornehmen zu lassen. So war der Weg frei für den RX-3, der für das Team aus Hiroshima den ersten Rennsieg in der Karriere nach Hause fuhr.

1973 schließlich dominierten die RX-3 die Japan-GP-Serie, waren bei allen sieben Rennen ganz vorne mit dabei gewesen. Im November dann kam es beim Fuji Grand Champion Race schließlich zum Showdown mit den Nissan. Klar war, dass dies der letzte Auftritt des Werksteams aus Hiroshima sein würde, da im Gefolge der Ölkrise Mazda für die Rennerei kein Budget mehr freimachen konnte. Für dieses letzte große Kräftemessen hatten die Wankel-Techniker noch einmal ganz tief in die Trick-kiste gegriffen und das Drehzahlniveau auf 9500 Umdrehun-gen angehoben. Programmgemäß stand dann auch einer der RX-3 auf der Pole, doch unmittelbar vor dem Start kam es zu einem folgenschweren Unfall, bei dem zwei Fahrer, Suzuki und Kazato, starben. Das Rennen wurden abgebrochen und nicht wieder gestartet. So blieb das große Duell letztlich unentschie-den, denn Mazda beendete das Rennprogramm. Das bedeute-te indes nicht das Ende für den RX-3 als Rennwagen, Privat-teams mit Werksunterstützung setzten ihn bis Ende der 70er in Tourenwagen-Rennen rund um den Globus ein. Im Mai 1976 hatte der RX-3 Savanna bereits seinen 100. Rennsieg in der ja-panischen TS/GRTS-Rennserie nach Hause gefahren – eine be-merkenswerte Leistung für ein einzelnes Modell.

Werkseitig war nach 1974 – in Hiroshima lief der Phoenix-Plan ab, der den Flotten-Treibstoffverbrauch innerhalb von fünf Jahren um die Hälfte reduzieren sollte – Motorsport kein Thema mehr, ganz davon lassen wollte man indes aber auch

nicht. Also begann man Kundenteams zu unterstützen und baute Motoren für die 1971 eingeführte Fuji-GC-Serie auf. Da-bei handelte es sich nicht mehr um Tourenwagen, sondern um Sportwagen nach Gruppe-6-Reglement, was erklärt, warum die 13B-Wankel in reinen Rennsportchassis wie dem March Unterschlupf fanden. Größter Erfolg des March-Mazda 75S mit 290 PS bei 9000/min war im Mai 1975 der Gewinn der 1000 Kilometer von Fuji. In den nächsten Jahren brachten ver-schiedene Kundenteams Wankel-Mazda an den Start, meist in Kombination mit March- oder Chevron-Chassis. 1977 und 1978 ging der Sieg in der drei Rennen umfassenden Serie (in der sich auch RX-3 und RX-7 tummelten) zum Beispiel an das private Katayma-Team mit seinen Wankel-Boliden. 1979 stell-te Mazda die Kraftstoffversorgung auf eine Lucas-Kraftstoff-einspritzung um, was die Leistung auf 341 PS bei 10.000 Um-drehungen pushte. Jetzt blieben die hohen Kurvenfliehkräfte – die ja die Benzinversorgung in den Kurven beeinflusst hatten – ohne Auswirkungen, und auch das Herausbeschleunigen aus langsamen Kurven war jetzt kein Thema mehr. Mit diesem Set-up avancierte der 13B mehr denn je zur bestimmenden Größe in der GC-Serie.

Siege in Amerika: Die IMSA-Rennen

Mit Siegen in Japan oder Australien – auch dort waren die RX-3 erfolgreich, 1976 saß der australischen Tourenwagen-champ in einem RX-3 Savanna – war auf dem US-Markt aber recht wenig Staat zu machen, und Werbung schon gar nicht. Wer dort etwas werden will, muss auch in den dortigen Renn-serien antreten. Die NASCAR-Serie war für den Wankel nicht geeignet, wie in Japan und Europa konzentrierte man sich auf die von der IMSA (International Motor Sports Association) ver-anstaltete Langstrecken-Rennserie. 1969 aus der Taufe geho-ben, orientierte sich die amerikaweit ausgetragene Serie an in-ternationalen Standards und unterschied nach Motorleistung beziehungsweise Hubräumen.

Die GTU-Klasse war für Wagen der Kategorie bis 2,5, später drei Liter Hubraum ausgeschrieben, die GTO-Klasse folgte im Prinzip dem gleichen Reglement, war aber den größeren Hub-raumklassen vorbehalten. Natürlich gab es noch viele weitere US-Rennserien wie etwa die vom Sports Car Club of America ausgeschriebenen SCCA-Veranstaltungen, doch die hatten in der Regel nur regionale Bedeutung, unterschieden etwa zwi-schen West- und Ostküstenmeisterschaften. Die IMSA aber er-fuhr überregionale Beachtung.

Das Renngeschehen auf dem amerikanischen Kontinent oblag der amerikanischen Mazda-Niederlassung. Dort präparierte man auch zwei RX-7 für die 24 Stunden von Daytona 1979. Das Starterfeld war hochkarätig besetzt, Mazda wirkte dage-gen beinahe ein wenig schwächlich bewaffnet und legte sich

Pete Halsmer in seinem Mazda RX-7 mit der Nummer 1.

Jim Downing gewann die GTU-Wertung 1982.

1979 gewann ein RX-7 die GTU–Wertung in Daytona.

zum Beispiel mit den gewaltigen Porsche 935 an. Was an Motorleistung vielleicht fehlen mochte, machten die kleinen, flinken Mazda aber durch ihre Handlichkeit wett, die ihnen gerade in den engen Kurven zupass kam. So wühlten sie sich durch das Feld nach vorn und liefen zum Schluss gleichzeitig über die Ziellinie – der erste Doppelsieg in der GTU-Kategorie und die Plätze fünf und sechs in der Gesamtwertung. Eine ausgesprochen eindrucksvolle Premiere, die der Konkurrenz kaum Luft zum Atmen ließ. Mazda gewann dann zwischen 1980 und 1987 die Konstrukteurswertung in dieser IMSA-Klasse und setzte 1989 und 1990 zwei weitere Titel drauf – zehn GTU-Titel sind bis heute ein unerreichter Rekord.

Schon 1983 hatte Mazda begonnen, sein Rennengagement auf die IMSA-Königsdiziplin auszuweiten, die Prototypenklasse. Diese IMSA-Kategorie, 1981 eingeführt, entsprach der europäischen Gruppe C, den Sportprototypen. In der GTP-Klasse waren Porsche 962, March-Porsche und Jaguar XJR-5 zu finden, Rennwagen mit 500 bis 700 PS. Der Mazda-Motor konnte dagegen nur schüchterne 300 PS aufbieten. Den mit Umfangeinlass und Einspritzung versehenen 13B-Wankelmotor verpflanzten die Renningenieure in ein Lola Typ T616-Chassis. Damit wurden 1984 die sechs Stunden von Daytona bestritten. Einer der vier Lola-Mazda, die Startnummer 68, konnte prächtig mithalten, lag zwischen der 13. und 15. Stunde auf einem dritten Platz und konnte kurzzeitig sich sogar auf einen zweiten Rang vorschieben, was allerdings eher an der unterschiedlichen Boxenstrategie denn am tatsächlichen Leistungsvermögen lag. Doch wie auch immer: Wenn es nicht Probleme mit dem Getriebe und einer Antriebswelle gegeben hätte, wäre mehr drin gewesen als ein 17. Platz. Wie bei Langstreckenrennen üblich, gingen übrigens in Daytona die verschiedenen IMSA-Klassen gemeinsam an den Start, 82 Wagen nah-

men das Rennen auf. Darunter war die stattliche Zahl von 15 Mazda, neben den vier Lola-Mazda starteten zehn GTU-RX-7 sowie ein GTO-Mazda. Dieser GTO-RX-7 wurde Dritter in seiner Kategorie und belegte Rang 14 in der Endabrechnung. Auch in der GTU-Klasse hätte es kaum besser laufen können, der RX-7 von Baldwin/Young gewann den Saisonauftakt in Daytona. Die beiden fielen in den 17 Rennen der Saison kein einziges Mal aus und platzierten sich 16 Mal unter den Top Five. 1985 änderte die IMSA das GTU-Reglement und hob die Hubraumgrenze auf 3000 Kubik an. Das rief weitere Konkurrenz auf den Plan, Nissan, Toyota und Pontiac zum Beispiel warfen ihre Hüte in den Ring. Der Mittelmotor-Pontiac war der erfolgreichste Wagen in der Saison, kam auf sechs Siege, davon drei in Folge. Die meisten Punkte aber sammelte der Baldwin-RX, der Jack den zweiten Meistertitel bescherte und Mazda den sechsten Konstrukteurstitel in Folge. Und als beim 13. Lauf, den Road America 500 Meilen, ein RX-7 seinen insgesamt 67. IMSA-Sieg nach Hause fuhr, waren die Porsche Carrera einen weiteren Rekord los: Noch nie waren mit einem Modell so viele Siege errungen worden.

Die GTO-Klasse

1989 begann Mazda Japan sich direkt in der GTO-Klasse zu engagieren. Das technische Niveau in dieser Silhouetten-Formel – das einzige, was noch an den Serienwagen erinnerte, waren die Umrisse der Karosserie – war inzwischen so hoch, dass das nur noch mit großem Budget zu stemmen war. Daher engagierte sich Hiroshima noch stärker als zuvor schon. Die Konstruktion entsprach mit Kunststoff-Karosserie und Rohrrahmenchassis dem üblichen Muster, einzigartig dagegen der Vierscheiben-Wankelmotor Typ 26B mit reichlich 600 PS. Zwei dieser RX-7 brachte Mazda dann 1990 in Daytona an den

Der GTU-Meister des Jahres 1983: Roger Mandleville.

1987 gewann Tom Kendall auf RX-7 die IMSA-GTU-Meisterschaft. Der Konstrukteurstitel ging an Mazda.

Start. Gemeldet in der GTO-Kategorie, trug der eine davon die Startnummer 1, weil die Teammanager den Vorjahreschampion Pete Halsmer von seinem bisherigen Lincoln/Mercury-Team weggelotst hatte. Halsmer nahm auch gleich die Pole, verpasste aber den Sieg, wenn auch nur um Haaresbreite, denn der Motor hatte Probleme bereitet – es sollte das einzige Mal bleiben in der gesamten Saison. Halsmer stieg später dann in den zweiten GTO-Mazda mit der Nummer 63 um und wurde noch Zweiter in der GTO-Klasse und Siebter in der Gesamtwertung – ein mehr als eindrucksvolles Debüt für den GTO-Mazda. In der GTU-Klasse war ein Kundenteam mit einem RX-7 angetreten, hier ging der Sieg nach Japan: der 97. Sieg in einem IMSA-Lauf. Bei den nächsten Läufen in Miami, Sebring und Long Beach gab es zwei zweite und einen dritten Podiumsplatz in der GTO-Klasse. Beim fünften Lauf, Topeka (Kanasas), platzte dann der Knoten, der GTO-Wankel fuhr den ersten Sieg ein, und weil's so schön war, wiederholte man das auch gleich beim sechsten Lauf in Mid-Ohio. In Runde elf, San Antonio, Te-

xas, musste Pete Halsmer aus der Boxengasse starten, lieferte sich dann eine heftige Balgerei mit einem Mercury Cougar und rang ihn schließlich nieder. Das war der 100. IMSA-Sieg für einen RX-7. Im GTO-Championat jenes Jahres wurde Halsmer schließlich Dritter. Das Rennprogramm setzte Mazda auch im nächsten Jahr fort, die beiden GTO-Wagen mit den Startnummern 62 und 63 kamen auf fünf Siege und holten die Konstrukteursmeisterschaft, Halsmer ergatterte den Fahrertitel. Außerdem war noch ein privater RX-7 für einen GTU-Sieg gut – machte zusammen 106 IMSA-Siege für den japanischen Hersteller. Mit dem Titel in der Tasche endete das GTO-Programm, das in den USA beheimatete Werksteam unter Manager St. Yves hatte beschlossen, zwei Wagen in der GTP-Prototypenklasse an den Start zu bringen und damit die Le-Mans-Bemühungen zu unterstützen: Dort waren nämlich auch Wagen nach IMSA-GTP-Regelwerk startberechtigt. Die beiden GTO-RX wurden nach Japan verladen und dort verschiedentlich noch eingesetzt. 1994 ging einer davon bei den 24 Stunden von Le Mans an den Start (und wurde Zweiter in der GTS-Klasse), auch bei den 1000 Kilometern von Suzuka war der ehemalige GTO-Mazda am Start und gewann trotz seiner Bremsprobleme die GTS-Kategorie. Damit wanderten die Vierscheiben-RX endgültig ins Depot, einer blieb in Hiroshima, der zweite steht im US-Hauptquartier und ist mitunter bei historischen Rennveranstaltungen auf der Piste zu sehen.

Herausforderung LeMans

Bereits 1970 tauchte ein Wankel-Wagen an der Sarthe auf: Ein belgisches Team – Belgien war Mazdas Brückenkopf in Europa –, Levis International Racing, brachte einen Chevron B16 an den Start. Normalerweise waren die Mittelmotor-Chevron mit Zweiliter-Cosworth-Motoren bestückt, in dem Fall kam der Zweischeiben-10A-Motor aus dem Cosmo zum Einsatz. Der Chevron-Mazda schied aber schon früh wegen thermischer Probleme aus.

1973 hatte das japanische Sigma-Automotive-Team einen Mazda-Rennwagen im Gepäck, den MC73 mit 12A-Motor. Der Gruppe-6-Prototyp hielt durch bis zur elften Stunde, dann streikte die Kupplung – nach 79 Runden gab man auf. Im nächsten Jahr – diesmal von Mazda Auto Tokyo unterstützt – lief die Evolutionsstufe MC74 in der Kategorie S (bis 3.0 l) die vollen 24 Stunden, wurde aber dennoch nicht gewertet, weil er aufgrund diverser Probleme nur 155 Runden zurückgelegt hatte. 235 hätten es mindestens sein müssen. 1975 war ja keine Werksunterstützung mehr zu erwarten, Sigma brachte den MC75 dann mit Toyota-Triebwerk an den Start, sah aber ebenfalls nicht die Zielflagge. Mazda indes glänzte bis 1979 durch Abwesenheit – wobei die Teilnahme von Privatteams 1974 und 1975 mit relativ seriennahen RX-3 und 260-PS-Wankel

Aufgebaut für Le Mans: Der Wankel-March, 1977.

Der March-Mazda für die Prototypenklasse 1978.

Der Goodrich-Mazda Lola T16, 1984.

Der zweite der amerikanischen Mazda 727 wurde Vierter in der C2-Kategorie.

nicht unterschlagen werden soll –, tauchte dann aber mit einem neuen Wagen auf, der entfernt an den RX-7 erinnerte. Der Produktions-Sportwagen war nach einem neuen Reglement aufgebaut, das in Europa in der Gruppe 5, in Japan bei der Super Silhouette und in den USA in der IMSA-GTX-Klasse zum Start berechtigte. Natürlich unterschieden sich die Regeln in Nuancen, entsprechend den Bestimmungen der Obersten Nationalen Rennsportbehörden. Die GTX-Klasse war neben den üblichen GT- und GTP-Kategorien eine relative freie GT-Klasse, ausgeschrieben für GT-Wagen und Le Mans. Die Weiterentwicklung dieses Regelwerks führte dann in der Prototypen-Klasse zum heutigen Nebeneinander von LMP1 und LMP2, in der GT-Klasse unterscheidet die FIA in die Kategorien GT1, GT2 und GT3.

Der von Mazda Auto Tokyo aufgebaute Savanna RX-7 nach IMSA-Reglement hatte bis auf die Silhouette (genauer gesagt: die Linienführung von Dach und Windschutzscheibe und die Einbaulage des Motors) aber nur wenig mit dem Serien-RX-7 zu tun. Dieser Typ 252i hatte einen 13B-Zweischeibenwankel, blieb aber in der Qualifikation hängen: 0,7 Sekunden fehlten. 1982 füllten dann zwei weiterentwickelte RX-7, Typnummer 254, das Starterfeld auf. Der eine war relativ früh nach Schwierigkeiten mit der Benzinversorgung erledigt, beim zweiten traten kurz vor Ende Motorprobleme auf. Er schaffte es noch zur

Box, wurde wieder zusammengeflickt und überquerte als 14. im Gesamtklassement nach 3853 Kilometern die Ziellinie. In der GTX-Kategorie wurde er Sechster.

Die eigentliche Herausforderung aber war die 1982 eingeführte Gruppe C, die Königsklasse im Langstreckensport. Dort waren Länge, Breite und Höhe vorgeschrieben und der Benzinverbrauch limitiert: Mazda hätte sich mit Konkurrenten wie dem Porsche 956 anlegen müssen, das schien aber aufgrund der Verbrauchsproblematik unmöglich zu sein. Um mehr Hersteller in die Rennserie zu locken, schrieb der Veranstalter dann 1983 eine zweite Gruppe-C-Kategorie aus, die »Gruppe C Junior«. Mazda setzte dafür zwei der neuen 717C ein, die ersten offiziellen Sportwagen-Prototypen, für die das Werk direkt verantwortlich zeichnete. Aufgebaut und betreut wurden sie von der Rennsportabteilung Mazdaspeed, die in jenem Jahr von Tokio nach Hiroshima verlegt worden war. Unter der Haube des 717C saß der 13B-Motor mit Bosch-K-Jetronic-Einspritzung. Einen warf ein Reifenplatzer bei 300 km/h auf der Mulsanne

Das Chassis stammte Lola, der Wankel leistete 310 PS.

Der 757 fiel 1986 in Le Mans aus.

zurück, der zweite hatte ebenfalls Reifenprobleme, was aber Mazda nicht am Sieg in der Junior-Kategorie hinderte.

1984 waren dann vier weiterentwickelte Mazda, Typ 727, am Start. Gemeldet waren sie wiederum in der Junior-Klasse, die jetzt C2 hieß. Zwei wurden von Mazdaspeed eingesetzt, die beiden 727 mit Lola-Chassis T616 liefen für das amerikanische BF-Goodrich-Team. Die beiden japanischen Wagen hatten die Seuche – und viel Pech, hielten aber durch. Viel besser lief es für die amerikanischen 727, einer davon holte den Klassensieg, der andere landete zwei Plätze dahinter.

Der 737 des Jahres 1985 unterschied sich durch den um 80 mm längeren Radstand und die überarbeiteten Radaufhängungen vom Vorjahresmodell. Der 13B-Wankel, im Vorjahr für rund 310 PS gut, hatte noch einmal zugelegt und eine neue Kraftstoffversorgung und weitere Verbesserungen erhalten. Beide qualifizierten sich, hatten aber wieder ein mieses Rennen: Motorprobleme, eine Batterie, die schlapp machte, zerstörte Getriebelager – immerhin, beide kamen durch, wurden in ihrer Kategorie auf den Rängen drei und sechs geführt.

1986 meldete dann Mazda nicht mehr für die C2-, sondern für die ähnliche IMSA-GTP-Klasse. Von außen war das nicht zu er-

kennen, die Mazda sahen aus wie typische Gruppe-C-Sportwagen. Der Wechsel aber erlaubte ein geringeres Mindestgewicht bei gleichzeitig großzügiger bemessener Kraftstoffmenge. Der von Nigel Stroud entwickelte Gruppe-GTP-Mazda hatte den Dreischeiben-Motor vom Typ 13G mit Umfangeinlass. Dank der dritten Scheibe brachte es der von Mazdaspeed eingesetzte 757 auf über 440 PS bei 8500/min. Die Kraftübertragung erfolgte über ein modifiziertes Porsche-Fünfganggetriebe. Der Le-Mans-Auftritt indes geriet zu einer herben Enttäuschung, beide sahen nicht die Zielflagge, sondern fielen mit defekter Antriebswelle aus. 1987 klappte es besser, die wiederum in der IMSA-GTP-Wertung gestarteten Mazda machten den Siebten und holten den Klassensieg. Der Dreischeiben-Motor kam später, dann mit Doppelturbo, in dem für Japan bestimmten Eunos Cosmo zum Einsatz. Mit einem Kammervolumen von 654 Kubik und 0,7 bar Ladedruck brachte der zwischen 1990 und 1995 gebaute Eunos 300 PS und ein maximales Drehmoment von 402 Nm.

Für 1988 rüstete Mazda auf. Der 757 mit seinem Alu-Monocoque war schon von Anfang an auf die Aufnahme eines möglichen Vierscheiben-Motors konzipiert gewesen, der dann 767

1987 reichte es zum Klassensieg in Le Mans.

Alles für diesen einen Moment: Mazda 787B, 1991.

Mazda schrieb Geschichte: Bis heute gewann kein anderer japanischer Hersteller die 24 Stunden von Le Mans.

heißen sollte. Der nunmehrige 13J-M hatte 540 PS, geriet aber nicht wirklich erfolgreich. Die Karosserie war neu, entstanden nach aufwändigen Windkanalversuchen in England und Japan. Wichtigster technischer Unterschied zum 757 war der Kühler, der im Bug weit nach vorne verlegt wurde, um Balance und Kühlung zu verbessern. Viel Gehirnschmalz musste auch investiert werden, um der hohen Abgastemperaturen Herr zu werden, die der Vierrotor-Motor entwickelte. Die Probleme wurden gelöst, 1988 gingen zwei 767 und ein Vorjahres-757 ins Rennen. Allerdings mussten sie lange Standzeiten an den Boxen in Kauf nehmen – bei beiden Vierrotor-Mazda gab's Ärger mit Rissen in der Auspuffanlage und zerbröselnden Zahnriemen für die Wasserpumpe. Immerhin kamen alle drei durch, der Vorjahres-757 platzierte sich als bester Mazda auf Rang 15 in der Gesamtwertung. Die beiden anderen folgten auf 17 und 19. Das sorgte zwar für einen sehr schönen Dreifachsieg in der GTP-Klasse, war aber nicht gerade das, was man sich erhofft hatte: Man wollte den Gesamtsieg, verfehlte das Ziel aber auch 1989 wieder, als die drei 767 am Ende auf den Plätzen sieben, neun und zwölf die schwarzweiß gewürfelte Flagge sahen.

1990 hatte man das bisherige Alu- gegen ein Kohlefaser-Chassis ausgetauscht und die Aerodynamik verbessert. Die nächste Ausbaustufe des 13J-Wankel nannte sich R26B und verfügte über ein neues Gehäuse, das nichts mehr mit dem alten 13B-Motor zu tun hatte. Damit übersprang der 787 locker die 600-PS-Marke. Wiederum in der GTP-Kategorie gemeldet, sprang für Mazda aber nicht mehr als ein 20. Platz heraus, zwei Mazda fielen aus, der dritte hatte große Probleme. Antriebswellen und Getriebe mussten ebenso gewechselt werden wie die hinteren Achslager. Ein Wunder, dass das in der Zeit noch erledigt werden konnte, der Sieg in der GTP-Kategorie war aber nicht mehr als ein Trostpflaster. Zurück in Werkstatt und Windkanal, wurde der 787 gründlich überarbeitet, jede Baugruppe kam auf den Prüfstand. Mit optimierter Aerodynamik, verbessertem Kühlsystem, weniger Gewicht, Karbon-Bremsen, größeren Rädern, verbesserter Torsionssteifigkeit und besserem Motoransprechverhalten schien der nunmehrige 787B dann in vielen Bereichen besser gerüstet zu sein für die Geschwindigkeitshatz auf der Mulsanne. Mit dieser Evolutionsstufe kehrte die Mazda-Mannschaft dann 1991 zurück an die Sarthe – und schrieb Geschichte.

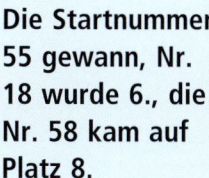

Die Startnummer 55 gewann, Nr. 18 wurde 6., die Nr. 58 kam auf Platz 8.

Fahrer des von Mazdaspeed gemeldeten 787B waren Volker Weidler, Johnny Herbert und Bertrand Gachot.

Der 787B durfte 1992 in Le Mans nicht mehr starten, zeigte aber seinen Nachfolgern, wie es geht.

Als Berater hatte Mazda, wie im Vorjahr, wiederum Jacky Ickx verpflichtet – den sechsmaligen Le-Mans-Gesamtsieger. Das Projekt wurde komplett in Japan bei Mazdaspeed konzipiert, ins Rennen geschickt wurden die Autos in Europa vom ORECA-Team. Das Match des Jahres 1991 schien Mercedes gegen Jaguar zu heißen, gewürzt durch Porsche und Peugeot. Die Wankel-Mazda waren krasse Außenseiter. Dies um so mehr, als Mazda mit der gleichen Treibstoffmenge (2550 Liter) auskommen musste wie die Hubkolben-Konkurrenz, die nach dem neuen Gruppe-C-Reglement mit 3,5-Liter-Motoren startete.

Zwei Werks-787B und ein Vorjahres-787 traten an. In einem waren der schwedische Grand-Prix-Fahrer Stefan Johansson, der Ire David Kennedy und der Brasilianer Maurizio Sandro Sala zusammengespannt, das zweite Trio bildeten der Deutsche Volker Weidler, der Engländer Johnny Herbert und der Belgier Bertrand Gachot. Auf dem alten 787 wechselten sich die Japaner Yorino und Terada mit dem Belgier Pierre Dieudonné ab.

Als sich der Pulverdampf der ersten Stunden verzogen hatte, lag der Wankel-Mazda mit der Startnummer 55 (Herbert & Co, aus Position 12 ins Rennen gegangen) mitten im Mercedes-Jaguar-Sandwich. Die zwei anderen Mazdas (Auto Nr. 18 von Startplatz 17, der 787, Nr. 56, von Platz 24 aus) wieselten auch putzmunter durch die Gegend. Die Mazda-Piloten hatten ein Drehzahllimit von 9000 Umdrehungen verordnet bekommen, auf den langen Geraden nahmen sie sogar schon bei 8000 Umdrehungen pro Minute den Fuß vom Pedal. »Das war die einzige Einschränkung, die wir mit Blick auf den Spritverbrauch machen mussten«, erinnert sich Volker Weidler, »dafür war das Auto so robust, dass wir die spätesten Bremspunkte wählen und das Ding mit voller Härte durch die Kurven prügeln konnten.«

Am Sonntagmorgen verstärkten die Mazda-Jungs den Druck. »Irgendwann«, sagt Johnny Herbert, »hatten wir das Gefühl,

dieses Auto würde alles hinnehmen, daraufhin fuhren wir so hart wie in einem Sprintrennen.«

Johnny Herbert vollendete für Mazda ein makelloses Rennen, 37 Runden vor den drei Walkinshaw-Jaguar XJR-12. Die beiden anderen Mazda liefen auf den Plätzen sechs und acht ein: Noch nie hatte in Le Mans ein japanischer Hersteller gewinnen können. Es blieb bei diesem einen großen Sieg, denn die FIA erteilte nach Ablauf der Saison 1991 dem Kreiskolbenmotor keine Zulassung mehr, und die C2-Kategorie wurde abgeschafft. Bei dem 1992 von Mazdaspeed für Le Mans gemeldeten MXR-01 handelte es sich daher um einen Wagen mit Jaguar-XJR-14-Chassis und Judd-V10-Motor mit 3,5 Litern, der bei Tom Walkinshaw Racing aufgebaut wurde. Ohne Chancen auf den Gesamtsieg, aber in ihren Klassen jeweils nicht zu unterschätzen dann auch die Mazda-Starter 1994 etwa mit dem RX-7 (Terada / de Thoisey / Freon) oder in den Jahren 1995 bis 1997 die Mazdaspeed/Kudzu-Prototypen (Terada/Downing/Freon) in der LMP2-Kategorie (Klassensieg 1996). Auch der Lola-Mazda des Jahres 2008, mit dem das private Team von Kruse-Schiller-Motorsport in der LMP2-Klasse antrat, hatte einen konventionellen Zweiliter-Vierzylinder mit Garrett-Turbolader und Direktzündung. Der MZR-R leistete 500 PS und war eigentlich in der ALMS zu Hause.

Von der GTP zur ALMS

Der FIA-Bannstrahl für den Kreiskolbenmotor in Le Mans bedeutete also nicht das Ende des Rennengagements bei Mazda, blieb ja immer noch die IMSA, wo man so ziemlich alles abgeräumt hatte, was es an Titeln zu gewinnen gab. Und da wiederum wollte das nur indirekt vom Werk operierende Team des US-Importeurs nicht klein beigeben.

Auf Basis des 1990er GTO-RX begannen die Arbeiten am GTP-Programm, das in den USA einen hohen Stellenwert genoss. In

der Serie nämlich gaben Nissan und Toyota den Ton an, logisch, dass die Technologie-Leader aus Hiroshima da nicht abseits stehen wollten. 1991, so ließ Mazada-Motorsportmana-
ger St. Yves vernehmen, werde man bei den 24 Stunden von
Daytona antreten. Naheliegend war der Einsatz des damals
noch in der Entwicklung befindlichen 787B, man verwarf diese Lösung aber wieder. Erstens war er zu teuer, und zweitens
noch nicht fertig – das Daytona-Rennen lag zeitlich vor Le
Mans. Lediglich der Vierscheiben-Motor, den hatten der GTP-
Mazda und der Gruppe-C-Mazda gemein.

Die Arbeiten am GTP-Pogramm, dem RX-792P, begannen im
April 1990, sein Debüt erfolgte dann erst 1992 in Miami. Gemäß den IMSA-Spezifikationen brachte es der R26B-Motor
auf 620 PS, mehr ging nicht, da – anders als in Le Mans – be-
stimmte Lärmgrenzen eingehalten werden mussten. Auf den
Prüfständen in Japan liefen aber auch bereits Motoren mit
700 PS und mehr. Die Saison 1992 war sehr durchwachsen, es
gab zwei schwere Unfälle, die allerdings nur die Güte der aus
Karbon und Aluminium aufgebauten Monocoque-Konstrukti-
on bewiesen. Das für kleines Geld gefahrene GTP-Programm –
Toyota und Nissan gaben angeblich das Vier- bis Siebenfache
jener fünf Millionen Dollar aus – wurde Ende 1992 eingestellt,
in Japan hatte man die Weiterentwicklung des Vierscheiben-
Wankel abgebrochen.

Es dauerte gut ein Dutzend Jahre, bis man sich wieder mit dem
Langstrecken-Rennsport befasste. 1994 war das alte Gruppe-
C-Regelwerk ausgelaufen, das hatte auch Auswirkungen auf
die IMSA-GTP-Serie, die Anfang der Neunziger zusehends an
Popularität einbüßte.

Dazu kamen andere Ursachen. Einige Teams verstrickten sich
in handfeste Skandale – bis hin zum Drogenschmuggel. Mit
dem damit verdienten Geld hatten die Teams ihre Rennwagen
hochgerüstet. Zwar flog das irgendwann auf und die Akteure
wanderten in den Knast, doch die technischen Standards san-
ken deswegen keineswegs wieder ab. Es gab jetzt nur niemanden mehr, der sie bezahlen konnte.

Nach diversen Verkäufen der Rennserie wurde die IMSA GTP,
die seit 1994 praktisch nicht mehr existierte, 1997 schließlich
ganz eingestellt. Seit 1999 ist sie wieder da, heißt jetzt American Le Mans (ALMS) und entspricht dem FIA-Reglement für Le
Mans. Diese Langstrecken-Meisterschaft ist allerdings fest in
Hand der europäischen Hersteller, doch das hinderte die amerikanische Mazda-Tochter nicht daran, im neuen Jahrtausend
wieder dort anzutreten. 2005 setzte man den R20B-Renesis-
Motor aus dem RX-8 in ein LMP2-Chassis von Courage und
kam auf sechs Podiumsplätze in der Saison, seit 2007 fährt
man wieder in dieser Kategorie mit, allerdings ohne Kreiskolbenmotor, denn das erneut geänderte Reglement lässt diesem
keine Chance.

2005 trat Mazda in der LMP2-Kategorie an.

Mit Hubkolbenmotor: B-K Motorsports Lola B08/86.

Der Lola-Mazda 2008 in Sebring.

Mazda im Rallyesport

Die britische RAC-Rallye des Jahres 1981 sah die ersten ernst-
haften Bemühungen eines Mazda auf schlammigem Geläuf.
Sie bildete den Saisonabschluss der Rallye-Weltmeisterschaft,
ein elfter Platz war für den von der britischen Mazda-Niederlassung aufgebauten RX-7 kein schlechtes Ergebnis. Im Jahr
darauf waren bei der RAC zwei der Wankel-Sportwagen zu sehen. Rod Millen hatte einen Gruppe-2-RX am Start, warf aber
bei einbrechender Dunkelheit seinen Wagen ins Gelände. Er
traf aber und weit und breit niemanden, der ihm dabei behilf-
lich gewesen wäre, seinen Mazda wieder auf die Piste zu stellen. Damit war die Veranstaltung für ihn gelaufen. Der zweite
RX unter Bror Danielsson in der seriennahen Gruppe A war

Mazda RX-3 bei der Rallye Neuseeland 1973.

In der Gruppe B bei der 1984er Akropolis-Rallye.

Auch hier: Griechenland, 1984.

Allrad-RX-7 bei der SCCA-Bridgestone-Rallye 1985.

RX-7, Gruppe B, Rallye Akropolis, 1984.
Quertreiber: RX-7, Gruppe B, Schweden Rallye 1985.

Wieder der Gruppe-B-Mazda, diesmal bei der RAC 1985.
Rod Millen im Allrad-RX 1985 beim Pikes Peak.

Hoch hinaus: 323 beim Deutschland Pokal, 1979.

Achim Warmbold: Klassensieg in Monte Carlo 1982.

Timo Salonen (FIN) bei der Schweden Rallye 1987.

Mazda Rallye Team Europe bei der RAC 1986.

Warmbold verpass-
te bei der Monte
1984 nur knapp die
Top Ten.

Schweden Rallye
1987. Ingvar Carls-
son siegte hier erst
1989 wieder.

zwar schnell, riss sich aber bei einer Sonderprüfung den Öl-kühler auf – Aus.

1982 trat dann ein neues Motorsport-Regelwerk in Kraft, das die Rallye-Weltmeisterschaft zur interessantesten Motorsport-Veranstaltung in Europa werden ließ. In der neuen Gruppe B waren die technisch anspruchsvollsten Fahrzeuge zu finden – ein ideales Aushängeschild für einen technisch führenden Autohersteller. Also wurde im Mai 1983 das Mazda Rallye Team of Europe gegründet, das einen noch nach der alten Gruppe 2 aufgebauten RX-7 einsetzte. Mit dem 12A-Motor bestückt, sprang bei der Akropolis-Rallye eine Top-Ten-Platzierung heraus. 1984 entsprach der RX, jetzt mit 13B-Maschine, dem gängigen Gruppe-B-Reglement, und wieder reichte es bei der Akropolis zu einem Platz unter den Top-Ten. Griechenland erwies sich sowieso als vorzügliches Pflaster (auch wenn der Ausdruck hier nicht richtig trifft) für die RX-7: Auf dem Schotter der Akropolis-Rallye schaffte Ingvar Carlsson 1985 mit einem dritten Platz das beste Ergebnis für einen Rallye-Mazda, und Achim Warmbold komplettierte den Erfolg mit einem sechsten Rang. Allerdings war in der Rallye-Weltmeisterschaft ohne Allradantrieb nichts mehr zu bestellen, der heckgetriebene Mazda blieb letztlich chancenlos. Am Saisonende schlugen für das Mazda-Team 22 Punkte und ein zehnter Platz in der Konstrukteurswertung zu Buche.

Ende 1986 lief die Gruppe B aus, nach einer Reihe schwerer Unfälle war klar geworden, dass 600-PS-Autos, dicht stehende Zuschauer und schmale Wald- und Schotterwege nur schwer zusammengingen. 1987 wurde in der Rallye-Weltmeisterschaft nach den restriktiveren Gruppe-A-Bestimmungen gefahren, in der Tourenwagen-Kategorie. Mazda beteiligte sich daran mit dem 323 4WD Turbo. Klein und enorm wendig, litt der 323 aber stets unter dem Handicap eines Hubraums von nur 1,6 Litern. Die meisten Top-Teams traten allerdings mit Zweiliter-Geräten an. Auf den schnellen Asphalt- und Schotterrallyes verbliesen die Lancia Delta die kleinen Turbo; auf Eis und Schnee dagegen hatte der Mazda das Zeug, das Rallye-Establishement aufzumischen, wozu auch die hauptsächlich skandinavischen Fahrer prächtig passten – etwa Ingvar Carlsson, Timo Salonen und Hannu Mikkola.

So schön die Erfolge des 323 4WD auch waren, es bleibt das Gefühl, dass da noch mehr drin gewesen wäre, in Monte Carlo etwa, oder, am allerdeutlichsten, bei der RAC-Rallye 1988, als Hannu Mikkola in der letzten Sonderprüfung in den Graben rutschte, den Sieg vor Augen.

Als das Hubraum-Handikap des kleinen 323 immer deutlicher wurde, spendierte Mazda der neuen Generation des 323 GT-X ein 1,8-Liter-Aggregat. Aber dieser Schritt kam ziemlich spät und leitete auch schon die Verschiebung der Interessen hin zu den Gruppe-N-Produktionswagen ein.

Rallye Gruppe N

Was die Sportbehörde »FIA Cup for Drivers of Production Cars« nannte, wurde im internationalen Sprachgebrauch rasch zur Gruppe-N-Weltmeisterschaft. Wie so oft in Mazdas Motorsportgeschichte waren es Belgier, die den Weg wiesen.

»Produktionswagen« bedeutete: weitestgehend serienmäßig, vor allem, was den Motor betraf. Doch auch sonst waren nur geringe Verstärkungen und einige Sicherheits-Einrichtungen erlaubt. Der robuste, wendige 323 4WD mit aufgeladenem Vierventilmotor war wie geschaffen für diese Kategorie.

Wie es dem Geist des Reglements entsprach, lockte die neue Kategorie vor allem Privatfahrer an, im besten Fall gesegnet

Portugal 1988: H. Mikkola wurde im 323 Vierter.
323 GTX 1991: Das letzte Jahr für MRT Europe.

mit ein wenig Unterstützung von Importeuren oder lokalen Händlern. So war es auch im Fall von Mazda Belgien und dem ambitionierten Pascal Gaban, der sich 1988 auf das Abenteuer einließ, zumindest die Hälfte der WM-Läufe zu bestreiten. Zwei Siege und mehrere gute Platzierungen reichten für den FIA-Cup. Herausragendes Resultat bleibt jener Gruppe-N-Sieg, der gleichzeitig den zweiten Platz im Gesamtklassement bedeutete – so geschehen bei der Rallye Elfenbeinküste 1988. Der nächste Belgier auf Mazda in der Gruppe N war Grégoire de Mévius. Er bekam es mit Konkurrenten wie den Renault 5 GT Turbo und den Lancia Delta Integrale zu tun. Seine große Stunde kam, als der 323 4WD den 1,8-Liter-Motor erhielt und damit in der »GTX«-Kategorie antrat. Eine Traumsaison 1991 sah den Belgier als überlegenen Gruppe-N-Weltmeister vor dem wesentlich stärkeren Ford Sierra Cosworth 4x4. Ein Triumph smarter Wendigkeit, beherzter Fahrweise und belgischer Beharrlichkeit. Insgesamt kamen die Mazda 323 auf neun Gruppe-N-Siege in den WM-Läufen zwischen 1988 und 1991.

Mazda-Racing heute

Seit dem furiosen Le-Mans-Sieg sind bald zwei Jahrzehnte vergangen. Auf der ganz großen internationalen Bühne ist das japanische Unternehmen seitdem nicht mehr präsent. Gleichwohl aber heißt das nicht, dass nicht mit Billigung und Unterstützung des Werks Rennsport betrieben würde, ganz und gar nicht: In der Regel sind es die nationalen Importeure, die das Rennengagement tragen, die Wagen aufbauen und die Teams einsetzen oder unterstützen. Allen voran natürlich ist Mazda in Nordamerika da aktiv – abgesehen vom wieder aufgelegten Prototypen-Programm im Rahmen der ALMS. Eher kurzlebig

MX-5 2003 bei einem 4-Stunden-Rennen in Japan.

MX-5 in Cup-Ausführung.

Im Rahmen der SCCA-Pro-Serie wird der MX-5-Cup ausgetragen. Hier 2007 der Start zum 5. Lauf in Cleveland.

Nur für Damen: Formula Woman Championship 2004.

RX-8 Hydrogen als Begleitfahrzeug beim Marathon.

war das Engagement in der Nordamerikanischen Tourenwagenmeisterschaft NATCC mit einem Xedos6 (der nur 1997 eingesetzt wurde), ungleich länger Bestand hat die Star Mazda Serie. Seit 1991 gibt es diese Nachwuchsklasse, in der in sechs Divisionen identische Monoposto gegeneinander antreten. Gefahren wird mit Wankel-Motoren.

Natürlich gibt es darüber hinaus Cup-Veranstaltungen wie die MX-5 Challenge oder Veranstaltungen mit dem RX-8. Dieser Typ steht übrigens auch im Mittelpunkt des europäischen Mazda-Rennsports. So lief unter britischer Schirmherrschaft die RX-8 Women Challenge, eine ausschließlich für weibliche Fahrer ausgeschriebene Rennserie. In Deutschland, auf der Teststrecke von Papenburg, kam der RX-8 zu 40 internationalen Weltrekorden. Unter FIA-Aufsicht drehten im Herbst 2004 ein schwarzer und ein silberner RX-8 Runde um Runde auf dem 12,3 Kilometer langen Ovalkurs. Die beiden 170 kW (231 PS) starken Mazda RX-8 gingen in den FIA-Kategorien A (Spezialfahrzeuge) und B (Serienfahrzeuge) an den Start. Mit Durchschnittsgeschwindigkeiten von 212,835 und 215,934 km/h legten die beiden Sportwagen in den 24 Stunden über 5000 Kilometer zurück und waren damit innerhalb dieses Zeitrahmens deutlich schneller als der 787B beim 24-Stunden-Sieg von Le Mans. Seitdem ist es etwas ruhiger geworden um die rennsportlichen Aktivitäten von Mazda Motor Europe, was aber niemanden ernsthaft wundern kann: Wie soll man das noch toppen?

Der SpeedSource Castrol Syntec Mazda RX-8 gewann die GT-Klasse bei den Rolex 24 in Daytona 2008.

Das Mazda-Team holte sich 2005 den Titel in der SCCA SPEED World Challenge Touring Car Series.

Heiß: Der 1700 PS starke RX-8-Wankel-Dragster von Abel Ibarra.

Die Zukunft des Rennsports? 2009er-Mazda6 als Pacecar mit Bio-Butanol-Kraftstoff.

MAZDA

Die

Personenwagen

Seit dem Facelift 1989 auch ohne Canvas Top lieferbar: Mazda 121 in L-Ausführung.

Mazda 121, Kia Pride und Ford Festiva – drei Wagen, eine Konstruktion.

Mazda 121
Der Kleine mit dem großen Namen

Keine andere Marke baute ihr Modellprogramm so klar auf wie Mazda. Es war logisch, dass ein Wagen vom Typ 626 größer als ein 323 sein musste, aber wiederum nicht so groß sein konnte wie der Mazda 929. Somit gestaltete sich die Zuordnung des 121 einfach: er war der kleinste aller Mazdas. Zehn Jahre zuvor wäre die Rechnung noch nicht so glatt aufgegangen. Damals gab es, wenn auch nicht überall, schon einmal einen Mazda 121 L – den großen Cosmo, alias RX-5.

Mazda 121 (1988–1991)

Der kleine 121 eroberte die Herzen der Autofahrer gleichsam im Sturm. Rund 4500 Käufer entschieden sich im Einführungsjahr für den Einkaufskorb auf Rädern, den sein sogenanntes Canvas Top besonders beliebt machte. Dahinter verbarg sich ein elektrisch bedientes Faltschiebedach nach Webasto-Lizenz, das, ganz zurückgeschoben, drei Viertel des Daches freilegte. Damit aber nicht genug, die Rücksitzlehne ließ sich bis zu 18 Zentimeter nach hinten oder vorn verschieben und die beiden Lehnen individuell in der Neigung einstellen.
Gebaut wurde der 3,48 Meter lange Open-Air-Mini übrigens schon seit Spätjahr 1986, und das nicht nur in Japan, sondern auch bei Kia in Südkorea. An dem 1944 gegründeten Unternehmen waren Ford und Mazda beteiligt, die Kia gerne als verlängerte Werkbank nutzten: Die Produktionskosten waren dort um rund ein Drittel günstiger als in Japan, weshalb auch Ford den 121 von dort bezog. Mit der blauen Pflaume am Kühlergrill hieß er dann Ford Festiva und war das kleinste Modell

des Herstellers auf dem US-Markt. Auch nach dem Modellwechsel lief dort der Ur-121 weiterhin vom Band, als »Pride« stand der Mazda dann zwischen 1995 und 2001 bei den deutschen Kia-Händlern.
Dort aber machte er keine besonders gute Figur, die Tester beurteilten ihn viel strenger als den Mazda. Der hatte nämlich noch den einen oder anderen Vergleichstest gewinnen können. In Verarbeitung und Raumausnutzung, in Straßenlage und Fahrkomfort war der 121 seinen damaligen Konkurrenten Opel Corsa und Nissan Micra nämlich klar überlegen.
Dabei war der Stadtfloh beileibe kein Sonderangebot. Für weniger Geld erhielt man schon bei einem der rund 1000 Händler den größeren Mazda 323 in Basisausstattung. Zur selbstbewussten Preisstellung gesellte sich ein hoher Kraftstoffverbrauch (bis zu 10,5 Liter im Test). Dafür aber begnügte sich der aus dem 323 stammende 60-PS-Vierzylinder mit Normalbenzin und erwies sich dank geglückter Abstimmung des serienmäßigen Fünfganggetriebes als echter Temperamentsbolzen,

»Das pfiffigste neue Auto«, lobte die *Auto Zeitung*.

In den Gepäckraum passten 239 Liter, das Notrad lag im Kofferraumboden.

der mit den 800 kg Kampfgewicht nur wenig Mühe hatte. Kurz vor der IAA 1989 stellte Mazda seinen Mini ohne Canvas Top vor. Das Sparmodell nannte sich 121 L, hatte 55 PS und sollte »vor allem jungen Leuten mit kleinem Budget den Autokauf ermöglichen«, wie die Pressemappe verkündete. Der Spar-Mazda verzichtete auf Faltdach, Spoilerwerk und Features wie die verschiebbare Rücksitzbank. Dafür war er über 2000 Mark billiger als der LX.

MODELLE, VARIANTEN, PREISE

Modellreihen:	Zweitürige Steilheck-Limousine mit Heckklappe
Motoren:	1139 cm³ / 44 kW (60 PS) bei 5500/min
Ausstattung:	Dreistufiges Gebläse mit Smogschaltung, Fernentr. für Tank-/Heckklappe. Rücksitzbank teil-/verschiebbar. Gepäckraumabdeckung, Ausstellfenster hinten.
Varianten:	121 L – 121 Canvas Top / LX
Preise (DM):	Ab 14.490,-

Chronik

1988	April: Deutschlandpremiere für den 121. Elektr. Faltschiebedach serienmäßig. Motor mit U-Kat. Metallic-Lack gegen Aufpreis (DM 260,-).
1989	April: rechter Außenspiegel serienmäßig. September: Einführung Basismodell 121 L ohne Faltdach, Modell mit Canvas Top heißt nun LX. Modellpflege: Grill durch lackierte Blenden oben und unten verengt.
1990	März: Sondermodell »Petite Fleur«: Basis 121 Canvas Top, dazu Momo-Lederlenkrad, LM, Sonder-Sitzbezüge, Dekorstreifen, Anthrazit-Metalliclack. 1000 Ex., DM 17.990,-. Alle Modelle: G-Kat serienmäßig. Dezember: Produktionseinstellung der U-Kat-Modelle.

Leider war der neue Kleine aus Hiroshima so teuer wie eine 323, aber immer noch billiger als die Konkurrenz.

Der 121 war zunächst nur als »Canvas Top« mit elektrischem Faltschiebedach lieferbar.

Mazda 121 (1991–1994)

Es gibt Formen, die kann man nicht verbessern, verkündeten in den Sechzigern die VW-Werber und zeigten ein Ei, auf das sie ein Käfer-Heck gepinselt hatten. Stimmt, pflichteten die Mazda-Designer bei und schufen den Mazda 121.

Dieser Kleinwagen der ganz anderen Sorte, der in Japan über das Autozam-Händlernetz vermarktet wurde, hieß dort Revue und sorgte für Aufsehen. Herausragendes Merkmal des 121 war sein weit nach oben gewölbtes, kuppelförmiges Dach, das bis zu fünf Personen mehr als eine Handbreit Luft über dem Scheitel einräumte.

Unterhalb des 323 im sogenannten Sub-B-Segment angesiedelt, wollte die Knutschkugel jüngere und vor allem weibliche Käufer erobern. Zugleich verwirklichte Mazda hier erstmals die neue Stylingrichtung, die in den nächsten Jahren charakteristisch für das Unternehmen werden sollte und alle Neuentwicklungen der Neunziger beeinflusste: das »Biodesign«, der weitgehende Verzicht auf Ecken und Kanten zugunsten organischer Formen und einer besseren Ergonomie. Der Revue, der im September 1990 Premiere feierte, folgte der damals angesagten Designmode. Prominentester Vertreter dieser Stilrichtung war übrigens der exzentrische Industriedesigner Luigi Colani, der in jenen Jahren in Japan seine größten Erfolge feierte.

Mazdas Biokugel basierte technisch auf dem kantigen Vormodell und übernahm von diesem Plattform und Antriebsstrang. Die Führung der Vorderachse oblag McPherson-Federbeinen, unterstützt von einem Querstabilisator. An der Hinterhand war dies Aufgabe einer Verbundlenker-Konstruktion mit Federbeinen – ein schon beim Vorgänger ausgezeichnetes Fahrwerkslayout. Im Test verblüffte der Rundling durch sein agiles Handling, eine präzise Schaltung und die komfortable Federung. Geteilter Meinung waren die Tester über die Qualitäten des Gestühls, die Bremsen, die etwas mehr Biss hätten vertragen können und die etwas schwerfällige Lenkung ohne Servounterstützung. Viel Lob dagegen gab es für das Platzangebot, auch hinten herrschte an Bein- und Kopffreiheit kein Mangel. Wer zu zweit unterwegs war, konnte die asymmetrisch geteilte Rücksitzlehne vorklappen und den 290 Liter fassenden Gepäckraum entsprechend vergrößern.

Der 121 war letztlich in zwei Varianten lieferbar, als LX mit dem 1,4-Liter-Motor und 53 PS für die Sparfüchse und als komplett ausgestatteter GLX mit 1,4-l-16V-Motor und elektrischem Faltschiebdach.

Auf der RAI in Amsterdam feierte der neue Mazda 121 sein Europa-Debüt. In Japan hieß er Revue.

MODELLE, VARIANTEN, PREISE

Modellreihen:	Viertürige Stufenheck-Limousine
Motoren:	1324 cm³ / 39 kW (53 PS) bei 5500/min 1324 cm³ / 53 kW (72 PS) bei 6000/min
Ausstattung:	LX: G-Kat, H4, heizb. Heckscheibe, Fernentriegelung für Tank und Heckklappe, geteilt umklappb. Rücksitzlehne, Colorglas. GLX: elektr. Faltschiebdach, Spiegel und Stoßfänger lackiert, ZV, Drehzahlmesser.
Varianten:	121 LX – 121 GLX Canvas Top
Preise (DM):	Ab 17.730,-

Chronik

1990	Oktober: Premiere auf der Tokio Motor Show als Autozam Revue. Völlig neues Design, Technik im Prinzip vom Vorgänger übernommen.
1991	April: Einführung des 121 mit Faltschiebdach (Canvas Top) in Deutschland. Zwei Leistungsstufen, jeweils mit G-Kat.
1992	Frühjahr: Lieferfristen steigen auf bis zu fünf Monate an. August: Verbesserte Lieferfähigkeit durch zusätzliche Lieferungen aus Japan. Canvas Top jetzt als Händler-Sondermodell »Concert« mit CD-Radio zu ordern.
1993	Oktober: Sondermodell »Chic«: Basis 121 GLX, dazu EFH vorn, Lenkradhöhenverst., Sonder-Sitzbezüge, Weinrot-Metalliclack, DM 21.990,-.
1994	April: Einführung Basisversion 121 L: 53 PS, DM 17.990,-. LX: Servo Serie (DM 19.980,-). GLX: ABS optional. Alle Modelle: Neue Bezugstoffe. Juni: Sondermodell »Goldy«: RDS-Grundig-Radio, Momo-Vierspeichen-Lenkrad, Radkappen im Bärchen-Design, Sonnenrollo, Plüsch-Deko-Bär, 100 Beutel Fruchtgummi. Juli: Sondermodell »Ginza«: Metalliclack in Violett oder Dunkelgrün, Leder, lederbezogene Armlehnen in den Türen, Sitzheizung, Schlüsselanhänger.

Sein Styling sprach in erster Linie weibliche Käufer an, es polarisierte: »Kein Auto für Jein-Sager«.

Der 121 besaß einen großen Innenraum.

Auch im Radstand über dem Klassendurchschnitt.

Übersichtlich: die
Cockpitgestaltung.

Unter der Haube saß ein völlig neuer
Motor mit vier Ventilen pro Zylinder.

Bedienelemente des zunächst
serienmäßigen Faltschiebedachs.

Auf der AMI in Leipzig feierte die neue 121-Generation ihre Deutschlandpremiere.

Mazda 121 (1995–2002)

Das Klonen, das originalgetreue Reproduzieren, ist in der Medizin höchst umstritten. In der Automobilindustrie dagegen regt sich darüber niemand auf, man bedauerte dies höchstens – wie etwa treue Mazda-Kunden, denen im März 1996 als Ersatz für die Knutschkugel ein Ford Fiesta angeboten wurde.

Die zur IAA 1995 gezeigte Fiesta-Neuauflage und ihr Zwilling Mazda 121 unterschieden sich nur in wenigen Details. Der 121 trug einen anderen Kühlergrill, andere Radkappen, Seitenschutzleisten und eine Zierleiste am Heck – das war alles. Wer also einen neuen Mazda kaufte, erwarb einen Ford Fiesta, und selbst der war, so unkten Spötter, nicht mehr taufrisch: Obwohl die Konstrukteure nahezu jedes der 3800 Teile neu entwickelt oder überarbeitet hatten, waren Bodengruppe und Achsabstand gegenüber dem alten Fiesta unverändert geblieben. Jede Kritik aber an der Entscheidung, den charismatischen 121 durch einen Fiesta-Klon zu ersetzen, wies Akiro Shimojo, Geschäftsführer der Mazda Motors (Deutschland) GmbH, unter Hinweis auf das zu erwartende Gesamtvolumen (25.000 Einheiten europaweit pro Jahr) und die europäischen Produktionsstandorte zurück: »Wir haben dann keine Probleme mit der Einfuhrquote, wie es Anfang der 90er Jahre der Fall war.« Und der Mann hatte ja Recht: Abgesehen von der Form gab es wenig, was man dem neuen 121 vorwerfen konnte. Warum auch? Ein völlig neu entwickelter Vollaluminiummotor, zwei tiefgreifend modifizierte Motoren aus dem bisherigen Fiesta-Programm, ein neues Getriebe, ein modernes hydraulisches Kupplungssystem, ein überarbeitetes Fahrwerk und ein neues Blechkleid – so lautete, in Kurzform, die Geschichte des 121.

Technisches Highlight waren zweifelsohne die neuen Aggregate, allen voran der mit Yamaha-Hilfe entwickelte 1,25-Liter-16V-Leichtmetallmotor (55 kW/75 PS). Die drehfreudige und geschmeidige Kraftquelle machte im Alltag richtig Spaß, bloß

Modelle, Varianten, Preise

Modelle:	Schrägheck-Limousine drei-/fünftürig
Motoren	1299 cm³ / 37 kW (50 PS bei 5000/min 1242 cm³ / 55 kW (75 PS) 16V bei 5200/min 1753 cm³ / 44 kW (60 PS) D bei 4800/min
Ausstattung:	LX: 2 x Airbag, Heckscheiben-Wisch/Waschanlage, beheizb. Heckscheibe, umklappb. Rücksitzlehne, Radiovorber. Comfort: Fernentr. d. Heckklappe, Drehzahlmesser, ZV, geteilt umklappb. Rücksitzbank. GLX: Colorglas, Servo, in Wagenfarbe lackierte Stoßfänger und Außenspiegel. Canvas Top: Faltschiebedach.
Varianten:	1.3 LX/Comfort/GLX – 1.3 16V GLX/Canvas Top – 1.8 D LX
Preise (DM:)	19.490,-/19.990,-/22.990,- (LX / LX Comfort / GLX)

Chronik

1995	September: IAA-Premiere für die 121-Neuauflage. Parallelmodell wird als Ford Fiesta angeboten. Vier Ausstattungslinien, drei Motoren; ABS und Traktionskontrolle optional für bestimmte Modelle. Produktion im britischen Ford-Werk Dagenham.
1996	Januar: Markteinführung. September: Verbesserte Serienausstattung: Beifahrer-Airbag Serie, ABS a.W. auch ohne TCS.
1998	September: Neuordnung der Modellreihe in Basis, Comfort und Sportive. Wegfall des Dieselmotors und des Canvas Top. ABS mit TCS Serie ab Comfort. Ab DM 19.200,-.
2000	Januar: Modellpflege, Fünfpunkt-Kühlergrill. Seitenairbags serienmäßig. Einführung 1,8-Liter-DI-Turbodiesel (55 kW/75 PS) für Juni angekündigt, aber nicht realisiert. Ab DM 18.990,-.
2002	Mit dem Ende der Fiesta-Produktion läuft auch die 121-Produktion aus. Nachfolger wird der Mazda 2.

Den neuen 121 gab es als Drei- und als Fünftürer.

Ab1997 gab es nur noch vier Varianten.

schade, dass der agile Vierventiler gerne einen über den Durst hob. Als weiterer Benziner stand der modifizierte 1,3-Liter-Motor (»Endura E«) mit Multipoint-Einspritzung und 37 kW/50 PS zur Verfügung. Der 1,8 Liter Diesel, der »Endura-DE« mit 60 PS und nur in LX-Ausstattung gereicht, vervollständigte das Triebwerksangebot.

Was der 121 an formaler Originalität verloren haben möchte, machte er nun durch innere Qualitäten mehr als wett – kein Wunder also, dass gerade diese Kleinwagen-Reihe geklont wurde.

Erstmals auch mit stufenloser CTX-Automatik, ABS und Traktionskontrolle lieferbar: Mazda 121.

Der Jahrgang 2000 unterschied sich durch den geänderten Kühlergrill und die zusätzlichen Seitenairbags vom Vorgänger. Gebaut wurde er im britischen Ford-Werk.

Die Änderungen am Fahrwerk sorgten für ein narrensicheres Fahrverhalten.

Den Mazda2 gab es ausschließlich als Viertürer.

Der Zweier wurde als erster Mazda in Europa produziert.

Mazda2
Einer für zwei

Der Mazda2, der zweite neue Mazda, der im Rahmen der neuen globalen Strategie entstand, erschien im April 2003 beim Händler und löste dort sowohl den Demio als auch den 121 ab. Beide hatten ihre Sache brav gemacht, mehr aber auch nicht. Wer den Zweier kennenlernte, vermisste sie nicht länger.

Mazda2 (2003–2007)

Der ausschließlich als Fünftürer lieferbare Mazda war der erste Wagen, den das Unternehmen in Europa herstellte: Zusammen mit seinen Konzerngeschwistern Fiesta und Fusion rollte er auf derselben Montagelinie im Ford-Werk Valencia vom Band.

Dank seiner 1,55 m hohen Karosserie bot der knapp vier Meter lange Zweier sehr viel Platz. Langgewachsene Menschen verfügten selbst auf den hinteren Sitzen über genügend Kopffreiheit. Und noch nicht einmal das Einsteigen machte Mühe, die hinteren Türen öffneten weit im 80-Grad-Winkel. Die asymmetrisch teilbare Rückbank ließ sich zur Ladefläche umfunktionieren, praktischerweise ohne dass die Kopfstützen abgenommen werden mussten. Auch die Lehnen des Beifahrersitzes waren bis in die Waagrechte vorklappbar.

Motoren, Getriebe und Fahrwerkskomponenten teilte sich der Mazda2 mit den Ford, ähnlich – vielleicht noch ein Quäntchen straffer – fuhr er sich auch: eher sportlich als sänftenweich, gutmütig bis in den Grenzbereich, agil, sicher und handlich trotz des karosseriebedingt hohen Schwerpunkts. Die vergrößerten Bremsen in den 14-Zoll-Rädern (vorn Scheiben, hinten Trommeln) waren deutlich besser als in den Vormodellen. ESP

war am Anfang noch nicht serienmäßig, stand aber zumindest auf der Aufpreisliste.

Auf den meisten europäischen Märkten wurde der Mazda2 mit vier verschiedenen Motorversionen angeboten, Aggregaten, die auch bei Ford zu finden waren: 1,25-Liter, 1,4-Liter- und 1,6-Liter-Benziner mit 75, 80 und 100 PS sowie ein 1,4-Liter-Common-Rail-Diesel mit 68 PS: drehfreudige, mitunter ein wenig brummelige Maschinen, aber dienstbeflissen und flink.

Guter europäischer Standard prägte auch die Innenausstattung. Lobenswert das Multifunktionslenkrad, die sehr schön gezeichneten Rundinstrumente im Cockpit und die verschließbaren Lüftungslamellen im VW-Stil. Pfiffig auch das Konzept mit den zahlreichen Ablagen, besonders schön das zweite – herausnehmbare – Handschuhfach, das als Mülleimer dienen konnte. Die Plastiklandschaft des Cockpits umschmeichelte Auge und Hand, die Kunststoffeinsätze in den Türen taten allerdings weder das eine noch das andere. Ganz und gar überzeugend indes war das Sicherheitskonzept ausgefallen, das neben den obligatorischen Frontluftsäcken auch Side- und Dachairbags umfasste. Lohn der Mühe waren vier Sterne bei der Euro-NCAP-Einstufung.

Gegenüber dem bisherigen Demio hatte der Mazda2 in allen Karosserie-Dimensionen zugelegt.

Modelle, Varianten, Preise

Modellreihe:	Steilheck-Limousine fünftürig
Motoren:	1242 cm³ / 55 kW (75 PS) bei 6000/min 1388 cm³ / 59 kW (80 PS) bei 5700/min 1596 cm³ / 74 kW (100 PS) bei 6000/min 1399 cm³ / 50 kW (86 PS) CD bei 4000/min
Ausstattung:	Comfort: 4 x Airbag, ABS, EBD, ZV. Exclusive: City-Paket. Top: DSC, Sportlenkrad, Grill teillackiert, Sitzbezüge, City-/Energy-Paket, Kopf/Schulterairbags, 15-Zoll-LM, Reifen 195/50.
Varianten:	1.25 Comfort – 1.4 Exclusive – 1.6 Exclusive / Top – 1.4 CD Comfort/Exclusive
Preise (€):	Ab 12.600,-

Chronik:

2002 September: Premiere für den Mazda2 auf dem Pariser Autosalon. Bezeichnung Demio wird für Japan beibehalten.

2003 April: Neueinführung Mazda2: Design mit Anleihen an den Mazda6. Nahe Verwandtschaft zu Ford-Modellen Fiesta/Fusion. Nur eine Karosserieform, Fünf-Punkt-Kühlergrill mit obenliegender Chromleiste. Drei Benzinmotoren, ein Common-Rail-Diesel. City-Paket: EFH vorn, Audiosystem mit Multifunktionslenkrad. Energy-Paket: Nebelscheinw., EFH h., elektr. Außenspiegel, Lautsprecher, Türgriffe/Spiegel lackiert. Produziert im spanischen Ford-Werk.
Juli: Markteinführung Diesel-Modell.
Oktober: Einführung der Auto Shift Manual (automatisiertes Schaltgetriebe) ASM (nur 1,4 l / 1,4 l CD) ermöglicht Schalten ohne Kupplung oder im Automatikmodus beim Stadtverkehr.

2004 Mai: Sondermodell »Active«: 1,4-l-Benziner/Diesel: LM, verchromte Auspuffblende/Einstiegsblenden. Klima, EFH, CD-Radio, Sitzbezüge. Ab € 14.300,-.

2005: Januar: Neuauflage Sondermodell Mazda2 »Active« mit Klimaanlage und Audiosystem. Preisvorteil 1700 Euro.

2007: Februar: Sondermodell »Active Plus«: Wie Active, aber 1,6 l / 100 PS, DSC, 16-Zoll-LM. Ab € 16.000,-.

Der Kofferraum bot nur ein Volumen von 267 Litern.

Die 1,4-l-Modelle gab es auch mit Getriebeautomatik. Sondermodell Active mit CD, Klima und LM-Rädern.

Mazda2 (seit 2007)

Der erste Mazda2 war weder für Eilige noch für Hektiker gemacht, sondern bot, in nüchtern-gefälliger Form, Nutzwert. Vernunft wirkt aber selten sexy. Genau darauf kommt es aber anscheinend an. Sex sells, und das erklärt, warum die Ingenieure in Hiroshima ihrem Kleinsten die Kittelschürze aus- und den Bikini anzogen.

Bikini und Übergewicht passen aber auch nicht so recht zusammen, also wurde der Zweier erst einmal ordentlich auf Diät gesetzt. Fünf Kilo weniger Material am Auspuff, drei am Kabelbaum, selbst bei den Türlautsprechern purzelten die Pfunde. Am Ende blieben gegenüber dem Vorgänger satte 100 Kilogramm auf der Strecke: der neue Mazda2 unterbot locker die 1000-Kilo-Grenze. Fehlte nur noch der passende Fummel. Und der saß, knapp geschneidert, wie angegossen, betonte den rundlichen, stark ansteigenden Bug, unterstrich die weit in die Ecken gerückten wuchtigen Radhäuser und setzte mit dem wohl gerundeten Hinterteil ein stilistisches Ausrufezeichen.

Mit 3885 Millimeter Länge unterbot der Mazda2 Konkurrenten wie Vorgänger. Der bisherige Radstand von 2490 Millimeter wurde dennoch beibehalten, in der Breite legte er nur unwesentlich zu und bekam auch noch eine aufs Dach: Sieben Zentimeter weniger Höhe als noch sein Vorgänger. Man sieht es ihm an, der Mazda ist kein Auto für den Stammbesuch beim Baumarkt (auch wenn die Fondsitzlehnen mit einem Handgriff nach vorne klappen und der Kofferraum dann auf 787 Liter wächst). Er holt sich seine Lorbeeren woanders, in der Innenstadt (Wendekreis 9,8 m!) oder vor den angesagten Szenetreffs. Und, natürlich, auf der Landstraße: Dieses schnittige, kleine Kurvenwiesel hat sich ganz der Fahrdynamik verschrieben. Sehr agil im Handling, mit leichter Tendenz zum Untersteuern, für allzubrave Autofahrer vielleicht eine Spur zu stramm abgestimmt, aber immer wohl dosiert und gut beherrschbar. Und wer sich übernimmt, wird vom serienmäßigen ESP wieder diskret auf Kurs gebracht.

Natürlich hat man auch das Innenleben erneuert. Cockpit, Seitenverkleidungen und Sitze präsentierten sich samt und sonders im frischen, dynamischen Look. Die Kopffreiheit hinten reicht aber nicht für Basketballer, und die C-Säule steht extrem schräg, was die Übersichtlichkeit doch arg einschränkt. In den Kofferraum passen 250 Liter, das ist etwas weniger als beim Vorgänger, außerdem liegt die Ladekante ziemlich hoch. Und dennoch: Er ist ausgesprochen kleidsam geworden, der neue Bikini. Richtig sexy.

Modelle, Varianten, Preise

Modellreihen:	Fließheck-Limousine drei-/fünftürig
Motoren:	1349 cm³ / 55 kW (75 PS) bei 6000/min 1349 cm³ / 63 kW (86 PS) bei 6000/min 1498 cm³ / 76 kW (103 PS) bei 6000/min 1399 cm³ / 50 kW (68 PS) MZ-CD bei 4000/min ab 7.08 1598 cm³ / 66 kW (90 PS) MZ-CD bei 4000/min ab 10.08
Ausstattung:	Impuls: 6 x Airbags, ABS, DSC, ZV, elektr. Außenspiegel, Dachantenne, Colorglas. Independence: Klima, CD-Radio mit Lenkradfenbed., EFH v., anklapp/beheiz. Spiegel, LM. Impression: Klimaautom., EFH h., Sitzheizg., Nebelscheinw. Licht-/Regensensor, Tempomat, 16-Zoll LM, Lederlenkr.
Varianten:	Impulse – Independence – Impression
Preise (€):	Ab 12.200,-

Chronik:

2007	Oktober: Markteinführung des Fünftürers. Drei MZR-Benzinmotoren mit variabler Einlasssteuerung (S-VT), 1,5 l mit variablem Ansaugsystem (VIS).
2008	Juni: Einführung Mazda2 Dreitürer als »Mazda2 Sport«. Ab € 11.700,-. Juli: Markteinführung Common-Rail-Turbodiesel aus der MZ-CD-Reihe mit 1,4 Liter Hubraum. Ab € 13.800,-. Oktober: Einführung MZ-CD 1,6 Liter Common-Rail mit 90 PS; neues Sport-Optik-Paket mit neuen Außenlackierungen und Innenraum-Applikationen.

Mit der zweiten Generation verabschiedet sich der wieder in Japan gebaute Mazda2 vom Hochdach-Design des Vorgängers.

Der Zweier überzeugt auch in puncto Fahrdynamik.

Ab 2008 gab es auch einen Turbodiesel.

Ausschließlich für den 1,5-Liter gibt es das Sport-Optik-Paket ...
... mit Seitenschwellern, Frontschürze und Dachheckspoiler.

World Car of the Year 2008: Mazda2.

Zwei Karosserievarianten mit identischen Dimensionen.

Auf 3,89 Metern finden bis zu fünf Personen bequem Platz. Die neue Generation war 100 Kilo leicher.

Wertig: das Cockpit des Zweiers.

Halogenscheinwerfer sind serienmäßig.

In China gibt es ihn auch mit Stufenheck.   Der Dreitürer trägt den Beinamen Sport.

Vier Motoren, ab 2009 auch ein Turbodiesel.
Laufruhe und Sparsamkeit bei allen Varianten.

Zum World car of the Year gekürt: Mazda2, 2008.

Ein wenig verheißungsvoller Auftakt: Mazda 1000/1300 von 1974.

Mazda 1000/1300
Frischer Wind aus Hiroshima

Der Ölschock vom Herbst 1973 ließ die Automobilhersteller unsanft in der Flaute dümpeln, besonders hart traf es die Nobodys auf dem deutschen Markt, so zum Beispiel Mazda. Von den ersten 1000 Wagen standen 300 immer noch unverkauft herum, als im Frühjahr 1974 der Mazda 1300 frischen Wind ins schleppende Deutschland-Geschäft bringen sollte.

Die Baureihe selbst lief in Japan seit 1967 vom Band und hieß dort Familia, was viel über den Anspruch des Hecktrieblers verriet: ein Familienwagen der Einliter-Klasse, der gegen den Corolla von Toyota und den Sunny von Datsun antreten sollte. Verschiedentlich überarbeitet, änderte sich in erster Linie die Karosserie, weniger der Unterbau. Stramme 66 PS beflügelten den 3,85 m langen Zweitürer, der nun über rund 160 Mazda-Werkstätten vertrieben wurde; ab Juni stand auch eine viertürige Ausgabe zur Wahl.

Der wassergekühlte Reihenvierzylinder mit obenliegender Nockenwelle begnügte sich mit Normalbenzin, was in Anbetracht der Leistung sehr ungewöhnlich war: Normalerweise war bei diesem Verhältnis von Hubraum und Leistung Super erforderlich. Der Motor war außerdem robust und ausgereift. Er sprang in warmem und kaltem Zustand zuverlässig an, lärmte allerdings beträchtlich bei höheren Geschwindigkeiten. Und die starre Hinterachse an Blattfedern trampelte.

Der Mazda 1000, im September desselben Jahres vorgestellt, unterschied sich nur durch Hubraum und Leistung vom größeren Bruder. Von beiden Versionen war für Familien jeweils nur der Viertürer uneingeschränkt empfehlenswert, beim Zweitürer gestaltete sich der Zugang in den Fond etwas mühsam.

Konventionell aufgebaut – Motor vorne, Antrieb hinten – rangierte der Mazda in der Kompakt-Klasse und musste sich zumindest an Wagen wie dem Ford Escort oder dem Opel Kadett messen lassen – und an den seinerzeitigen Klassenbesten, den Fiat 127 und 128. Diese hatten nicht nur das bessere Raumkonzept, sondern auch Frontantrieb. Straßenlage, Fahrkomfort und Innenraumgeräuschpegel machten, so ein zeitgenössischer Tester, den »technologischen Rückstand gegenüber europäischen Konkurrenten deutlich«. Dass die japanische Konkurrenz das auch nicht besser konnte, war kein wirklicher Trost. Dafür aber war die Ausstattung überkomplett, wer Opel und Co. auf das Mazda-Niveau hochrüsten wollte, hätte gut und gerne 2000 Mark in Extras anlegen müssen. Außerdem war die Garantiezeit mit einem Jahr oder 20.000 Kilometer unüblich hoch: Auch in dieser Beziehung brachte der Mazda frischen Wind in das bundesrepublikanische Angebot.

Die Ausstattung war überkomplett.

Die starre Hinterachse war fahrerisch keine Offenbarung.

MODELLE, VARIANTEN, PREISE

Modellreihen:	Stufenhecklimousine mit zwei und vier Türen
Motoren:	985 cm³ / 35 kW (45 PS) bei 5800/min ab 9.74 1272 cm³ / 48 kW (66 PS) bei 6000/min 1272 cm³ / 44 kW (60 PS) bei 5500/min ab 10.75
Ausstattung:	Verbundglas-Windschutzscheibe, heizb. Heckscheibe, Liegesitze mit integr. Kopfstützen, Scheibenwisch-/waschanlage, dreistufiges Gebläse. Hintere Seitenscheiben ausstellb. (Zweitürer).
Varianten:	1000 – 1300
Preise (DM):	Ab 7.290,-

Chronik:

1974   März: Importbeginn des Familia 1300 als Mazda 1300 nach Deutschland. Zunächst nur als Zweitürer.
Juni: Lieferbeginn Viertürer; Automatik gegen Aufpreis.
September: Als Mazda 1000 mit 1.0-Liter-Maschine in beiden Karosserievarianten zu haben.

1975   Oktober: Die Motorleistung des Mazda 1300 sinkt von 66 auf 60 PS; Modellpflege: Sitzflächen jetzt karierter Stoff statt wie bisher Kunstleder; Beifahrersitz gleitet beim Vorklappen der Lehne nach vorn.

1976   Februar: Mazda 1300 Viertürer mit Automatik lieferbar. Modellpflege: neue Radkappen. Modellreihe läuft zum Jahresende aus. Nachfolger wird der Mazda 323.

Nur mit vier Türen als Familienkutsche zu empfehlen: der 323-Vorgänger Mazda 1300, 1974.

In Japan liefen die Mazda 1000/1300 als Familia.

Hohe Motorleistung: Mazda 818 Coupé, 1976.

Als Familia trug er den Beinamen Preso.

In Japan als Grand Familia angeboten: der 818 gehörte zur Erstausstattung der europäischen Mazda-Händler.

Mazda 818
Die Geheimnisse des Ostens

Der Mazda 818 gehörte zu jenen drei Modellen, die Masayuki Kirihara im Handgepäck hatte, als er im olympischen Jahr 1972 in Düsseldorf aus dem Flugzeug stieg, um für die bis dato weitgehend unbekannte Automobil-Abteilung von Toyo Kogyo eine deutsche Niederlassung aufzuziehen.

Der rund 900 Kilo schwere Wagen gehörte zur Familia-Baureihe, die in Deutschland als Mazda 1000/1300 lief. In Japan trug er zur Unterscheidung den Beinamen Preso (und tauchte in den Produktionsstatistiken als Grand Familia auf), um dann als 808 auf bestimmten Exportmärkten angeboten zu werden, wie etwa in Neuseeland. Auf wieder anderen hieß er 818, wahrscheinlich um Rechtsstreitigkeiten mit Peugeot aus dem Weg zu gehen, die sich die Null in der Mitte einer dreistelligen Zahlenkombination hatten schützen lassen (und so Porsche zwangen, aus dem 901 den 911 zu machen ...) In den USA wiederum lief er zeitweise auch als Mizer.

Vor lauter Namensgewurstel hat man wohl die Übersicht verloren, ansonsten ist es nur mit den unergründlichen Geheimnissen des Ostens zu erklären, dass man den knapp vier Meter langen Wagen ausgerechnet mit derselben 1,6-Liter-Maschine anbot wie den nächstgrößeren Mazda 616, den es für knapp

800 Mark mehr ebenfalls als Coupé gab. Mit den 75 PS hatte der knapp vier Meter lange Neuankömmling so seine Mühe, besser zum Fahrwerk mit der hinteren, an Blattfedern geführten Starrachse passte die für 1976 angebotene Variante mit 1,3 Liter und 60 PS.

Doch auch damit änderte sich nichts am mangelnden Zuspruch seitens der deutschen Käufer, die Ford Escort und Opel Kadett bevorzugten. Dabei war der 818 beileibe kein schlechtes Auto, in den USA zum Beispiel lobte man Verarbeitung und Finish, war aber enttäuscht wegen des recht hohen Spritverbrauchs. Das war auch einer Hauptkritikpunkte des Tests in der deutschen *mot*, bei dem der Mazda nicht unter elf Liter auf 100 Kilometer kam – zwar Normalkraftstoff, doch wegen Motorklingelns und Nachdieselns empfahl sich die Betankung mit Superbenzin: »Bis auf weiteres fehlen gerade für den 818 entscheidende Argumente im Konkurrenzvergleich, vom Wiederverkaufsproblem ganz abgesehen«. Andererseits war es ein 818, der in den USA bei den offiziellen EPA-Versuchen (Environment Protection Agency) mit 7,3 Liter je 100 Kilometer als sparsamster Wagen den Klassensieg davon trug – sehr mysteriös, die Sache, sehr mysteriös ...

Konventionell in Technik und Optik: 818 vor 1976.

560 kg Zuladung im »Variabel« getauften Kombi.

Wie ein kleiner Amerikaner: 818-Facelift 1976.

In den USA lief der 818 zeitweise als Mizer.

Optimistischer Heckaufkleber: Mazda 818, 1976.

MODELLE, VARIANTEN, PREISE

Modellreihen:	Viertürige Limousine, Coupé, Kombi
Motoren:	1586 cm³ / 55 kW (75 PS) bei 5000/min
	1272 cm³ / 44 kW (60 PS) bei 5500/min
	ab 9.75
Ausstattung:	Verbundglas-Windschutzscheibe, Liegesitze mit integrierten Kopfstützen, getönte Scheiben, Heckscheibe heizbar. Scheiben-wisch-/Waschanlage, abschließbarer Tank-deckel. Rückfahrscheinwerfer. Coupé: Drehzahlmesser, Mittelkonsole, Zeituhr.
Varianten:	1600 – 1300
Preise (DM):	8.980,- / 9.960,-

Chronik:

1973 Juni: Der 818 als Coupé und Limousine wird zum Mazda-Einstiegsmodell. Nur mit 75-PS-Maschine lieferbar. Die Ausführung mit Wankel-Motor läuft als RX-3.

1975 November: Neue Karosserievariante: Viertüriger Kombi mit umklappbarer Rücksitzbank. (1,3 l: DM 10.090,-; 1,6 l: DM 10.500,-)

1976 Januar: 1,3-Liter-Motor eingeführt (mit Automatik für Limousine). Modellpflege: Rund- statt Recht-eckscheinwerfer, anderes Felgendesign, Brems-kraftverstärker, Stoffbezüge.

1977 1600er-Triebwerk kann nicht mehr für viertürige Limousine bestellt werden; Kombi und Coupé weiterhin mit beiden Motoren lieferbar.

1978 Zum Herbst werden die Coupé-Versionen aus dem Programm gestrichen.

1979 Offizielles Ende im Juli.

Projekt X508: Der Nachfolger des 1000/1300.

Rekord: 6900 Bestellungen am Einführungswochenende.

Mazda 323
Golf aus Hiroshima

Die Traditionsbaureihe Familia, erstmals 1964 aufgelegt, 1967 und 1973 renoviert, kam 1974 als Mazda 1000/1300 nach Deutschland. Die vierte Familia-Generation hieß in Europa Mazda 323 und wurde zum Bestseller. Bereits im Startjahr 1977 entfielen mehr als die Hälfte der Mazda-Neuzulassungen auf den Japaner im Europa-Look.

Mazda 323 (1977–1980)

Die feine Schrägheck-Karosserie des neuen Familia ließ die anderen Mitbewerber von der Insel ganz schön alt aussehen, weder der verknautschte Datsun Cherry F-11 noch der ruppige Toyota 1000 konnten mit dem flotten Jüngling konkurrieren. Wer genauer hinsah, entdeckte unter dem europäischen Maßanzug aber den altbekannten Kimono: Weder der Hinterradantrieb noch die längs stehenden Vierzylinder-Motoren aus den 1000/1300er-Typen waren eine Offenbarung.

Fortschritte waren allerdings auf dem Fahrwerksektor unverkennbar. Schraubenfedern ersetzten hier die Blattfederpakete und die Starrachse hing jetzt an doppelten Längslenkern. Dennoch gehörte die Fahrwerksauslegung immer noch ein wenig zu den Schwachstellen der 70er-Jahre-Mazda – was aber die Tester sehr viel mehr störte als die Käufer, die den 323 zu einem regelrechten Erfolgsmodell machten: Kunden mussten sich auf Lieferzeiten von zwei bis drei Monaten einstellen. Dass Mazda von 1976 auf 1977 seine Absatzzahlen auf 15.363 Einheiten verdoppelte, war allein dem 3,85 Meter langen Kompakten zu verdanken, auf den mehr als 50 % der Mazda-Verkäufe entfielen.

Was sich ebenfalls nicht geändert hatte, war die außergewöhnliche Zuverlässigkeit und Robustheit der Mazda-Einstiegsserie. Mit dem 323 wurde, publikumswirksam, eine Fernfahrt durchgeführt, die in 40 Tagen von Hiroshima bis zur IAA-Premiere nach Frankfurt führte – ein 15.000-Kilometer-Trip, der »bis auf ein Delle durch einen nachtwandelnden Büffel und eine Reifenpanne« ohne den geringsten Defekt verlief, wie die Mazda-Werber betonten.

Im September 1978 erweiterte Mazda dann sein Angebot für Deutschland um die Varianten 323 S, 323 SP und einen Kombi namens »Variabel«, letzterer mit Blattfedern an der Hinterachse. Herzstück war der neue Vierzylinder-Motor mit 1,4 Liter Hubraum und 70 PS, der kultivierter, wesentlich sparsamer und agiler als die älteren und kleineren Mazda-Aggregate agierte. Im Vergleich zu früher war damit schon ein Siebenmeilenschritt nach vorn gelungen. Doch auch im Vergleich zur Konkurrenz? Zur japanischen allemal, und ein Opel Kadett in der City-Ausführung hatte auch kein besseres Konzept, aber die deutlich schlechtere Gebrauchtwagenprognose: In den einschlägigen Kaufberatungen und TÜV-Tests wahrte nur der 323 den Nimbus der Unverwüstlichkeit.

Die Karosserie war moderner als das technische Konzept – auch beim Concept-Car von 1979.

Nach der Modellpflege 1979 mit Rechteck-scheinwerfern und neuem Kühlergrill.

MODELLE, VARIANTEN, PREISE	
Modellreihen	Schrägheck-Limousine drei-/fünftürig; Kombi viertürig
Motoren	985 cm³ / 33 kW (45 PS) bei 5500/min 1272 cm³ / 44 kW (60 PS) bei 5500/min 1425 cm³ / 71 kW (70 PS) bei 5700/min ab 9.78
Ausstattung	Frontscheibe Verbundglas, heizb. Heck-scheibe, Ausstellfenster h., Gepäckraum-abdeckung, dreistufiges Gebläse, Rücksitz-lehne umklappbar, abschließbarer Tank-verschluss. 1300: geteilt umklappb. Rücksitzlehne.
Varianten	1000 – 1300 – 1,4 Variabel/SP
Preise (DM)	Ab 8.490,-

Chronik:

1977 Februar: Mazda präsentiert den 323 als Nachfolger der 1000/1300-Typen. Lieferbar mit den bekannten Motoren als Zwei- und Viertürer mit Heckklappe, Frontdesign erinnert an den Mazda 818.

1978 Im Frühjahr 323/1300-Zweitürer jetzt auch mit Vierganggetriebe und Automatik lieferbar; Sonderserie »Special« mit einer Auflage von 1600 Exemplaren aufgelegt, Ausrüstung wie die späteren SP-Modelle mit Ausnahme des Motors. Modellpflege: Modifikationen an Motor, Bremsanlage und Interieur. Tachometer geht nun bis 160 km/ h (vorher 150), Rücksitzlehne um 6 cm erhöht; Stoßstangenecken aus Kunststoff. September: Einführung des 323 als Kombi (»Variabel«) mit vier Türen, DM 11.390,-. Technik identisch bis auf Motor (neues 1,4-Liter-Triebwerk, Vierganggetriebe), Hinterradaufhängung (Blatt-statt Schraubenfedern) und größeren Tankinhalt. Einführung »323 SP«. Motor wie Variabel, dazu Fünfganggetriebe, H4-Scheinwerfer, Dekorstreifen, neue Instrumententafel, Sportsitze und -lenkrad. Zierleisten mattschwarz. DM 11.390,-.

1979 September: Facelift zur IAA: Rechteck-Schein-werfer, Kühlergrill mit quer verlaufenden Rippen, glattflächige Motorhaube, größere Heckleuchten und höhenverstellbare Kopfstützen.

1980 Im Frühjahr erhalten die 1300er Halogen-Schein-werfer und Intervallschaltung serienmäßig. Der Frontantriebs-323 erscheint zur Wachablösung im November, der Variabel bleibt unverändert im Programm.

Stärkstes Stück neben dem SP: der Variabel.

In den USA und Kanada hieß er GLC (Great Little Car). Üppig ausgestattet: der 323 als Rechtslenker.

Mazda 323 (1980–1985)

Neu: Frontantrieb und die Motoren der »E«-Generation (E für economy, Wirtschaftlichkeit). Sie bauten sieben Zentimeter kürzer und waren zehn Kilo leichter. Die drei neuen Motoren waren in der Konzeption mit Querstromzylinderköpfen aus Leichtmetall, obenliegender Nockenwelle und halbkugeliger Brennraumform den alten ähnlich, aber im Detail mit zusammengegossenen Zylindern, leichteren Kolben und Leichtmetall-Kipphebeln wesentlich moderner. Sie sorgten für standesgemäßen, wenn auch etwas lauten Vortrieb. Außerdem waren sie sparsamer und boten erheblich bessere Fahrleistungen.

Verbessert: das Fahrwerk. Mehr Platz zwischen den Achsen, eine außergewöhnliche Spurbreite und ein völlig neues Fahrwerkslayout mit Einzelradaufhängung an allen vier Rädern (Ausnahme: der Kombi) sorgten für ein absolut problemloses Fahrverhalten in allen Lebenslagen, nur das GT-Topmodell stellte den Sport vor Komfort.

Zeitgemäß: das Styling. Mit klarer und sauber geformter Frontpartie im Stil des 626, großen Fensterflächen und guter Rundumsicht distanzierte er sich schon optisch deutlich vom Vorgänger. »Technik und Styling könnten aber ebenso gut aus Deutschland kommen«, lobte der *mot*-Test.

Vorbildlich: die Raumökonomie des 323. Genügend Raum für Fahrer und Beifahrer, viel Kopf- und Beinfreiheit für die Hintensitzenden wurden in jedem Test gelobt und waren deutlich über dem Klassenstandard.

Von Chef-Designer Matasaburo Maeda sachlich und schnörkellos gezeichnet, orientierte sich der neue 323, Typ BD1, am Klassenprimus Golf, zumindest was die Außenabmessungen anging. Innen stellte er das große Vorbild klar in den Schatten. Deutsche Tester schwärmten von den geradezu »saalartigen« Abmessungen und attestierten ihm die größte Innenbreite in seiner Fahrzeugklasse.

Überwältigend: der Erfolg. »Im klassischen Sinne benötigt der neue Mazda 323 sicher keine Verkaufsförderung. Seine neue Konzeption, sein Preis-Angebotsverhältnis wird es sein, die ihm den Start in Deutschland erleichtern und einen Kundenkreis erschließen«, prophezeite die deutsche Mazda-Zentrale ihren Händlern bei der Einführung. Mit dieser Einschätzung lag man goldrichtig: Der 323 wurde zum meistgekauften japanischen Auto im Deutschland der frühen Achtziger, rund 55.000 Stück waren es allein in den ersten beiden Jahren.

Der Mazda 323 in der zweiten Generation, 1980.

MODELLE, VARIANTEN, PREISE

Modellreihen:	Schrägheck-Limousine drei-/fünftürig; viertürige Stufenhecklimousine; Kombi
Motoren:	1071 cm³ / 40 kW (55 PS) bei 6000/min
	1296 cm³ / 44 kW (60 PS) bei 6000/min
	1415 cm³ / 51 kW (70 PS) bei 5700/min
	1490 cm³ / 63 kW (85 PS) bei 6000/min
	1490 cm³ / 52 kW (72 PS) bei 5500/min ab 4.82
	1490 cm³ / 55 kW (75 PS) bei 5500/min ab 4.82
Ausstattung:	Für alle Modelle außer dem 1,1: Beifahrersonnenblende, Gepäckraumabdeckung, Teppichboden, Kofferraumbeleuchtung, Scheibenwischer-Intervallschaltung. GT: Rechter Außenspiegel, höhenverstellb., Heckwischer.
Varianten:	323 1,1 – 1,3 – 1,5 GT – 1 4/1,5 Kombi
Preise (DM):	Ab 10.990,-

Chronik:

1980 November: 323 als Zwei- und Viertürer vorgestellt, drei neuentwickelte Motoren stehen zur Wahl. Der hinterradgetriebene Kombi wird in der 79er-Form weitergebaut.

1981 Mai: Im Rahmen eines DDR-Handelsabkommen mit Japan erfolgt der Export von 10.000 Einheiten des Mazda 323 (Dreitürer, 60 PS). Die Auslieferung erfolgte über den IFA-Vertrieb, der Preis lag bei 25.000 Mark der DDR. Der Service-Auftrag wurde vor allem an Wartburg-Werkstätten vergeben. 1000 Einheiten lieferte Mazda Motors Deutschland, 9000 Einheiten das japanische Handelshaus Etocho.
Oktober: Einführung der Stufenheck-Limousine mit 60 PS. DM 12.090.-.

1982 April: 1,5 Liter / 75 PS – Handschaltung oder Automatik – für die Limousine. Kombi, immer noch mit Hinterradantrieb, wird kräftig modernisiert; neben der Front im typischen 323-Look neuer 1,5-Liter-Motor mit 52 kW. Außerdem: mit 24.669 verkauften Exemplaren das erfolgreichste Jahr für die 323-Familie.

1983 Januar: Facelift: Haube zwischen die Scheinwerfer heruntergezogen, Kühlergrill mit drei Lamellen; Blinker vorn in die Stoßfänger integriert. Sitze besser gepolstert, neues Lenkrad. Kombi unverändert.

1984 Oktober: Beide Schrägheck-Varianten mit 1,5 Liter (55 kW) lieferbar. Drehzahlmesser, neues Lenkrad, neue Bezugstoffe. DM 13.490,-/13.990,-.

1985 Juli: Modellwechsel.

1983 erhielt der 323 eine neue Frontpartie im mittlerweile typischen Mazda-Familienlook.

Im April 1982 wurde der Variabel kräftig überarbeitet, es blieb aber beim Heckantrieb.

Beliebtestes Modell war der Fünftürer. Ihn gab es ab Oktober 1984 auch mit 1,5-Liter-Motor und 55 kW.

Als Studie entstanden: der 323 als EV mit Elektroantrieb, 1983.

Zwei Richtige: Kombi und Dreitürer, 1981.

Erstmals auch in Deutschland: eine Stufenhecklimousine.

Immer noch unverkennbar ein 323: der neue Familia.

Die glatte Schnauze erinnerte an den 626.

Mazda 323 (1985–1989)

Bessere Aerodynamik, mehr Platz, bessere Fahreigenschaften, gestiegener Fahrkomfort und ein gefälligeres Design nach Art des Hauses enthielt das Lastenheft für den »Drei-zwo-drei« Nummer drei, den blechgewordenen Bausparvertrag aus Hiroshima.

Im Mai 1983 rollte der erste von 280 Prototypen. Die Fahrversuche fanden auf der Teststrecke von Miyoshi, 70 Kilometer nördlich von Hiroshima gelegen, statt. Dann wurde auf Japans Straßen der Ernstfall geprobt. Schließlich ging es auf Weltreise; USA, Kanada, Australien, Skandinavien gehörten zum Programm, das Schlimmste stand am Schluss – die Parforcejagd auf bundesdeutschen Autobahnen. Schrott gab es natürlich jede Menge, rund 80 der teuren Einzelstücke wurden bei Crashtests vernichtet. Das Resultat dieses emsigen Bemühens kam schließlich Mitte 1985 nach Deutschland.

Zweifelsohne präsentierte sich die 1986er Auflage des Mazda Einstiegsmodells gründlich aufgemöbelt – mit größerem Blechkleid, anständigen Sitzen, kundenfreundlich überarbeitetem Fahrwerk und neu tapeziertem Innenraum.

Markantester Punkt dieses Neuheitenpakets war die in allen Dimensionen gewachsene Karosserie – der Dreitürer schrammte haarscharf an der Viermeter-Grenze vorbei – mit günstigerem c_W-Wert und geringerem Verbrauch. Feinfühlig überarbeitet zeigte sich das Motorenangebot mit 1,1-, 1,3- und 1,5-Liter-Motor. Einziges Zeichen von Unvernunft war der neue 1,6-Liter-Motor für den 323 GT. Der B6-Serie-Motor mit Bosch-L-Jetronic gab den jungen Wilden, passend zur spoilerbewehrten Karosserie. Verstärkte Stabi-Querschnitte, straffere Dämpfer und eine üppigere Bremsanlage mit Scheiben auch an der Hinterachse sowie die serienmäßige Servolenkung sollten für Traktion in jeder Lage sorgen. Verglichen mit den echten Rabauken vom Schlage eines Peugeot 205 GTI oder eines Fiat Uno Turbo gehörte der GT – so zumindest das Fazit des *mot*-Vergleichs – dennoch eher zu den Braven.

Kompromisslose Sportlichkeit hatte dann der 323 Turbo 4WD 16V, der wilde Hund, der im September 1986 ins Programm rückte, reichlich zu bieten. Neben Turbolader mit Ladeluftkühlung (150 PS) sowie permanentem Allrad samt Zentraldifferential und zuschaltbarer Sperre gehört zu den Highlights ein adaptives Fahrwerk von fraglichem Wert, das die Bodenfreiheit des Wagens um 30 mm erhöhte. Damit rückte der Turbo allerdings an die 30.000-Mark-Grenze, was seiner Verbreitung doch enge Grenzen setzte.

MODELLE, VARIANTEN, PREISE	
Modellreihen:	Schrägheck-Limousine drei-/fünftürig; viertürige Stufenheck-Limousine; Kombi
Motoren:	1071 cm³ / 40 kW (54 PS) bei 6000/min 1296 cm³ / 44 kW (60 PS) bei 6000/min 1490 cm³ / 55 kW (75 PS) bei 5500/min 1586 cm³ / 77 kW (105 PS) bei 6000/min 1586 cm³ / 63 kW (85 PS) Kat bei 5000/min 1586 cm³ / 110 kW (150 PS) Turbo bei 6000/min 1313 cm³ / 44 kW (60 PS) Kat bei 5500/min 1480 cm³ / 54 kW (73 PS) Kat bei 5500/min 1585 cm³ / 63 kW (85 PS) Kat bei 5000/min 1585 cm³ / 103 kW (140 PS) Turbo-Kat bei 6000/min 1708 cm³ / 42 kW (57 PS) D bei 4700/min 1708 cm³ / 40 kW (54 PS) D bei 4700/min ab 9.87
Ausstattung:	Getönte Scheiben, von innen verstellb. Außenspiegel, Heckscheibenwischer, Fahrersitz mit Lendenwirbelstütze, Warnsummer für Licht, geteilt umklappb. Rücksitzbank. GLX: Drehzahlm., Sportlenkrad, Breitreifen. GT: Niederquerschnittsreifen, Doppelheckspoiler, Servo.
Varianten:	1,1 – 1,3 LX – 1,4 LX Kat – 1,6i LX – 1,5 GLX 1,6i GT – 4WD Turbo – GTX – 4WD GTX
Preise (DM):	Ab 12.900,-

Der Kombi wurde 1986 auf Frontantrieb umgestellt.

Nach der Überarbeitung im Herbst 1987 waren die 323 nur noch mit geregeltem Katalysator oder Diesel-Motor zu haben.

Chronik:

1985 Juli: Deutschlandstart; Grundmodelle, ob Schräg- oder Stufenheck, heißen LX, besser ausgestattete GLX. Vier Triebwerke zur Auswahl, Topmodell trägt die Bezeichnung GT und erscheint mit neuentwickeltem 1,6 Liter-Einspritzer. Kat nur für 1,6 l lieferbar (Preise von DM 15.900,- bis 17.900,-). Kombi in alter Form weitergebaut.

1986 Mai: Kombi mit Frontantrieb und im neuen Design lieferbar. Nur 75 PS und GLX-Ausstattung, DM 16.950,-.
September: Diesel-Triebwerk für alle Karosserien, Preise von DM 16.180,- bis 18.750,-.
Oktober: Neues Spitzenmodell 4WD Turbo: 16V, Turbo mit Ladeluftkühlung, permanenter Allradantrieb, L-Jetronic, Niveauregulierung, Servo, LM. Auffälliger Spoiler. Preis 29.930 Mark, lieferbar ab Jahresende. Mit elektr. Stahlschiebedach, EFH und Aerokit: DM 32.430,-.

1987 September: Neuordnung der Modellpalette, Modellpflege, neue Motoren. Nur noch Kat- oder Dieselmotoren, Hubraum Benziner 1,4, 1,5 und 1,6 Liter, Diesel 1,8 l. Leicht abgeschrägte Scheinwerfer; Begrenzungsleuchten und klare Blinkeinheit greifen weich um die Flanke. Kennzeichenfeld am Heck schwarz. Spitzenversionen GTX und 4WD GTX unterscheiden sich durch ihren Kühlergrill im Stil der Gruppe A-Rallye-Mazdas und den Lufteinlass in den Stoßstangen. Insgesamt 16 Versionen zur Wahl, Basis: 323 1,4 LX Kat für DM 15.500,-; teuerste Version: GTX 4WD für DM 33.950,-.

1988 März: »Sonderwunschmodell 323 mit Musik«: Basis 323 GLX, dazu Stereo-Kassettenradio, Lautsprecher, Antenne, Dekor. Schräg-/Stufenheck, DM 18.600,- bis DM 19.900,-.
September: »Sonderwunschmodell 323 Sport« und »323 Luxus«: Sport: Basis GLX, Grill und Spoiler in Wagenfarbe lackiert, elektrisch einstellbare Außenspiegel, ebenfalls lackiert; Servo, Reifen 175/70 HR 13, Sportlenkrad. Andere Radkappen, ausschließlich mit 63 kW (G-Kat) als Dreitürer. Nur in Weiß lieferbar. DM 18.950,-. Luxus: Fünftürer, 44-kw-Motor mit U-Kat. Basis LX, auf GLX-Niveau hochgerüstet, Servo, elektr. einstellb. Außenspiegel, Reifen 175/70 SR 13. DM 17.950,-.

1989 Im Frühjahr: Neuauflage des »323 Sport«, auch in Rot. DM 19.950,-.
September: IAA-Premiere für den neuen 323, ab Ende des Monats im Verkauf.

Trotz Plastik: wohnlicher Innenraum.

Mazda 323 Turbo 4WD 16V: Allrad permanent.

Nur als Prototyp vorgestellt: Familia-Cabriolet 1985.

Mazda 323 als Dreitürer mit Schrägheck.

Vierstufen-Automatik nur mit dem 1,6-Liter-Motor.

Mazda 323 (1989–1994)

Dezent im Hintergrund hielt sich der neue 323 auf der Frankfurter IAA und ließ anderen den Vortritt. Dem MX-5 Miata zum Beispiel. Alle Welt scharte sich um ihn und feierte die Wiedergeburt glorreicher Roadster-Herrlichkeiten; das Mazda-Volumenmodell in der Golf-Klasse blieb dabei etwas unbeachtet in der Ecke stehen. Dabei hatte er wahrhaftig keinen Grund, sich zu verstecken: Mit vergrößertem Raumangebot, verbesserter Aerodynamik und im Vergleich zu den bisherigen 323-Modellen steiferer und gleichzeitig besser gedämmter Karosserie hatten die Mazda-Entwickler ganze Arbeit geleistet. Das sah man eben nur nicht auf den ersten Blick, was eigentlich schade war: So vielfältig und dabei gelungen hatte sich noch keine 323-Generation zuvor gezeigt.

Auf sich aufmerksam machte das hübsche Trio aus Hiroshima alsbald selbst. Schräg- und Stufenhecklimousine waren auf den ersten Blick als Mazda 323 und erst auf den zweiten an den schmalen Scheinwerfern als neu zu erkennen, der 323 F fiel sofort als neu auf, konnte dafür aber nicht als 323 klassifiziert werden. Klappscheinwerfer und Fließheck – und dabei vier Türen plus Heckklappe –, all das passte wenig in diese ansonsten brave Modellfamilie, in der fünf Motoren und drei Ausstattungspakete für Abwechslung sorgten. Beim Kombi indes war alles beim Alten geblieben, schließlich hatte man seinen Arbeitsanzug erst 1986 aufgebügelt.

Die Tester stürzten sich mit Begeisterung auf das viertürige Coupé. *Auto motor und sport* unterzog den F einem 100.000 Kilometer langen Dauertest. Das Ergebnis war eine äußerst deprimierende Angelegenheit, zumindest für die Konkurrenz. Keine einzige Panne – »ein leuchtendes Beispiel für Zuverlässigkeit«, resümierten die Tester. Die *mot*-Tester scheuchten einen roten F über 60.000 Kilometer – ohne Befund – und bei den Kollegen von *Auto Bild* rückte ein weiterer Fließheck-Fünf-

türer zum Dauertest ein. Auch dort absolvierte der mit 84, 103 und 128 PS lieferbare 323 F die Marathondistanz ohne die geringste Beanstandung. Im Verkaufsmix der 323-Reihe avancierte der Schlafaugen-Viertürer zum wichtigsten Modell, gut 40 % der Neuzulassungen entfielen auf die eigenwillige Fließheckvariante, die sich auch auf dem Gebrauchtmarkt zu einem echten Renner entwickelte. Und spätestens dort hatte er seinen ganz großen Auftritt.

MODELLE, VARIANTEN, PREISE	
Modellreihen:	Schrägheck-Limousine zweitürig, Stufenheck-Limousine viertürig. Coupé F mit Fließheck und vier Türen. Kombi.
Motoren:	1324 cm³ / 49 kW (67 PS) bei 5200/min 1324 cm³ / 54 kW (73 PS) bei 5200/min ab 6.92 1598 cm³ / 62 kW (84 PS) bei 5200/min 1598 cm³ / 65 kW (88 PS) bei 5300/min ab 6.92 1840 cm³ / 76 kW (103 PS) bei 5300/min ab 6.92 1840 cm³ / 94 kW (128 PS) 16V bei 6500/min 1720 cm³ / 41 kW (57 PS) D bei 4300/m 1840 cm³ / 120 kW (163 PS) Turbo 16V bei 5500/min ab 4.90 1840 cm³ / 136 kW (185 PS) Turbo 16V bei 6000/min ab 1.93
Ausstattung:	LX: Colorverglasung, höhenverstellbare Gurte vorn, geteilt umklappbare Rücksitzlehnen. GLX: ZV, höhenverstellbares Lenkrad, Drehzahlmesser. GT: Scheibenbremsen hinten, Sportsitze, EFH.
Varianten:	LX – GLX – GT – Coupé F – GLX 1,9 4WD – GLX 1,6/4WD – TX 1,9i 4WD
Preise (DM):	Ab 17.870,-

F-Coupé: zunächst mit 1,6 l und als 1,9-l-V6 lieferbar.

Für den 323 Schrägheck gab es vier Motorvarianten.

Basis für den Motorsport: Mazdas 323 GT-R, 1993.

Chronik:

1989 September: Auf der IAA wird die vierte 323-Generation präsentiert. Drei völlig eigenständige Karosserien, fünf Motoren, drei Ausstattungen. G-Kat serienmäßig. Schrägheck: 1,4 l / 67 PS; 1,6 i / 84 PS; 1,9 i / 128 PS; 1,8 l / 57 PS Diesel. Stufenheck: wie Schrägheck, Ausnahme: 1,9 l mit 103 PS. Fließheck Coupé F: 1,6 l / 84 PS; 1,9 l / 103 PS; 1,9 l / 128 PS. Ausstattungen: Schrägheck: LX, GLX, GT. Stufenheck: LX, GLX. Fließheck F: GLX, GT. Fahrzeuge mit Diesel und 1,4-l-Motor ausschließlich als LX; Fahrzeuge mit 1,6 l und 1,9 l (OHC, 103 PS) als GLX. GT-Ausstattung für Schrägheck und Coupé F mit 1,9-l-DOHC-Motor (128 PS). Bereits Ende September im Handel. Kombi in alter Form weitergebaut. Extras: Metallic-Lackierung 370,-; elektrisches Schiebedach 1300,-, Automatik 1500,-.

1990 März: Sondermodell »323 Flower Power«: Basis GLX Schrägheck (84 PS), u.a. mit LM 5 x 13.
April: Erweiterung der Modellreihe um die allradgetriebenen 323 Versionen: 323 TX 1,9i (120 kW); 323 GLX 1,9i (76 kW); 323 GLX 1,6i Kombi (63 kW). Alle Fahrzeuge verfügen über permanenten Allradantrieb, Kraftverteilung erfolgt über ein zentrales Planetendifferential auf die Achsen; Kraftverteilung 50:50. Elektromagnetisch zuschaltbare Differentialsperre. 323 TX mit Viskokupplung, Kraftverteilung 43% Vorder-, 47% Hinterachse. TX mit Turboaufladung, Ladeluftkühler, ABS, Breitreifen 195/60 R 14 auf 5,5 J x 14 LM-Felgen.
Mai: Mazda 323 Kombi 4WD mit Allradantrieb und 1,6-l-Motor eingeführt. Manuell sperrbares Zentraldifferential, wie GLX.

1991 März: Facelift mit optischen Retuschen an Bug und Heck, Einführung neuer 16V-Motor. Ab 1,6 l: Servolenkung serienmäßig. Mit 52.179 Einheiten erzielt der 323 einen bis heute unerreichten Verkaufsrekord für ein japanisches Auto in Deutschland.

1992 Oktober: Sportmodell GT-R als Homologationsbasis für die Wettbewerbsmodelle nach Gruppe N und Gruppe A vorgestellt. Basis TX, dreitürige Karosserie, in Stoßfänger integrierte Frontspoiler mit zusätzlichen runden Nebelscheinwerfern und Lufteinlassgittern. Haube mit drei Lufteinlässen, neuer Kühlergrill. Außenspiegel und Seitenleisten in Wagenfarbe. Allradantrieb mit Mitteldifferential und Visko-Sperre hinten. Motor: 1840 cm³, 136 kW. Spitze 218 km/h. Angekündigt für DM 39.770,-. Komfortpaket (ABS, EFH, Schiebedach): DM 3.730,-.

1993 Januar: Einführung GT-R, 500 Exemplare für Deutschland reserviert. DM 40.120,-, Komfortpaket: DM 3760,-.
März: Straffung und Neuordnung der Modellreihe. Ausstattungsstufen: LX, GLX, GLE, GT. GLE: ABS, beheizb. Außenspiegel.
Oktober: Sondermodell »Classic«: Stoßfänger und Außenspiegel in Wagenfarbe, elektr. Glasschiebedach. Nur Dreitürer mit 54 kW/73 PS, DM 22.960,-.
Sondermodell »Collection«: Stoßfänger und Außenspiegel in Wagenfarbe, elektr. Glasschiebdach, Dachheckspoiler. Nur Dreitürer mit 54 kW/73 PS, DM 22.990,-. Sondermodell »Dynamic«: Basis GLX, dazu Lenkrad-Höhenverstellung, Lederlenkrad und -schaltknauf, GT-Sportsitze, Metallic. Nur 65 kW/88 PS im 323 F, DM 27.990,-.

1994 März: Sondermodell 323 F »Dynamic II«: Ohne Lederlenkrad und -schaltknauf, sonst wie Dynamic I, DM 27.760,-.
Sondermodell »Graffity«: Stoßfänger und Außenspiegel in Wagenfarbe, EFH, ZV, vollwertiges Ersatzrad, Sonderpolster. Nur Dreitürer mit 54 kW/73 PS, DM 22.990,-

Kennzeichen C: Der sehr sportiv gezeichnete Dreitürer 323 C.

Mazda 323 (1994–1998)

Viele Köche, so heißt es gemeinhin, verderben den Brei. Stimmt aber nicht immer, wie Japans Chefköche im August 1994 mit der 323-Neuauflage bewiesen: Der Dreitürer entstand im japanischen, der Viertürer im kalifornischen und der Fünftürer im europäischen Mazda-Entwicklungszentrum im hessischen Oberursel.

Die vereinten Nationen auf Rädern präsentierten sich als komplette Neukonstruktionen und zeigten dabei ein ganz eigenes Design. Früher als die Konkurrenz setzte Mazda auf emotionales Design, um Käufer zu gewinnen.

Es blieb vorerst beim bekannten Modellmix mit drei Karosserieformen – der Kombi war gestrichen worden –, drei Ausstattungslinien und vier verschiedenen Motoren mit 1,4, 1,5, 1,9 und 2,0 Litern Hubraum. Als Basismotorisierung für den Dreitürer mit der Zusatzbezeichnung C diente der auch im 121 und dem Vorgänger verbaute 1,4-Liter mit 1324 cm³, ein OHC-Vierzylinder mit Vierventiltechnik. Beim 1,5 Liter, zu haben im coupéhaften Dreitürer 323 C und im viertürigen 323 S, handelte es sich um eine Neukonstruktion mit 1489 cm³. Das DOHC-Aggregat mit LH-Jetronic leistete 88 PS. Der 1,9-Liter-Vierzylinder mit 114 PS für den 323 F war wiederum in Deutschland noch nicht in Erscheinung getreten, der 2,0 Liter dagegen schon: Dieser feine V6-Motor mit 144 PS stammte aus dem Xedos-Regal.

Das Fahrwerk war ebenfalls bekannt, die Feinarbeit steckte im Detail. Und die passive Sicherheit war auch besser, beim Vormodell waren die Techniker Mitte der Neunziger bei einem – durchaus diskussionswürdigen – Crashtest von der Presse abgewatscht worden. Doch das war Schnee von gestern: Mit einer punktuell verstärkten Karosserie, Flankenschutz in den Türen, Gurtstraffern und Airbags (wenn auch am Anfang nicht für alle Modelle serienmäßig) sowie einem je nach Modell vorhandenen ABS hatte der 323 alle Sicherheitsfeatures, die Mitte der

Neunziger vernünftigerweise bei den Kompakten erwartet werden durften. Mit »Optimismus«, verkündete Deutschland-Geschäftsführer Albert Hogrewe bei der 323-Präsentation, erwarte man eine deutliche Marktbelebung.

Der 323 C trug dazu allerdings wenig bei: Der grazile Dreitürer kam nicht so gut an wie erwartet, so dass bereits zweieinhalb Jahre später – der 323 LX war inzwischen ausgelaufen – der deftigere 323 P mit konservativerem Schrägheck im Golf-Stil nachgereicht werden musste. Der kam besser an als der jugendliche C. Und die günstigen Einstiegspreise, die schmeckten jedem.

MODELLE, VARIANTEN, PREISE	
Modellreihen:	Fließheck-Limousine dreitürig, Stufenheck-Limousine viertürig. Fließheck fünftürig. Steilheck dreitürig.
Motoren:	1324 cm³ / 54 kW (73 PS) bei 5200/min 1498 cm³ / 65 kW (88 PS) bei 5200/min 1840 cm³ / 84 kW (114 PS) bei 5300/min 1995 cm³ / 106 kW (144 PS) V6 bei 6500/min 1720 cm³ / 60 kW (82 PS) TD bei 4300/m bis 1.97 1998 cm³ / 52 kW (71 PS) TD bei 4300/min ab 4.97
Ausstattung:	1.4: 1 x Airbag, Colorglas, Stoßfänger lackiert, Servo, umklappb. Rücksitzlehne, Fernentr. Heckklappe. 1.5: Schmutzfänger v., ZV, Lenkrad höhenverstb., Drehzahlm., Fahrers. höhenverstellb., Leselampen vorn, Türablagen. 1.9: Spiegel elektr. einstellb., Türschloss beleuchtet, EFH v., höhenverstellb. Kopfstützen. 2.0 F: beheizb. Außenspiegel, Domstrebe, Doppelendrohr. F GT: LM, Spoilersatz, Nebelscheinw.
Varianten:	C: 1.4 Youngster/1.4/1.5/1.9 – S: 1.4/1.5/1.9/1.7 TD – F: 1.5/1.9/2.0/2.0 GT
Preise (DM):	Ab 24.990,-

Ohne Klappscheinwerfer, aber mit V6: 323 F, 1996.

Den 323 P gab es nur als Dreitürer.

323-Familie 1997: F (v.l.), C (v.r.), S (h.r.) und P (h.l.)

Der 323 S hatte einen Radstand von 2605 mm.

Chronik:

1994 August: Einführung der neuen 323-Generation.
September: Einstiegsmodell 323 C Youngster ohne Airbag und ABS. 73 PS, DM 22.990,-.
Mazda 323 LX (Dreitürer, 73 PS) aus der Vorgängerbaureihe parallel dazu weiter angeboten. Ohne Airbags, DM 21.960,-.

1995 März: Fahrer- und Beifahrerairbag für alle Modelle serienmäßig, Wegfahrsperre. Als letzter der angekündigten Motoren ist der 1,9 l mit 114 PS lieferbar. Ab DM 31.230,-.
Mai: Einführung des 1,7-l-TD. Isuzu-Basis, überarbeitet von Mazda (Ansaug- und Abgastrakt, Ladeluftkühler). Lufthutze auf der Motorhaube. Nur für S-Modelle. Ab DM 31.590,-.
September: Sondermodelle »Xtra«: Alle Modelle (1,5 l): ZV mit Fernbe., EFH vorn, elektr. verstell-/beheizb. Außenspiegel, Metallicl.

1996 April: Sondermodelle (alle Karosserien) 323 C / 323 S / 323 F »Gold«: Lederlenkrad und -schaltknauf, ZV mit Fernbed., Metalliclack, EFH. DM 26.490,-/28.990,-/29.240,-.
August: Sondermodell 323 F »Holiday«: 88 PS, Lederlenkrad, ZV mit Fernbed., Metalliclack, Velours. DM 28.840,-.
September: Sondermodelle »Travel«: EFH, Lederlenkrad und -schaltknauf, elektr. Außenspiegel, Metalliclack. Alle Karosserievarianten, von DM 27.280,- bis DM 29.830,-.
Sondermodelle 323 F »New York«: EFH, ZV, elektr. Schiebedach, 15-Zoll-LM. DM 30.980,-.

1997 April: Einführung 323 P (Schrägheck, dreitürig). Motoren: 73 / 88 PS, Ausstattungen Basis, Comfort, Luxury. Airbags, ab DM 23.390,-. Alle Modelle: Klimaanlage jetzt für DM 790,- lieferbar.
August: Lieferbeginn 323 P mit Diesel-Motor.

1998 Januar: Sondermodell »Topline«: Alle Karosserien, Klima und ABS.
April: Sondermodell »Edition«: Nur 323 F 1,5: Klima, ABS, Leder, Fernbe. für ZV, EFH h., Nebelscheinw., LM, Metallic-Lack (Heckspoiler farbig abgesetzt).
September: Premiere für den Nachfolger.

Mitte 1998 erschien eine völlig neue 323-Generation.

Ausgestattet mit allen klassenüblichen Nützlichkeiten.

323 Dynamic: Sondermodell mit Mehrwert, Juli 2002.

Drei Benziner und ein Diesel wurden angeboten.

Mazda 323 (1998–2002)

Eine Automarke, die ins Trudeln geraten ist, gibt sich bei einer Neukonstruktion ganz besonders viel Mühe – und bei einer langjährigen Stütze des Modellprogramms sowieso.

Beides traf Ende der Neunziger auf Mazda und den 323 zu, und ein bisserl enttäuscht war man schon, wenn man der sechsten Generation – Typkennung BJ – des Evergreens ins freundlich-unverbindliche Antlitz blickte. Für einen Superhelden wirkte der neue Mazda ziemlich unauffällig, gar ein wenig freudlos. Clark Kent, nicht Superman.

Die 323-Reihe wurde nur noch in zwei Karosserievarianten angeboten: als fünftüriges Schrägheckmodell 323 F und als viertürige Limousine; der außerdem angebotene Dreitürer 323 P stammte noch von der Vorgängergeneration. Drei Benzin- und ein Dieselmotor traten an, die Mazda-Welt zu retten, ein jeder ein etwas brummiger, nicht übermäßig drehfreudiger Vierzylinder. Neu waren der 1,5-Liter- und der 1,8-Liter-DOHC 16V-Benziner. Der 1,3-Liter-OHC-16V stammte im Prinzip aus dem Vormodell, ebenso der Wirbelkammer-Saugdiesel.

Das Fahrwerk wurde mit zahlreichen 626-Komponenten verbessert, der Radstand auf 2610 mm verlängert und die Ausstattung verfeinert. Natürlich hatten auch die Konstrukteure den 323 mit allen klassenüblichen Nützlichkeiten ausgestattet, vier Airbags, fünf Kopfstützen und jede Menge automatisch aufrollender Sicherheitsgurte sinnvoll und unauffällig untergebracht. Das Cockpit war eine blitzblank aufgeräumte Kunststofflandschaft, wie man von der um 14 Zentimeter erhöhten Fondbank aus gut feststellen konnte. Letztere ließ sich, sehr pfiffig, um 16 Zentimeter auch noch nach vorne schieben. Für optische Reize sollte die neue Mazda-Designsprache »Contrast in Harmony« sorgen. Die Marketinggelehrten sprachen von einem Fahrzeugdesign, »das die Energie ... und ihre Umsetzung in kraftvolle Bewegung« verkörpern sollte und »die Fähigkeit ausdrückt, diese Kraft zu kontrollieren«.

War, wie häufiger, wenn man dem Marketing das Wort erteilte, viel Wortgeklingel. Der Händler an der Ecke – bundesweit gut 800 – kramte lieber die letzten TÜV- und ADAC-Statistiken hervor, die Gebrauchtberatungen und Testberichte: »Musterschüler« hieß es da, von einer »fast perfekten Rostvorsorge« war die Rede, es wimmelte von »gut verarbeitet, robust und extrem zuverlässig«, von »kaum Schwachstellen« und »überdurchschnittlich gut«. Ein echter Superheld hätte das auch nicht besser hingekriegt.

MODELLE, VARIANTEN, PREISE

Modellreihen:	Stufenheck-Limousine viertürig. Fließheck fünftürig.
Motoren:	1324 cm³ / 54 kW (73 PS) bei 5500/min 1498 cm³ / 65 kW (88 PS) bei 5500/min 1598 cm³ / 72 kW (98 PS) bei 5500/min ab 1.2001 1840 cm³ / 84 kW (114 PS) bei 6000/min 1991 cm³ / 96 kW (131 PS) bei 6000/min ab 1.2001 1998 cm³ / 66 kW (90 PS) DI bei 4000/min ab 1998 cm³ / 74 kW (100 PS) DI bei 4000/min ab 1.2001
Ausstattung:	Comfort: 4 x Airbag, ABS, ZV. Exclusive: TCS, Nebelscheinwerfer, Reifen 185/65 R 14, elektr. verstell./beheizb. Außenspie- gel, EFH v., Fernbed. für ZV, Drehzahlm., höhenverstellb. Fahrersitz und Lenkrad, Beifahrersitzlehne umklappbar. Sportive: LM 195/55 R 15, Türgr./Rückspiegel in Wagenfarbe, Auspuffblende, Audiosystem mit Lenkradfernbed.
Varianten:	323 F 1,4i/1,5i/1,9i – 323 S 1,4i/1,5i
Preise (DM):	Ab 26.320,-

Chronik:

1998 September: Verkaufsstart, wer bis dahin geordert hat, bekommt die Klimaanlage (DM 1500,-) auf-preisfrei mitgeliefert. Nur der 323 P wird unverän-dert vom Vormodell übernommen. Nur P-Modell: Das optionale Plus-Paket (LM, CD-Radio, Autobox hinten) beinhaltet jetzt auch eine Klimaanlage. Stufenheckmodell um DM 500,- teurer als der Fünftürer (F-Modell).

1999 November: Sondermodell »Active«: Basis Sportive 1,5i, dazu Klima, Metalliclack, Veloursbezüge, Dachreling mit Querträger. DM 28.740,-

2000 Mai: Im Rahmen einer Sonderaktion als 323 S und 323 F Active mit Klimaanlage. DM 27.960,- / 29.340,-.
Oktober: Der 323 P als Basismodell fällt aus dem Programm.

2001 Facelift: Neuer Grill, neue Scheinwerfer mit inte-grierten Blinkern. 1,6-l-Motor ersetzt bisherigen 1,5 l, ein 2,0 l den 1,9 l. 2,0 Diesel (DITD) jetzt 100 PS. Scheibenbremsen hinten für alle außer Basis, Radaufhängung vorn nur ein Querlenker, doppelte Gummilager vorn, Lenkmodifikationen, Servolen-kung alle Modell serienmäßig. Sportive F: 131 PS, 6 x Airbag, weiß unterlegte Armaturen, silberfar-bene Applikationen innen, ABS, Stabilitätskontrol-le, Frontschürze, Schwellerleisten. DITD nun auch als Comfort lieferbar. Gestrafftes Programm, Preis-senkung, ab DM 26.890,-.

2002 August: Sondermodell 323 »Dynamic«: 1,6 l / 2,0 l TD: 15-Zoll-LM, Carbon-Applikationen, sonst wie 1,6 Sportive.

323 S als Stufenheck und 323 F als Schrägheck.

323 F: Kofferraumvolumen von 335 bis 412 Liter.

Als Studie gezeigt: 323 MPS

Mazda3: frischer Wind im C-Segment.

Typisch: Fensterdreieck in der C-Säule und fünfeckiges Heckfenster.

Mazda3
Japan-Dreier

Bei einer Länge von 4,50 Metern verschwimmt das, was früher Kompakt- und Mittelklasse voneinander trennte: Ein 323 mit so viel Platz wie nie, so viel Luxus wie nie, so schnell wie nie und einer solchen technischen Dichte wie nie. Anders gesagt: Der Dreier aus Hiroshima war eine kleine Sensation. Dass die Designer den europäischen Auftritt so perfekt beherrschen, ist maßgeblich der deutschen Kreativschmiede in Oberursel zuzuschreiben, auch wenn die Japaner natürlich lieber auf die internationale Zusammenarbeit ihrer weltweit drei Designzentren hinweisen.

Mazda3 (2003–2008)

Mazda definiert sich schon seit den Neunzigern über das Design, hier prägt das markentypische Fünfpunkt-Gesicht nicht nur die Kühler, sondern auch die Heckansicht: So wird auch ein Fahrzeugheck unverwechselbar, vielleicht muss man demnächst nicht mehr nur von einem Familiengesicht, sondern auch von einem Familienhintern sprechen.

Der Dreier – der in der Fließheckvariante das Kürzel »Sport« trägt – ist ein durch und durch klug konstruiertes Auto und nutzt dabei die Allianz zwischen Ford und Mazda. Die technische Basis legt die neue Konzernplattform, die so unglaublich vielseitig ist wie ein Schweizer Taschenmesser. Die Architektur nutzen Mazda, Ford und Volvo für den Bau von Kompakten, Mittelklässlern, Cabrios und SUVs. Die liebevoll entworfenen Fahrwerksdetails finden sich in der zweiten Focus-Generation ebenso wie in diversen Volvo-Modellen, die Hinterachse ist ein schönes Beispiel dafür. Mazda bezeichnet sie als modifizierte E-Type-Hinterachse, wie sie das Unternehmen zuerst im ersten Mazda6 verwendet hat. Der wiederum erbte sie vom ersten Ford Focus (sie fand sich aber auch in einer früheren Evolutions-

stufe im Mondeo), dort hieß sie Schwertlenker-Hinterachse und brachte ihrem Entwickler nicht nur hervorragendes Presselob, sondern auch einen Umzug nach Wolfsburg ein. Sie besteht größtenteils aus Pressteilen, die nicht nur günstig herzustellen sind, sondern auch die ungefederten Massen reduzieren: Ein wesentlicher Baustein im Puzzle der Fahrdynamik. An der Vorderachse werkeln die üblichen Verdächtigen; Vorder- und Hinterachskonstruktion zusammen setzen Maßstäbe in Fahrkomfort, Lenkpräzision, Handling, Brems- und Fahrstabilität, Geräusch- und Schwingungskomfort.

Als vollwertige fünfsitzige Komfortsänfte kann der Mazda3 Sport aber nicht durchgehen, dafür fehlt's erstens beim Mittelsitz in der zweiten Reihe einfach an Polster. Zweitens an der wattcweichen Abstimmung, der Mazda-Dreier ist straff abgestimmt (und in der MPS-Variante sowieso). Und als Massengutfrachter auch nicht, das Kofferraumvolumen ist in Anbetracht der Fahrzeuglänge mit zuerst 300 Litern, später dann 340 Litern, doch ein wenig mager (das Stufenheck packt mehr weg, dort sind es 413 Liter). In jedem Fall aber sind die Metallicfarben so schrill, dass man sie mitbestellen sollte.

Rund 1,8 Millionen Mal wurde die erste Auflage verkauft.

Keinerlei Rätsel: Das Cockpit überzeugt.

Sicherere Straßenlage und bessere Motoren.

Topmodell: der Mazda3 MPS mit 260-PS-Turbo.

MODELLE, VARIANTEN, PREISE	
Modellreihen:	Fünftürige Fließheck-Limousine, viertürige Stufenhecklimousine
Motoren:	1349 cm³ / 62 kW (84 PS) bei 6000/min ab 2.04 1598 cm³ / 77 kW (105 PS) bei 6000/min 1999 cm³ / 110 kW (150 PS) bei 6000/mm 1560 cm³ / 80 kW (109 PS) CD Turbo bei 4000/min ab 2.04 2261 cm³ / 191 kW (260 PS) bei 5.500/min ab 10.06 1998 cm³ / 105 kW (143 PS) CD Turbo bei 3500/min ab 4.07
Ausstattung:	Comfort: 6 x Airbags, ABS, EBD, Warnleuchte und -ton für nicht angelegte Sicherheitsgurte, ZV mit Fernbed., Lenksäule höhen- und längeneinstellb., höhenverstellb. Fahrersitz, Rücksitzl. geteilt klappbar, Mittelarmlehne vorn, Radio. Exclusive: Klimaanlage, DSC mit TCS, 15-Zoll-LM mit 195/65, Seitenschutzleisten farbig, CD-Player. Active: Klimaautomatik, 16-Zoll-LM mit 205/55, Xenon mit autom. Leuchtweitenreg., Scheinwerferreinigg., 2 x Sitzheizung. Stoßfänger/Türgriffe/Außenspiegel farbig, Sport-Optik-Paket, Spiegel elektr. einstell./beheizb. Top: 17-Zoll-LM mit 205/50, 6-Gang.
Varianten:	1.4 / 1.6 CD Comfort – 1.6 / 1.6 CD Exclusive – 1.6 / 2.0 / 1.6 CD / 2.0 CD Active – 2.0 / 2.0 CD Top – 2.3 MPS
Preise (Euro):	Ab 14.990,- (Sport), ab 17.990,- (Mazda3)

Straff ausgelegt, aber nicht unkomfortabel.

Gleiche technische Basis für Mazda3 und Ford Focus, aber die Benzin-Motoren waren Eigenentwicklungen.

Chronik

2003 September: Weltpremiere auf der IAA für den Mazda3, den eigentlichen 323-Nachfolger. Moderne Keilform, trapezförmiger Kühlergrill im Fünfpunkt-Design. Scheinwerfer hinter Klarglasabdeckung.
Oktober: Markteinführung.

2004 Februar: Einführung Mazda3 Stufenheck sowie Motoren 1,4 l MZR (62 kW, nur Sport) sowie 1,6 l MZ-CD (80 kW).

2005 Mai: Sondermodell »Active«: 16-Zoll-LM, Bordcomputer, Nebelscheinw, Klimaautomatik, Metalliclack.
Nur Diesel: Partikelfilter serienmäßig. Mazda3 Exclusive: CD-Player. Mazda3 Sport: Kofferraumvolumen jetzt 340 l. (+ 40 l.)
Alle Modelle: get. hintere Scheinwerferabdeckung, einklappb. Schlüssel mit Fernbed.
Oktober: Mazda3 Diesel zum Benzinerpreis, Kundenvorteil von bis zu 2270 Euro.

2006 März: Vorstellung des Mazda3 MPS auf dem Genfer Salon. Basis Mazda3 Sport, Frontantrieb, Motor quer einge-baut, Sperrdiff. Motor: 2,3 Liter MZR mit Direkteinspritzung (DISI) und Abgasturbo, 191 kW 260 PS bei 5.500/min. 0–100 km/h 6,1 s, V_{max} 250 km/h. Sechsganggetriebe. Optik: Neue Frontpartie mit größeren Kühlluftöffnungen, Nebelscheinwerfer, ausgestellte Kotflügel, 102-mm-Endrohr, Dachspoiler. 18-Zoll-Fahrwerk, Reifen 215/45 R18.
Juni: Modellpflege: Neues Kühlergrill-Design, modifizierter vorderer und hinterer Stoßfänger. Lichtkanten am vorderen sowie schwarz getönte Rückleuchtengehäuse, neue LM-Räder, verbesserte Sitzpolster, weiße Instrumen-tenskalen mit indirekter blauer Beleuchtung, Dekorleisten. Verbesserungen an Fahrwerk, optimierte Motoren. Modifizierte Ausformung der Kofferraum-Griffmulde (Stufenheck). Auf Wunsch für Top: Schlüsselloses Zugangs- und Startsystem.

2007 Januar: Markteinführung Mazda3 MPS. Motor 191 kW 260 PS aus Mazda6 MPS, ab € 25.544,-.
Mazda3-Produktion startet in China, Joint Venture zwischen Mazda, Ford und Changan Automotive. Standort Nanjing.
April: Einführung neues Spitzenmodell Mazda3 Sport 2.0 l MZR-CD mit 105 kW/143 PS.
Oktober: Ausstattungsverbesserung Sondermodell »Active«: jetzt Xenon-Scheinwerfer und Sitzheizung. Nur 2.0 MZR/MZR-CD: Geschwindigkeitsregelanlage zusätzlich. Einführung Sondermodell »Active Plus«: Basis Top, beheizte Ledersitze, Soundsystem mit 7 Lautsprechern und 6-fach CD, Einparkhilfe hinten, mobiles VDO-Navi. Sondermodell Mazda3 »Kintaro«: Basis Active, im Stil des Mazda3 MPS: Front-, Heck- und Seitenschürzen, Dachspoiler in Wagen-farbe, Tieferlegungssatz von Eibach. 17-Zoll-LM. Alu-Pedale, Veloursmatten, Innenraumapplikationen. Motoren 150 und 143 PS, Auflage 1500 Expl. nur Fünftürer. Euro 21.600,-/ 23.300,-.
Entfall Diesel-Motor für alle Stufenheck-Limousinen: neues Angebot 2,0 l MZR-CD (143 PS) für Mazda3 Sport Active und Top.

2008 November: Weltpremiere des Nachfolgemodells als Stufenheckmodell auf der Show in Nordamerika; Europa-Premiere in Bologna.

Ein durch und durch klug konstruiertes Auto.

Fünfpunkt-Gesicht auch fürs Heck.

Auch in den USA ein Bestseller: Mit 2,3-Liter-Motor.
Markant: die Linsen in den Heckleuchten.

Die Stufenheck-Ausführung schluckt 413 Liter Gepäck.

Nach dem Facelift: Mazda3, 2006.

Gebaut wird der Mazda3 auch in China.

In Los Angeles feierte der neue Mazda3 seine Premiere.

Mazda3 (seit 2009)

Auf der Los Angeles Auto Show 2008 feierte Mazda die Weltpremiere der neuen Mazda3-Generation in der für den amerikanischen Markt wichtigen viertürigen Stufenheck-Form.

Das Mazda-Erfolgsmodell – mit 1,8 Millionen Einheiten die meistverkaufte Mazda-Baureihe weltweit und mit mehr als 90 internationalen Preisen ausgezeichnet – zeigt sich in der kalifornischen Metropole nach fünf Jahren erstmalig komplett erneuert. Unter der Haube sorgen, im Falle der US-Ausführung, ein 2,0- und ein 2,5-Liter-Benziner für Vortrieb. Der Mazda3 ist nach Mazda6 und Mazda2 somit das dritte Modell der neuen Generation von Mazda-Automobilen, die den Zoom-Zoom Gedanken weiterentwickeln. Die fünftürige Schrägheck-Limousine wurde Anfang 2009 nachgereicht.

Mazda ist bekannt für sein gut abgestimmten Fahrwerke – entsprechend hoch sind die fahrdynamischen Erwartungen an den neuen Dreier. Und diese Erwartungen wurden keineswegs enttäuscht.

Aufgebaut auf der C1-Plattform des Vorgängers, präsentiert sich der Dreier als Sportwagen unter den Kompakten. Die sehr direkt ansprechende Lenkung – jetzt bei allen Modellen elektrohydraulisch – macht Spaß auf Kurvenstrecken, und auf Langstrecken vermerkt der Kenner erfreut, dass der 4,46 Meter lange Fünftürer noch leiser geworden ist. Agilität und Fahrkomfort bewegen sich also auf einem sehr hohen Niveau, was man vom Gewicht nicht behaupten kann: Der erheblich besser ausgestattete Neue wurde zumindest nicht schwerer als der Alte – und teurer eigentlich auch nicht. Die Ausstattungslinien wurden neu geordnet und die Liste der möglichen Extras verlängert. Und sicher wird er auch die Trophäensammlung des Herstellers vergrößern, der im Herbst 2008 stolz mit dem 1000 Testsieg werben konnte: Zoom-Zoom eben ...

Für Nordamerika ist das Stufenheck-Modell sehr wichtig ....

... während europäische Märkte den Fünftürer bevorzugen. Der wiederum wurde in Bologna enthüllt.

In Deutschland wurde der 616 nur mit konventionellem Hubkolbenmotor angeboten.

Mazda 616
Hallo Fräulein!

Schmal, hochbeinig und mit dem schüchternen Charme eines ältlichen Fräuleins warb Toyo Kogyos 616, in Japan als Capella bekannt, um Käufer in der Mittelklasse.

Unter der Haube befand sich ein durch und durch konventionell aufgebauter Vierzylinder mit obenliegender Nockenwelle, langhubig ausgelegt und so niedrig verdichtet, dass er sich mit Normalbenzin begnügte. Das 1,6-Liter-Aggregat bildete die einzig lieferbare Antriebsquelle, eingebaut in Limousine oder Coupé. Nur für Japan und die USA gab es das Coupé als RX-2 auch mit Zweischeiben-Wankelmotor (Hubraum: 2 x 573 cm³). Von diesem sportlichen Anspruch aber war der hierzulande als Limousine und als Coupé angebotene 616 weit entfernt.

Das Fahrwerk bot keinerlei Überraschungen. Vier Längs- und ein Querlenker führten die starre Hinterachse, für Ruhe sorgte ein gut abgestimmtes Ensemble aus Schraubenfedern und Teleskopdämpfern. Die McPherson-Federbeine an der Vorderhand wurden von einem Stabilisator unterstützt. Damit umrundete der Mazda 616, auf seinen serienmäßigen Gürtelreifen nur wenig untersteuernd, gutmütig alle Kurven und lag da-

bei überraschend gut. Die straffe, aber nicht unkomfortable Auslegung von Federung und Dämpfung wurde von den Testern ausdrücklich gelobt, »macht einen abgerundeteren Eindruck als bei den meisten anderen bisher getesteten japanischen Autos«, lobte etwa *auto motor und sport* – und darauf konnten sich die Mazda-Mannen wirklich etwas einbilden.

Dennoch: Solide Technik und eine äußerst komplette Ausstattung – an zusätzlichen Extras gab es nur eine heizbare Heckscheibe und Kopfstützen – reichten nicht, um gegen die deutsche Übermacht in der Mittelklasse zu bestehen. Das noch dünne deutsche Händlernetz befand sich erst im Aufbau, der Wiederkaufswert war schlecht und die Ersatzteilsituation ungewiss, wiewohl Mazda gerade auf diesem Gebiet von Anfang an sich keine Blöße gab. Zum Misstrauen der Käufer kamen schlechte wirtschaftliche Randbedingungen wie die Ölkrise. Da mochten noch so sehr die Reize der sorgfältigen Verarbeitung und eine umfangreiche Modellpflege für 1976 (neue Front, üppigere Ausstattung) locken – das schüchterne Fräulein aus Hiroshima fand dennoch nur wenige deutsche Liebhaber.

Neben der Limousine gab es auch ein Coupé.

616 Coupé: Ab 1977 nicht mehr im Importprogramm.

Chronik:

1973 Erscheint zum deutschen Mazda-Start als viertürige Limousine und zweitüriges Coupé. Für Deutschland ausschließlich mit 1,6-Liter-Motor, andernorts auch mit 1,8 Liter und als RX-2 mit Wankelmotor.

1974 August: In Details modifiziert, so werden die Kunstlederbezüge durch solche aus Stoff ersetzt.

1975 September: Facelift; neu gestalteter Kühlergrill ohne Steg in der Mitte, Rundscheinwerfer jetzt voll integriert; vordere Blinker und Begrenzungsleuchten nicht mehr über, sondern in der Stoßstange. Grauschwarze Heckblende mit neuen Rückleuchten. Neue Armaturentafel, Instrumentierung sowie Lenkrad. Heizbare Heckscheibe. DM 10.980,- (Lim.).

1976 Februar: Dreigang-Automatik für Limousine lieferbar.

1977 September: Coupé taucht nicht mehr im Programm auf.

1979 Juli: Importende, Nachfolger wird der neue Mazda 626.

Reichhaltig ausgestattet: 616 Limousine 1975.

Geänderter Kühlergrill, bessere Ausstattung: 616 1976.

Hätte genauso gut aus einer europäischen Fabrik stammen können: Mazda 626 2,0 Coupé, 1979.

Mazda 626
Bestseller mit drei Ziffern

Der Mazda 626 löste in Deutschland eigentlich zwei Modelle ab: den 818 und seinen direkten Vorgänger, den 616 »Capella«. Er wurde ein Glücksgriff: Die Mazda 626 der zweiten und dritten Generation avancierten zum meistverkauften Importauto ihrer Klasse und brachten Mazda an die Spitze. Kein anderer japanischer Importeur verkaufte in Deutschland so viele Fahrzeuge.

Mazda 626 (1978–1982)

Zwischen Anspruch und Wirklichkeit liegen oft Welten. Das mussten zur ihrer eigenen Überraschung auch die Mazda-Werber feststellen. Anspruch: »Mazda 626. Der Exclusive in der Mittelklasse.« Wirklichkeit: 13.210 Käufer im ersten Dreivierteljahr nach der Deutschland-Premiere im Februar 1979. Keine Spur also von Exklusivität, stattdessen satte 86,3 Prozent Verkaufszuwachs gegenüber 1978.

Die Modellreihe, die den Verkauf so mächtig ankurbelte, bestand aus zwei Karosserievarianten, für die jeweils zwei neu entwickelte, auf Normalbezin ausgelegte Vierzylinder-Motoren zur Wahl standen. Der 4,30 Meter lange Wagen wirkte wie eine japanische Variante von Ford Taunus oder Opel Ascona, was auch für die Technik galt: Konventionell — Motor vorn, Antrieb hinten — ausgelegt, erfolgte die Radführung vorn an Querlenkern und Federbeinen, hinten über eine an vier Längslenkern und einen Querlenker geführte Starrachse, von progressiven Schraubenfedern gedämpft. Andererseits sah das Fahrwerklayout bei der deutschen Mittelklasse auch nicht anders aus. Natürlich geriet die Abstimmung noch nicht nach den Geschmä-

ckern der deutschen Motorjournalisten, die Dämpfung zum Beispiel war weder so geschmeidig noch so kultiviert wie etwa beim Audi 80, der Ende der Siebziger als Maß aller Dinge in Sachen Straßenlage galt. Am besten lag — dank 185er Reifen und Querstabilisator — das Zweiliter-Coupé. Beiden Karosserievarianten gemeinsam waren das schnörkellose Design und die ausgewogenen Proportionen, die europäischem Geschmack entsprachen. Doch die »neue Größe in der Mittelklasse« (0-Ton Mazda) hatte noch mehr zu bieten: sparsame und durchzugsstarke Motoren, genügend Platz auch für fünf Personen, akzeptable Federungs- und Fahreigenschaften und eine reichhaltige Ausstattung — eben »Gediegenheit auf Rädern«.

Mazda jedenfalls verstand es viel früher als die japanische Konkurrenz, seine Wagen auf die europäischen Bedürfnisse zuzuschneiden. Das spiegelte sich auch in den damaligen Testberichten wieder: Der »Deutsche aus Japan« (*ADAC-Motorwelt*) kam hiesigen Geschmäckern am weitesten entgegen, und er konnte inzwischen an über 670 Stationen gewartet werden: Mazda unterhielt nach Toyota das größte Händlernetz, auch in dieser Beziehung also keine Spur von Exklusivität.

Kennzeichen des Modelljahrgangs 1981 war der neue Kühlergrill.

MODELLE, VARIANTEN, PREISE

Modellreihen:	Viertürige Stufenheck-Limousine; Coupé
Motoren:	1586 cm³ / 55 kW (75 PS) bei 5000/min
	1970 cm³ / 66 kW (90 PS) bei 4800/min
Ausstattung:	Getönte Scheiben, heizbare Heckscheibe, klappbare Rücksitzlehnen, Kartentasche in den Maschine, Drehzahlmesser, verstellbare Lenksäule. Kofferraumdeckel elektrisch von innen zu entriegeln. Warnsummer für nicht abgezogenen Zündschlüssel, Mittelkonsole. 2.0 und Coupé: Straffere Polster, andere Bezüge, handlicheres Lenkrad, elektrischer Außenspiegel, Drehzahlmesser.
Varianten:	1.6 l – 2.0 l.
Preise (DM):	Ab 12.690,-

Chronik:

1978 Oktober: Produktionsbeginn in Japan, der neue Capella nutzt technische Komponenten des RX-7-Fahrwerks. Nur als Stufenhecklimousine und Coupé, keine Kombiversion.

1979 Februar: Deutschlandstart. Zwei Karosserieformen, zwei Motoren, wobei die Zweiliter-Limousine mit einer Dreigang-Automatik geordert werden kann. 2.0 Liter: anderer Kühlergrill (nicht abgeschrägt in die Haube eingelassen, Chromzierrat).

1980 März: elektrisch verstellbarer Außenspiegel für Zweiliter-Version.
November: Modellpflege: Neue Kunststoff-Stoßstangen mit verlängerten Ecken, glatte Haube, durchgehender Kühlergrill und größere Scheinwerfer, breite Seitenschutzleisten und vergrößerte Heckleuchten, geändertes Raddesign. Verbesserte Ausstattung: Fünfgang-Getriebe jetzt auch für kleineren Motor.

1981 Elektrisches Schiebedach auch für die Limousine lieferbar, Preisanhebung.

1982 Oktober: Der Nachfolger feiert auf der Tokio Motor Show Premiere.

Der Mazda 626 feierte sein Debüt 1978.

Die Front machte den Unterschied: Beim Zweiliter schlossen Kühlergrill und Scheinwerfer bündig ab.

Wichtigstes Kennzeichen der GC-Serie war die Umstellung auf Frontantrieb.

Das Fahrwerk wurde vom Konzept her vom kleineren 323 übernommen.

Mazda 626 (1983–1987)

Mit dem neuen Capella kam Mazda endgültig in Europa an: Frontantrieb, vier einzeln aufgehängte Räder und eine aerodynamisch ausgezeichnete Form waren die Merkmale dieses modern konzipierten Mittelklässlers, der die Fachwelt in Erstaunen setzte. Eigentlich unverständlich, denn Kenichi Yamamoto, langjähriger Mazda-Entwicklungschef, hatte es ja prophezeit: »Wir beobachteten, wir lernten, wir entwickelten, wir testeten, es sollte keine Kompromisse geben.«

Das Ergebnis war ein Schock für die Konkurrenz, der erste japanische Mittelklassewagen, der gleich mehrere Vergleichstests gegen die deutsche Konkurrenz gewinnen konnte, sogar gegen einen Mercedes: »Gutes Platzangebot, funktionelle Bedienung, gute Fahrleistungen, günstiger Verbrauch und sicheres Fahrverhalten – ein würdiger Sieger«, lobte etwa die *Autozeitung* aus Köln den 2,0 GLX und schob hinterher: »Überraschend ist vor allem, wie deutlich der Vorsprung des Mazda gegenüber der Konkurrenz ausfällt.« Der 626 entwickelte sich zu Recht in den Jahren 1983, 1984 und 1985 zum absoluten Bestseller.

Mazdas neue Mitte bot aber weit mehr als harmonisches Fahrverhalten und guten Komfort, absolute Zuverlässigkeit und uneingeschränkte Alltagstauglichkeit – nämlich Spaß und Be-

schäftigung schon im Stand. Eine ganze Batterie von Warn- und Kontrollleuchten hielt den Fahrer stets auf dem Laufenden; ein melodiöser Computerchip gemahnte den Fahrer, den Schlüssel abzuziehen, das Fahrtlicht zu löschen und bitteschön rechtzeitig die nächste Tankstelle anzufahren, indes der zehnfach verstellbare GLX-Fahrersitz auch experimentierfreudige Fahrer auf ihre Kosten kommen ließ. Und je nach Land und Ausstattungsvariante gab es zur schriftlichen Bedienungsanleitung die Unterweisung auch noch in Form einer Audiokassette. Und wer bei all dem noch zum Fahren kam, hatte immer noch Spaß am neuen Mittelklässler. Leicht untersteuernd umrundete der Beau aus Hiroshima die Kurven, Lastwechselreaktionen waren ihm weitgehend fremd. Die Zahnstangenlenkung reagierte feinfühlig auf entsprechende Lenkbefehle, sportlich-straff gab sich die Abstimmung.

Die neu entwickelten, kurzhubigen Leichtmetallmotoren – wobei der Zweiliter die bessere Wahl darstellte – gefielen sowohl durch Durchzugskraft als auch durch Temperament und beschleunigten den eine Tonne schweren Wagen je nach Ausführung auf bis zu 185 km/h. Dann allerdings vergaß der sonst so kultivierte Mazda seine guten Manieren und wurde zum trinkfreudigen Radaubruder.

626-Umbau auf Coupé-Basis, für 15.000 Mark von Karosseriebauer Lorenz und Automobilveredler Küwe.

MODELLE, VARIANTEN, PREISE

Modellreihen:	Viertürige Stufenheck-Limousine; viertürige Fließheck-Limousine mit Heckklappe; Coupé
Motoren	1587 cm³ / 59 kW (80 PS) bei 5500/min 1998 cm³ / 74 kW (101 PS) bei 5600/min 1998 cm³ / 46 kW (63 PS) D bei 4650/min ab 4.84 1998 cm³ / 88 kW (120 PS) bei 5400/min ab 10.85 1998 cm³ / 68 kW (92 PS) Kat bei 5000/min ab 10.85
Ausstattung:	LX: Colorverglasung, zwei von innen verstellb. Außenspiegel, Fahrersitz mit Lendenwirbelstütze, einzeln umklappbare Rücksitzlehnen. GLX: EFH, ZV. Servo als Option.
Varianten:	1,6 LX/LX Diesel – 2,0 GLX – 2,0 GT
Preise (DM):	Ab 15.200,-

Chronik:

1983 Februar: Der neue Mazda mit Frontantrieb wird ausgeliefert. Drei verschiedene Karosserieformen, zwei Ausstattungspakete, zwei neu entwickelte Leichtmetall-Motoren.

1984 April: Für die Stufenheck-Limousine ist ein Diesel-Triebwerk lieferbar (LX, DM 17.690,-).
Juli: Sechsjahres-Garantie gegen Durchrostung.

1985 März: Diesel-Motor jetzt auch für Fließheck-Modell (GLX; DM 20.790,-).
September: Facelift: Kühlergrill hat nun vier leicht hervorstehende Lamellen; schwarze Kunststoff-stoßstange umschließt jetzt teilweise die vorderen Blinker, breitere Seitenschutzleisten. B-Säule und Fensterrahmen generell in Mattschwarz, Rückfahr-scheinwerfer jetzt oben an der Innenkante der Heckleuchten. Neugestaltetes Armaturenbrett und Lenkrad, Kopfstützen durchbrochen, neue Polster und Stoffe, Ausstattungsverbesserungen. Einführung GT: 120 PS, Servo, Scheibenbremsen hinten, feine rote Linie in Seitenschutzleisten und Stoß-fängern als optische Erkennungszeichen. Kataly-sator-Versionen von GL erhältlich. Preis für GT-Coupé beträgt 22.800,-; Coupé GLX Kat schlägt mit 21.450 Mark zu Buche.

1987 September: Die IAA Frankfurt bringt die erwartete Ablösung.

1983 ergänzte die Fließheck-Variante mit großer Heckklappe die aus Stufenheck und Coupé bestehende 626-Familie.

Das Motorenspektrum reichte von 80 bis 120 PS. Während der vierjährigen Laufzeit entschieden sich rund 170.000 Kunden für Mazdas Mittelklasse.

Der neue 626 rollte im goldenen Oktober 1987 auf Deutschlands Straßen.

Mazda 626 (1987–1991)

Im goldenen Oktober 1987 rollte der neue 626-Jahrgang auf Deutschlands Straßen. Behutsam modifiziert, steckte unter der fließend-weich gezeichneten Außenhaut ein reifer Jahrgang, den die Käufer zu schätzen wussten. Die rege Nachfrage sorgte 1988 zeitweise für eine mehrmonatige Lieferfrist bei dieser japanischen Spätlese.

Der zwischen 1986 und 1989 meistverkaufte Importwagen in der Mittelklasse (1988 markierte mit 48.911 Neuzulassungen den Rekord) wurde zunächst nur in den drei schon bekannten Karosserievarianten angeboten, mit Stufen- und Fließheck und als pausbäckiges Coupé. Mitte 1988 erhielt die Familie Zuwachs in Form eines großzügig dimensionierten Kombis. Im Normalfall betrug dessen Gepäckraumvolumen 430 Liter, bei umgelegter Rücksitzlehne – asymmetrisch umklappbar – standen bei dachhoher Beladung 1414 Liter zur Verfügung. Die maximale Zuladung von 1900 Kilogramm lag um 60 Kilo über der von Stufen- und Fließheck. Der Kombi wurde allerdings zunächst nur mit dem 2,0-l-Einspritzaggregat serviert. Die Motorisierung reichte von 2,0 l / 66 kW bis zum Zweiliter mit 103 kW im Mazda GT. Zur Wahl stand außerdem für alle

Karosserieformen ein 2,2-Liter-Motor mit 85 kW. Als technischen Leckerbissen servierte Mazda im Dezember 1988 dann den 626 GT 4WS mit elektronisch geregelter Vierradlenkung. Große Absatzzahlen räumten selbst die Verantwortlichen dieser 626-Spielart – die bereits bei der IAA 1987 vorgestellt worden war – nicht ein, der Allradlenker war als Imageträger für Mazda Deutschland gedacht. 1000 Einheiten vielleicht, mehr nicht. Nach dem Facelift 1990 verschwand der WS dann aus den Preislisten. Große Stückzahlen erwartete auch niemand vom Allrad-626, der im Mai 1990 der Presse vorgestellt wurde. Bei der Bestückung griffen die Techniker zu der aus dem 323 Turbo bekannten Lösung mit Viskokupplung, bei der die Antriebskräfte über ein Zentraldifferential auf die Achsen verteilt wurden, zurück. Zentral- und Frontdifferential waren mit dem Getriebe verblockt, die Kraftverteilung auf Vorder- und Hinterachse erfolgte im Verhältnis 50:50. Das Leergewicht stieg gegenüber dem Fronttriebler um rund 150 Kilogramm. Einzig lieferbare Motorisierung war der 2,2-l-Einspritzer mit 115 PS, das Vierkanal-ABS-System war hier serienmäßig. Den Vierradantrieb gab es in Deutschland nur mit Stufen- und Fließheck, in der Schweiz auch als Kombi.

Versuchsfahrzeug für Japan: Mazda 626 Kombi, 1988. Die Heckklappe reichte bis in den Dachbereich hinein und bis auf Stoßstangenhöhe hinunter.

MODELLE, VARIANTEN, PREISE

Modellreihen:	Stufenheck viertürig, Fließhecklimousine fünftürig; Coupé, Kombi
Motoren:	1998 cm³ / 66 kW (90 PS) U-Kat bei 5200/min 1998 cm³ / 66 kW (90 PS) bei 5000/min 1998 cm³ / 79 kW (107 PS) 12V bei 5300/min 1998 cm³ / 103 kW (140 PS) 16V bei 6000/min 1998 cm³ / 44 kW (60 PS) Diesel bei 4000/min 2184 cm³ / 85 kW (115 PS) 12V bei 5000/min ab 8.88
Ausstattung:	LX: Geteilt klappbare Rücksitzlehnen, Zündschlossbeleuchtung. GLX: Servolenkung, höhenverstellbare Sicherheitsgurte, Ablageschale unter Beifahrersitz. GT: elektrische Fensterheber, elektrisches Stahlschiebe-/Hubdach, Tempomat
Varianten:	LX 2.0i – GLX 2.0i – GLX 2.0 D – GT 2.0i 16V Kat – GLX 2.2i – GLX 2.2i 4WD – GLX 2.2i 4WS
Preise (DM):	Ab 24.390,-

Chronik:

1987 Oktober: Einführung des neuen Mazda 626 nach der IAA. Drei Karosserievarianten; fünf Motorisierungsstufen. Zwei-, Drei- und Vierventiltriebwerke, G-Kat. Grundmodell LX mit 66 kW und ungeregeltem Katalysator. Aufpreis Automatik DM 1.590,-, elektrisches Schiebedach DM 1.450,-.

1988 August: Neben dem Kombi erscheint auch ein 2,2-Liter-Einspritz-Aggregat (GLX 2.2i), Lim: DM 26.190,-; Fließheck: DM 27.240,-; Coupé: 26.840.-. Dezember: Vierradlenkung »4WS« mit ABE, lieferbar für 2,2 Fließheck (Aufpreis DM 1.500,-). Klimaanlage (DM 2.000,-) für GT gegen Aufpreis.

1990 März: Facelift: Fenstereinfassungen ohne Chrom, Türgriffe in Wagenfarbe. Kühlergrill und Heckleuchten leicht modifiziert. Ausstattungsverbesserung (EFH, ZV, Radiovorbereitung). Top-Modell mit ABS, Kombi mit Dachreling. April: Einführung der 4WD-Modelle zeitgleich mit 323 4WD: 626 GLX 2,2i mit Schräg- und Stufenheck. Permanenter Allradantrieb über Planetenausgleichsgetriebe auf Vorder- und Hinterachse (50:50); Visko-Sperren, ABS.
Oktober: Sondermodell »Special Edition«.

1992 Februar: Vorstellung des Nachfolgers, bisheriges Kombi-Modell wird weiterhin angeboten.

Den 626 gab es als 4WS mit Vierradlenkung. Reißenden Absatz fand er in Deutschland allerdings nicht.

Der 626 war das bestverkaufte Importmodell und es gab ihn natürlich auch wieder mit Stufenheck.

Erheblich größer geworden: der in zwei Karosserieformen lieferbare 626.

Mazda 626 (1992–1997)

Statistiken sind ja eine tolle Sache. So ist zum Beispiel zweifelsfrei zu belegen, dass die Menschen in den Industriestaaten immer älter werden. Größer. Und dicker. So gesehen folgte der neue 626 dem allgemeinen Trend, denn der war in seiner vierten Generation richtig groß geworden, ein stämmiger Vertreter der Mittelklasse mit Aufstiegsambitionen. In der Länge plus fünfzehn und in der Breite plus sechs Zentimeter, verpasste der mit Schräg- und Stufenheck angebotene Mazda nur knapp die 4,70-Meter-Marke: Das hatte schon BMW-Fünfer- oder Mercedes E-Klasse-Dimensionen und war auf jeden Fall über dem deutschen Durchschnitt.

Der Drang zur Größe ließ sich an weiteren Eckwerten festmachen, etwa an der Fülle technischer Innovationen, die diese Mittelklasse-Limousine auszeichnete. Ganz tief hatten hier die japanischen Ingenieure in die Wundertüte des technischen Fortschritts greifen dürfen, und sie brannten ein Feuerwerk ab, das zehn Jahre zuvor noch selbst in der Luxusklasse für Furore gesorgt hätte: Permanenter Allradantrieb mit zwei Viskokupplungen. Allradlenkung. Zwei neue DOHC-16V-Motoren. Ein 2,5-Liter-V6. Ein Vierzylinder-Diesel mit Comprex-Druckwellenlader – noch nie war eine japanische Mittelkasse-Limousine näher dran an der deutschen Oberklasse.

Die Fahrwerksabstimmung – das Chassis war im Prinzip eine verbesserte Ausführung aus dem Vormodell – geriet allerdings eher komfortbetont denn europäisch straff, und die drehzahlabhängige Servolenkung (da zu leichtgängig und direkt) passte nicht unbedingt zu flottem Kurvengeschlängel: Bundesdeutsche Autobahn waren die bessere Spielwiese für die sparsame und sehr gut gedämmte Reiselimousine. Trotz des auf 2,61 Meter angewachsenen Radstands war das Platzangebot aber nur durchschnittlich, zumindest in der zweiten Reihe wurden hier keine neuen Maßstäbe gesetzt.

Und das Technik-Paket hatte nicht nur auf der Waage seinen Preis – mindestens 1140 Kilo, um ganz genau zu sein –, auch in der Anschaffung stieß der 626 in neue Dimensionen vor: Das Grundmodell kauerte an der 30.000-Mark-Schwelle, um diese dann mit wachsenden Motor- und Ausstattungspaketen leichtfüßig zu überspringen. Bei den Topmodellen fiel da auch schon mal die 40.000-Mark-Latte, der 2.5i-V6 kam auf 43.630 Mark – Oberklassenniveau auch in dieser Beziehung. Zumindest statistisch gesehen.

MODELLE, VARIANTEN, PREISE	
Modellreihen:	Viertürige Stufen- und Fließhecklimousine
Motoren:	1840 cm³ / 66 kW (90 PS) bei 5500/min ab 10.94 1840 cm³ / 77 kW (105 PS) bei 5500/min 1991 cm³ / 85 kW (115 PS) bei 5500/min 2497 cm³ / 121 kW (165 PS) V6 bei 5600/min 2497 cm³ / 120 kW (163 PS) V6 bei 5600/min ab 10.94 1998 cm³ / 55 kW (75 PS) D Comprex bei 4000/min ab 1.93
Ausstattung:	LX: Servo, Drehzahlmesser, asym. umklappbare Rücksitzlehne, höhenverstellb. Lenkrad, Radiovorber. GLE: ABS, EFH v., Tempomat, elektr. einstellb. Fahrersitz. 2,5i V6: Sportsitze, LM, 205/55 R15, Nebelscheinw.
Varianten:	Limousine 1.9i LX – 2.0 GLX/GLE Fließheck 1.9i LX – 2.0i LX/GLX/GLE/GLX 4WD – 2.5i-V6
Preise (DM):	Ab 28.800,-

Mit integriertem Spoiler: Heckansicht des Fünftürers.   Mit der neuen Frontpartie weniger markant.

Die Japan-Ausführung des Bestsellers, hier in der Anfini-Ausgabe. Der Gepäckraum fasste 455 Liter.

Chronik	
1992	Februar: Einführung des 626 mit viertürigem Stufenheck und fünftürigem Fließheck, Kombimodell aus der Vorgängerreihe weiterhin angeboten, Coupé wird als MX-6 zum eigenständigen Modell. Drei Motoren, drei Ausstattungsstufen. Fünftürer mit integriertem Heckspoiler. Juli: Modellpflege beim 626 Kombi. Facelift Frontgrill, Radkappen, Stoffbezüge innen. Ausstattungsverbesserungen: Basis 2.0 GLX: Gepäckraumabdeckung, Radiovorbereitung mit vier Lautsprechern, Antenne. DM 32.480,-. 2,2 GLE: ABS, Tempomat, elektr. einstellb. Spiegel, elektr. Antenne. DM 35.480,-.
1993	Januar: Einführung Allradlenkung sowie des Modells mit Comprex-Diesel. Ausstattungsverbesserung: Fahrer-Airbag ab GLX serienmäßig. Alle Modelle u.a. EFH vorn. Oktober: Modellpflege (neuer Kühlergrill, Radkappen und Sitzbezüge). Sondermodell »LX Plus«: Lenkradhöhenverstellung, Ablage zwischen den Vordersitzen, Radiovorber. mit Antenne, Dekor. Nur Viertürer mit 105 PS. DM 29.950,-.
1994	März: Sondermodell »Classic Edition«: Nur Fließheck, 105 PS: 4 x EFH, ABS, ZV, elektr. einstellb. Außenspiegel, Metalliclack. DM 33.950,-. Sondermodell »GLE Special«: Nur Stufenheck, 115 PS: 2 x Airbag, ABS, ZV, EFH, Tempomat, elektrische Außenspiegel, elektr. Fahrersitzverstellung, elektr. Antenne. Chromgrill, Chromleisten an den Fensterrahmen. DM 35.450,-. Oktober: Kleine Modellpflege, Einführung der neuen Basismotorisierung 1,9i mit 90 PS bei 5500/min. Nicht für Kombi, ab DM 29.950,-. Nur Stufenheck: Wegfall des 105-PS-Motors. Leistungsreduktion beim V6.
1995	März: Wegfahrsperre serienmäßig. Sondermodell »Pro«: Fließheck (90 PS), Basis GLX, dazu Metallic-Lack und Sonder-Bezüge. DM 32.990,-. Sondermodell »VIP«: Nur Fließheck (115 PS), Basis GLX, dazu: Airbag, ABS, Reifen 195/65, EFH, ZV u.a. DM 33.990,-. Sondermodell »Special«: Stufenheck (115 PS). Elektr. verstellb. Fahrersitz, beleuchtetes Türschloss. DM 33.850,-
1996	April: »Gold«-Sondermodelle (Stufen-/Fließheck): 90 PS, Lederlenkrad und -schaltknauf, ZV, EFH, elektr. Antenne, Velours, LM, Metalliclack. DM 33.950,-. August: Sondermodell »Boston«: Fließheck (90 PS), ABS, Nebelscheinw. Sitzheizung vorn, EFH, ZV, elektr. Außenspiegel, Sonderlack Ultramarinblau. DM 33.980,-. September: Sondermodell »Travel«: Stufen-/Fließheck 90 PS. Ähnlich »Boston«, aber elektr. Antenne und Lederlenkrad. DM 33.980,-.
1997	Januar: Sondermodell »Concept«: Nur Fließheck 90 PS,, Sitzheiz., Klima, beheizb. Spiegel, dritte Bremsleuchte, elektr. Antenne, Lederlenkrad. DM 33.990,-.

Ideales Reiseauto: Der in drei Karosserievarianten lieferbare Mazda 626, Jahrgang 2000.

Mazda 626 (1997–2002)

Nachdem die vierte Mazda-Generation ziemlich aus dem Anzug quoll, war für die Chefetage in Hiroshima die Sache klar: Der neue 626 musste außen kleiner, dafür innen größer werden, und weil man gerade so schön in Schwung war, schrieb man noch ein paar andere Sächelchen ins Lastenheft: sparsamere Motoren, optimierte Fahreigenschaften, bessere Insassensicherheit. Endlich wieder einen Kombi. Und einen zeitgemäßen Dieselmotor.

Vielleicht am erstaunlichsten: Die Quadratur des Kreises gelang, das Lastenheft wurde gewissenhaft abgearbeitet. Gesamtlänge und -breite schrumpften befehlsgemäß, und trotz unverändertem Radstand wuchs das Platzangebot gewaltig. Und mit 502 Litern Kofferraumvolumen durfte nun auch wieder ordentlich was eingepackt werden. Dafür erhöhten die Designer – beim fünftürigen Fließheck die Mannschaft im Entwicklungszentrum Oberursel, beim Stufenheck die japanischen Kollegen – die Dachlinie. Bein- und Kopffreiheit waren damit letztlich besser als bei Opel Vectra und Ford Mondeo, so

dass man sich getrost an die Motorüberarbeitung machen konnte. Dazu strich man den V6 aus dem Programm und trimmte die 1,9- und 2,0-l-DOHC-Vierzylinder stramm in Richtung sparsamerer Verbrauch. Einige reibungsarme Tassenstößel hier, vergrößerte Einlasskanäle da und schmalere Kolbenringe dort, dazu ein schlaues Motormanagement für die Mehrpunkt-Einspritzdüsen – erledigt, was war das nächste? Ach ja, Fahreigenschaften. So viel zu tun gab man da eh nicht, und die Journaille würde sowieso meckern. Also blieb man beim bewährten McPherson-Prinzip und verfeinerte es unspektakulär, aber gründlich. Einige Tester monierten erwartungsgemäß dann starke Lastwechselreaktionen und vermissten die Lenkpräzision, andere wiederum wollten Anlagen zum Kurvenflitzer entdeckt haben – hätte schlimmer kommen können. Einhellig dagegen war das Lob für das Sicherheitskonzept mit vier Airbags und ABS für alle sowie TCS für das Topmodell – mehr konnte man nicht erwarten. Nur das kaum verkaufte Grundmodell hatte hinten noch Trommelbremsen.

Fehlte nur noch ein Kombi. Der feierte auf der IAA 1997 seine

Zunächst wurden nur die Vier- und Fünftürer verkauft, der Kombi folgte später.

Weltpremiere und stand Anfang 1998 beim Händler. Er eroberte aus dem Stand einen Zulassungsanteil von fast 53 % aller 626-Verkäufe. Und zur Jahresmitte erschien dann der knorrige, aber letztlich überzeugende 100-PS-Turbodiesel-Direkteinspritzer. Damit war dann endlich auch der letzte Punkt auf der 626-Wunschliste abgehakt. Die Zeit drängte. Die Chefetage brütete schon wieder über dem nächsten Lastenheft ...

Schwarz umrandete Heckleuchten bis 2000.

Die neue Generation bot deutlich mehr Platz.

MODELLE, VARIANTEN, PREISE	
Modellreihen:	Stufenheck viertürig, Fließheck fünftürig; Kombi.
Motoren:	1840 cm³ / 66 kW (90 PS) bei 5500/min 1840 cm³ / 74 kW (100 PS) bei 5500/min ab 12.99 1991 cm³ / 85 kW (115 PS) bei 6000/min 1991 cm³ / 100 kW (136 PS) bei 5800/min 1998 cm³ / 74 kW (100 PS) DI bei 4000/min ab 9.98 1998 cm³ / 81 kW (110 PS) DI bei 4000/min ab 10.2000
Ausstattung:	Comfort: 2 x Airbag, ABS, ZV, Fahrersitz neigung-/höhenverstellb., 60:40 umklappb. Rücksitzlehne. Exclusive: Außensp. elektr. einstell-/beheizb., Nebelscheinw., EFH v., Holzdekor, Mittelarmlehne vorn, Beifahrersitzl. nach vorn umklappbar. Exclusive plus: Klimaautom., Tempomat, EFH hi., RDS-Radio/Kassette.
Varianten:	Stufenheck 1,9 Com./Ex. – 2.0 Ex. Fließheck 1.9 Com./Ex. – 2.0 Ex. – 2.0 Excl. 136 PS)
Preise (DM):	Ab 31.790,-

Tokio-Drift: Der 626 in MPS-Ausstattung mit gigantischem Heckspoiler stand auf der IAA 2001.

Chronik

1997 August: Der neue 626 steht bei den mehr als 800 Mazda-Händlern. 120 mm geringere Außenlänge, 40 mm verringerte Breite, Höhe um 30 bzw. 40 mm (Fließh./Stufenh.) gewachsen. Drei Motoren, wobei 136-PS-Motor nur als Fließheck in Exclusive mit Touring-Ausstattung lieferbar (DM 40.600,-). 1,9-l-Basis mit Trommelbremsen hinten, 2,5-l-V6 nicht mehr für den dt. Markt angeboten.

1998 Februar: Einführung des Kombi-Modells: 60 mm mehr Radstand, 85 mm mehr Außenlänge, Gepäckraum von 577 bis 1677 Liter. Rücksitzbank um 16 cm verschiebbar, 515 kg Zuladung. Ab DM
Alle Modelle: Auch Basis mit Scheibenbremsen hinten.
September: Einführung des Turbodiesel-Direkteinspritzers, ab DM 36.990,-. Stufen- und Fließheck-626: Winter-Plus-Paket: Winterreifen, LM-Felgen, Felgenständer, Standheizung. Ab DM 32.990,-.

1999 Februar: Sondermodell »Spirit«: Alle Modelle, 15-Zoll LM, Lederlenkrad und -schaltknauf, EFH v./h., 6-fach CD, Klimaautomatik. Von DM 36.990,- bis 42.390,-.
Dezember: Vorstellung des überarbeiteten 626 als Fließ- und Stufenheck: neues Frontdesign, neues Innendesign, Leistung Basismotor auf 100 PS angehoben. Einführung Top-Ausstattung Sportive: 16-Zoll LM, Reifen 205/50, weiß unterlegte Instrumente, Nebelscheinw., Lederlenkrad, Sitzbez.

2000 Februar: Einführung des überarbeiteten Kombi-Modells (auch als Sportive). Von DM 35.590 bis DM 43.920,-.
Juli: Einführung Taxi-Paket (DM 1500,-), Ausrüstung über InTax, Oldenburg.
September: Sondermodell »Touring Edition«: 100/136 PS, Basis Exclusive plus Touring-Paket (Klimaautomatik, Tempomat, Bordcomputer) und Metalliclack. Ab DM 39.070,-. Sondermodell »Exclusive Edition«.
Oktober: Einführung Turbodiesel mit 110 PS.
November: Ausstattungsvariante »Sportive«. Nur 2.0 /136 PS, u.a. Edelholzblenden, LM. Ausstattungsverbesserungen alle Modelle: ABS, ASR. Seitenairbag Serie.

2001 Januar: Sondermodell »Snow Edition«: Standheizung, 4 Winterräder auf LM (nur Benziner).
September: Neuauflage »Touring Edition«: Audio-System, zweifarbiges Lederlenkrad, weiße Instrumentenskalen, Sportsitze. Alle Karosserieformen, auch als 2.0 TD.

2002 Juli: Ablösung durch den Mazda6.

Mit 4,66 m Länge war der 626 so lang wie ein Passat, hatte aber einen größeren Gepäckraum.

Fünfeck-Grill, Haube und Stoßfänger sind neu: 626 nach dem Facelift.

Mazda-Eigenentwicklung: Turbodiesel.

Zum Tisch umklappbar: Die Lehne des 626-Beifahrersitzes.

Frischer Wind bei Mazda: Der schwungvoll gezeichnete Mazda6 löste den 626 ab.

Mazda6
Rauschen im Blätterwald

Für die Konkurrenz mochte es zunächst beinahe ein wenig übertrieben klingen, wenn die Presse im Zusammenhang mit einem Modellwechsel von einer Revolution sprach. Trotzdem fand hier, beim Wechsel vom 626 zum Mazda6, nichts anderes statt: Die Revolution im Mazda-Autohaus.

Mazda6 (2002–2007)

Begleitet von einer Flutwelle enthusiastischer Presseberichte rauschte der Mazda6 im Juni 2002 nach Europa – zu Recht: Nie sah ein Mazda italienischer aus, selbst innen. Große Rundinstrumente mit Zierrähmchen, Lüftungsklappen, eine energisch auftretende Mittelkonsole, deren Plastik tatsächlich ein wenig nach Alu aussah: keine Spur mehr vom Kittelschürzenlook des 626. Und Sitze, die »auch einen 3er-BMW zieren würden« (*Auto Bild*). Das Ganze präsentierte sich dann noch in bester Mazda-Tradition nahezu perfekt verarbeitet und mit geschmackssicher ausgewählten Kunststoffen und Textilien dekoriert. An der Funktionalität war sowieso kaum etwas zu bemängeln, und die serienmäßige Klimaanlage ließ sich fein dosieren. Das Raumangebot genügte locker den Anforderungen von maximal fünf langen Lulatschen, und der 500-Liter-Kofferraum konnte durch die umlegbare Rücksitzbank noch wachsen.

Baß erstaunt zeigte man sich in Testerkreisen ob der Fahrwerksqualitäten, die 4,68 Meter lange und 1365 Kilo leichte Limousine ließ sich ebenso sportlich um die Ecken werfen wie ein MX-5. Mit vorderer Einzelradaufhängung an ungleich geformten Doppelquerlenkern und asymmetrisch platzierten Federn, neuer, flach bauender Mehrlenker-Hinterachse und elektrohydraulisch unterstützter Zahnstangen-Lenkung demütigte der Mazda in zahlreichen Vergleichstests die Konkurrenz. Ford nutzte dann Mazdas neue GG-Architektur als Basis für die eigene CD3-Plattform.

Das Motorangebot umfasste drei Benzin- und zwei Dieselmotoren, das 2,3-Liter-Topmodell mit 166 PS hatte Mazda mit variabler Ventilsteuerung versehen. Bei den Dieseln handelte es sich um moderne Common-Rail-Direkteinspritzer mit variabler Ladegeometrie. Unter den Benzinern war die Basismotorisierung mit 1,8 Litern und 120 PS am beliebtesten (wiewohl der 2,0-Liter mit 141 PS in Sachen Laufruhe und Kraftentfaltung die klar bessere Wahl darstellte), bei den Euro-3-Dieseln war man auch mit dem kleineren 121-PS-Triebwerk nicht schlecht angezogen. Unter den Sechsern macht vor allem die Ende 2002 lieferbare Nutzwerte-Variante (»Sport-Kombi«) das Rennen, nur als Limousine indes gab es den exotischen Mazda6 MPS, die Sport-Version mit 2,3 Liter-Turbo-Vierzylinder und 260 PS sowie Allradantrieb. Der erschien Anfang 2006 und sorgte dann noch einmal für ganz besonders enthusiastische Schlagzeilen einer Baureihe, die es auf über 130 Testsiege und Auszeichnungen brachte: Nie rauschte es heftiger im Blätterwald.

Mazdas Sechser präsentierte sich in drei Karosserie-Variationen.

MODELLE, VARIANTEN, PREISE

Modellreihen:	Viertürige Stufenheck-Limousine; fünftürige Fließheck-Limousine; Kombi
Motoren:	1798 cm³ / 88 kW (120 PS) bei 5500/min 1999 cm³ / 104 kW (141 PS) bei 6000/min 2488 cm³ / 122 kW (166 PS) bei 6000/min 2261 cm³ / 191 kW (260 PS) bei 5500/min ab 11.05 1998 cm³ / 89 kW (121 PS) CD bei 3500/min ab 9.02 1998 cm³ / 100 kW (136 PS) CD bei 3500/min ab 9.02
Ausstattung:	Comfort: 6 x Airbag, ABS, EFH v., ZV, Servo, Klima, verstellb. Lenksäule, CD-Radio. Exclusive: Spiegel in Wagenfarbe, beheizb. Außenspiegel, Leder-Lenkrad und -Schaltknauf, 16-Zoll-LM, Veloursbez., Armlehne v./h., EFH h., Klimaautom. Top: 17-Zoll-LM, BOSE-Sound-System, Xenon, Sitzheizung.
Varianten:	1.8 Comfort/Exclusive – 2.0 Comfort/Exclusive – 2.3 Top
Preise (€):	Ab 19.900,-

Starkes Stück: Mazda6 MPS mit 260 PS, Ausgabe 2006.

DSC gab es in der Basisausstattung nur gegen Aufpreis. Doch auch ohne galt der Wagen als sehr sicher.

Chronik

2001	Oktober: Weltpremiere für den 626-Nachfolger auf der Tokio Motor Show als fünftürige Fließheck-Limousine. Erste Ausprägung der neuen Markenstrategie, entstanden auf einer neuen Plattform, neue Motoren (MZR).
2002	Januar: Weltpremiere für die Stufenheck-Ausführung auf der NAIAS in Detroit. Februar: Produktionsbeginn Mazda6 (in Japan: Atenza) im gemeinsam mit Ford betriebenen AutoAlliance International Werk in Michigan (USA). Weitere Standorte: Hofu (Japan) und Jilin (China). Völlige Neukonstruktion. 2.3-l-Modell auch mit Allradantrieb lieferbar. April: Markteinführung Mazda6 Limousine in Deutschland. Drei Benzinmotoren, drei Ausstattungslinien. September: Einführung Mazda6 »Sport« mit Fließheck (ab € 20.400,-) und »Sport Kombi« (ab € 20.620,-). Einführung der Common-Rail-Diesel.
2004	April: Sondermodell Mazda6 »Dynamic«, nur Sport und Sport Kombi (122 kW / 166 PS): 18-Zoll-LM, Sonderlack, Teilleder, Verkleidungen im Metall-Look für Mittelkonsole und Türarmlehnen, Leder-Armlehnen, Türeinstiegsleisten aus Edelstahl. Juni: Alle Mazda6 jetzt serienmäßig mit DSC und TCS. Sondermodell »Mazda6 Sport Kombi Impression«: Nur 2,0 CD (100 kW), Metallic, Teilleder, elektr. Glasschiebedach. € 28.940,- November: Deutschlandpremiere für den Mazda6 MPS: Modifizierter Grill, neue Stoßfänger, Seitenschweller, ausgestellte Kotflügel. 18-Zoll-LM mit Reifen 215/45 R 18. Auspuffrohre durch die Heckschürze geführt, Spoilerlippe. Alu-Pedalerie, Alu-Applikationen am Schaltknauf, Ledersitze. Tachometerskala bis 280 km/h.
2005	Januar: Sondermodelle: Bestimmte Motorisierungen mit Navisystem; Diesel mit Standheizung. August: Modellpflege, fünf überarbeitete Motoren, Common-Rail-Diesel mit serienmäßigem Diesel-Partikelfilter. Zwei neu entwickelte Getriebe, Änderungen der Außenausstattung.
2006	Januar: Einführung Mazda6 MPS. 2,3-Liter-Benziner mit Direkteinspritzung und Turboaufladung (260 PS), Sechsgang-Getriebe, Allradantrieb mit aktiver Drehmomentverteilung. Fahrwerk und Karosserie modifiziert. € 34.800,-. Februar: 1.000.000 Mazda6 produziert. Juli: Sonderaktion »Diesel zum Benzinerpreis«. August: Sondermodelle »Active« und »Active Plus«. Mazda6 »Active«: Basis »Exclusive«, dazu BOSE-Sound-System, Sitzheizung, Xenon. »Active Plus«: Basis »Top«, dazu Leder, Einparkhilfe und mobiles Navi-System. Ab € 24.100,-.
2007	September: IAA-Premiere für den Nachfolger.

In den USA auch mit Sechszylinder zu haben, bildete hierzulande der MPS das Topmodell im Angebot.

Klappbare Sitze im Sport und im Kombi.　　　Kofferraumvolumen 492 bis 1712 Liter (erweitert).

Sehr gut verarbeitetes Cockpit mit bester Bedienbarkeit und vielen Ablagen. Die Alupedalerie verrät es: ein MPS.

Verhalf Mazdas Mittelklasse zu neuem Glanz: Mazda6, 2008.

Mazda6 (seit 2008)

Ein Stück weit funktioniert die Autoindustrie wie das Filmgeschäft: Einer erfolgreichen Premiere folgt über kurz oder lang ein zweiter Kassenfüller. Im Idealfall handelt es sich dabei, wie hier, um eine schlüssige Fortsetzung.

Der Sechser festigte Mazdas begonnenen Imagewandel hin zum Anbieter sportlich-emotionaler Autos, was man unter dem Begriff »Kizuna« verstanden wissen will. Damit bezeichnen die Japaner eine starke emotionale Bindung des Besitzers an sein Auto, die das Grundmotiv für diese Fortsetzungsstory geliefert hat. Will sagen: Wenn der Fahrer abends, vor dem Aussteigen, noch einmal liebevoll über die kunstvoll genarbten, ziselierten Softtouch-Oberflächen im Innern streichelt, das Auge sich ein letztes Mal an der rot-bläulich schimmernden Uhrensammlung der Instrumente erfreut, oder der Fahrer morgens vor dem Einsteigen einen ermunternden Klaps auf das nach dem japanischen Design-Dreiklang »Yugen« (Harmonie), »Rin« (Schärfe) und »Seichi« (Detailversessenheit) geformte Blech gibt, dann haben die Set-Designer um Youichi Sato alles richtig gemacht.

Ein gelungener Auftritt übrigens mit leichter Überlänge, denn der neue Sechser ist länger, breiter und höher als sein direkter Vorgänger, bietet aber vor allem hinten eine um 20 auf 947

Millimeter gewachsene Kniefreiheit. Die größere Breite bringt neun Millimeter mehr Schulterfreiheit und eine großzügig ausgeschnittene Heckklappe, was wiederum den Nutzwert steigert. Und das praktische, watscheneinfache Karakuri-Klappsystem – seitlichen Hebel ziehen, die Lehne klappt nach vorn, während sich die Sitzfläche senkt – ist sowieso eine feste Größe auf der Besetzungsliste.

Ganz großes Kino ist auch in Sachen Leichtbau angesagt. Dank des Diätprogramms bringt der neue Mazda6 es auf schlanke 1280 Kilogramm, verpackt in eine exzellente Aerodynamik mit oscarverdächtigen c_W-Werten.

Ebenfalls wieder ideal besetzt ist der Fahrwerkspart. Vorn sind es die betont hoch montierten doppelten Dreiecksquerlenker – nun mit Massendämpfer – auf einem jetzt an sechs (vorher: vier) Punkten mit der Karosserie verschraubten Hilfsrahmen. Das bringt noch mehr Stabilität in einen ohnehin schon wesentlich versteiften Aufbau. Hinten die bekannte Multi-Link-Hinterradaufhängung mit jetzt fast aufrecht stehenden Stoßdämpfern. Die Dämpfer haben so mehr Hebelweg und sprechen sensibler an: »Neutrales Handling, das nichts aus der Ruhe bringt«, lobt die *Süddeutsche*, und: »... gefällt mit seinem sportlich-direkt ausgelegten Fahrwerk«, schreibt *Auto Bild*. Wer sich trotz des narrensicheren Fahrverhaltens doch einmal

Eilige Dreieinigkeit: Am Karosserieangebot hat sich nichts geändert.

Feinfühlig wird jeder der rein elektrisch unterstützen Steuerbefehle umgesetzt.

MODELLE, VARIANTEN, PREISE

Modellreihen:	Viertürige Stufenheck-Limousine; viertürige Fließheck-Limousine mit Heckklappe; Kombi
Motoren:	1798 cm³ / 88 kW (120 PS) bei 5500/min 1999 cm³ / 108 kW (147 PS) bei 6500/min 2488 cm³ / 125 kW (170 PS) bei 6000/min 1998 cm³ / 103 kW (140 PS) CD bei 3500/min
Ausstattung:	Comfort: 6 x Airbag, ABS, DSC, TCS, EBA, EFH, ZV, Servo, LM, LED-Rück- und Bremsleuchten, Klima, verstellb. Lenksäule, CD-Radio. Exclusive: Leder-Lenkrad und –Schaltknauf, elektr. anklappb. Außenspiegel, Klimaautomatik, Bordcomputer, Tempomat, Lichtsensor, Regensensor, Nebelscheinw., 6-fach-CD-Wechsler, Lenkradfernbed. Dynamic: BOSE-Sound-System, Bi-Xenon mit Kurvenlicht, Reifendruck-Kontrollsystem, Sport-Optik-Paket, Sitzheizung, Leder, 18-Zoll-LM, abgedunkelte Heckscheibe und Seitenscheiben. Top: Keyless Go, Parkpilot v./h.
Varianten:	Comfort, Exclusive, Dynamic, Top
Preise (€):	Ab 22.900,-

Sport-Optik: 18-Zöller, Frontschürze und Nebelleuchten.

Straff, aber nicht unkomfortabel: Die neuen Achsen haben das Fahrverhalten noch einmal spürbar verbessert.

ein wenig überschätzen sollte – wobei das Fahrwerk wesentlich mehr kann als das Gros der Autofahrer –, dem assistieren zahlreiche elektronische Helfer. Das DSC greift spät und sanft, aber bestimmt ein. So leicht bringt man den neuen Star in der Mittelklasse nicht aus der Spur.

Das Angebot der drei MZR-Benzinaggregate reicht von 1,8 Litern und 120 PS über den Zweiliter mit 147 PS bis zum neuen Topmotor, dem 2,5-Liter mit 170 PS, der den bisherigen 2,3-Li-

ter ersetzt. Der Diesel-Direkteinspritzer mit Rußpartikelfilter hat ebenfalls im ersten Teil schon mitgespielt, hat jetzt aber drei PS weniger. Der Verlust ist zu verschmerzen, da der Konsum im EU-Zyklus – wie bei den Benzinern auch – spürbar sank. Der Minderverbrauch soll sich auf bis zu 13 % belaufen. Stichwort Gagen: Die Forderungen sind sehr moderat ausgefallen, Einlass ab 22.500 Euro. Dieses Sequel hat zweifelsohne das Zeug zum Blockbuster ...

Chronik	
2007	September: Premiere auf der IAA für die zweite Generation des Mazda6. Limousine und Fließheck haben die gleichen Maße, sind allerdings länger (4.735 mm, + 65 mm), breiter (1.795 mm, + 15 mm) und höher (1.440 mm, + 5 mm) als das Vorgängermodell, Radstand 2.725 mm (+ 50 mm). Schrägheck mit drittem Seitenfenster. Höherwertige Materialqualität im Interieur mit scheinbar frei schwebendem Instrumententräger.
2008	Februar: Einführung Mazda6 Limousine und Mazda6 Fließheck. Markante optische Änderungen gegenüber dem Vorgänger: Vorderbau mit neuem Scheinwerfer-Design, größerem unteren Lufteinlass und vertikalen Nebelscheinwerfern; Bremsleuchten ab Werk mit LED-Einsätzen.
	April: Einführung Mazda6 Sport Kombi mit automatisch nach oben schwingender Laderaumabdeckung; Fassungsvermögen des Gepäckraums bis zu 1751 Liter. Mit 4765 mm Länge (+ 75 mm), 1.795 mm Breite (+15 mm) größer als die anderen Ausführungen. Lieferbar mit den drei Benzinern (120, 147 und 170 PS) sowie dem 140 PS-Diesel. Ab € 23.400,-.
2009	Januar: 2,2-Liter-MZR-CD-Turbodiesel in drei Leistungsstufen (136 kW / 185 PS, 120 kW / 163 PS, 92 kW / 125 PS) ersetzt bisherigen 2,0-Liter.

Trotz besserer Ausstattung ist der Newcomer um bis zu 50 kg leichter geraten als der Vorgänger.

Gut gemacht: Beim Öffnen der Kombi-Heck-klappe geht die Laderaumabdeckung mit.

Gelungene Ergonomie, gute Sitze und einfache Bedienung. Das Navi kostet extra.

Schon damals eine Rarität: Mazdas 929 Coupé, wie es zwischen 1977 und 1978 zu haben war.

Mazda 929
Kein Anschluss unter dieser Nummer

Die ersten großen Mazdas hatten Ähnlichkeit mit dem Ungeheuer von Loch Ness: Immer wieder tauchten Bilder in der Presse auf, doch niemand konnte glaubhaft versichern, wirklich einem begegnet zu sein.

Mazda 929 (1977–1978)

Bereits kurz nachdem der 929 zum ersten Mal gesichtet worden war – im November 1973 – schlug er in Deutschland Wellen. Schuld daran waren Pressemeldungen, die sich letztendlich als Enten entpuppten, denn hinter Nessie steckte nicht der erwartete Kreiskolben-Motor, sondern nur ein ebenso robuster wie konventioneller 1,8-Liter-Vierzylinder-Motor mit 83 PS. Die angekündigte RX-4-Version mit Zweischeiben-Wankelmotor, einem Kammervolumen von 2 x 574 cm³ und einer Leistung von rund 110 PS trat im Mutterland des Wankels nie in Erscheinung. RX-4-Karosse und ein Motor der Gattung »Schüttelhuber« zusammen ergaben den Mazda 929, wie er dann im Frühjahr 1977 bei den deutschen Händlern in den Auslagen erschien. In Österreich und der Schweiz stand er schon länger im Angebot, daher wurde dort auch groß darauf hingewiesen, dass es sich nunmehr um die verbesserte Ausführung des 929 handelte mit neuem Kühlergrill, gummibelegten Stoßfängern und überarbeitetem Fahrwerk mit neuen Dreieckslenkern vorn und verstärkter Bremsanlage. In Deutschland aber, so schien es, hatte trotzdem niemand mit seinem plötzlichen Auftauchen gerechnet. Und noch weniger hatte man ihn vermisst: Der 4,40 Meter lange Wagen war nach Meinung deutscher

Tester im Grunde genommen ebenso überflüssig wie das Sommerloch.

Die technische Basis bildete die LA-Plattform des Vorgängermodells Luce 1800, entsprechend konventionell aufgebaut zeigt sich das Fahrwerk mit Federbeinen vorn und einer starren, an Blattfedern aufgehängten Hinterachse. Dieses japanische Durchschnitts-Fahrwerk war in Federung und Dämpfung typisch weich abgestimmt, die Hinterachse trampelte und schlug Wellen wie Nessie beim Durchbrechen der Wasseroberfläche: Bei einem Vergleichstest 1978, der die japanischen Flaggschiffe zur Regatta antreten ließ – Honda Accord, Datsun 200 L, Mitsubishi Galant und Toyota Cressida – ließen die Tester kein gutes Haar am barocken Mazda. Fadingempfindliche Bremsen, schlechte Sitze, ein unübersichtliches Instrumentarium, stuckerige Federung, dazu ein bestenfalls durchschnittlicher Motor ... deutsche Tester (die weder die Zuverlässigkeit noch die Robustheit der Konstruktion zu würdigen wussten) fanden kaum Gründe, dafür fast 14.000 Mark zum Händler zu tragen. Dort übrigens bewiesen die 929 alsbald ein letztes Mal ihre Ähnlichkeit mit dem sagenhaften schottischen Ungetüm: Schneller als sie gekommen waren, tauchten sie in der Versenkung unter. Und kaum jemand hatte sie gesehen.

Im Rest der Welt bereits seit Ende 1973 verkauft, wurde der 929 Anfang 1977 in Deutschland eingeführt.

Raritäten unter sich: RX-5 (li.) und 929 in der Heck- ...

... und in der Frontansicht. Der Fünfer war moderner.

MODELLE, VARIANTEN, PREISE	
Modellreihen:	Viertürige Stufenheck-Limousine; Coupé
Motoren:	1769 cm³ / 61 kW (83 PS) bei 5000/min
Ausstattung:	Getönte Scheiben, Verbundglasscheibe vorn mit eingelassener Antenne, Zeituhr, heizbare Heckscheibe. Coupé: Drehzahl-messer, versenkbare hintere Seitenschei-ben, Mittelkonsole, Breitreifen.
Varianten:	929
Preise (DM):	12.990,- / 13.890,- (Limousine / Coupé)

Chronik:	
1977	Februar: Einführung der Modellreihe, lieferbar als viertürige Limousine (auf Wunsch mit Automatik) und Coupé. Kombi in Deutschland nicht im Angebot.

Steuerzentrale: Das Cockpit des 929 / RX-4.

Umfassend überarbeitet und mit neuem Kühlergrill im Mercedes-Format präsentierte sich das Mazda-Flaggschiff im Modelljahr 1980.

Mazda 929 L (1978–1981)

Nach noch nicht einmal anderthalb Jahren auf dem deutschen Markt wurde das Mazda-Topmodell ausgewechselt.

Andererseits gab es nun für 14.440 Mark bei den knapp 850 Mazda-Händlern einen geräumigen Viertürer zum Spar-Preis mit umfangreicher Ausstattung und solide gezimmerter Karosserie. Im Grunde genommen handelte es sich dabei um nichts anderes als den Neuaufguss des sattsam bekannten Fahrzeugkonzeptes, verfeinert um eine nun an Schraubenfedern geführte hintere Starrachse und Querstabilisator, der der Wankneigung in den Kurven entgegenwirken sollte: Dieses Fahrwerkslayout hatte Mazda bereits beim Capella 616 angewandt, und es geriet auf jeden Fall überzeugender als die bisherige Konstruktion mit den halbelliptischen Blattfedern. Von Perfektion mochte dennoch niemand sprechen, die reichlich gefühllos agierende Kugelumlauflenkung und der nur durchschnittliche Fahr- und Federungskomfort des Mazda-Dickschiffes sprachen dagegen.

Unter der Haube saß ein Zweiliter-Motor mit fünffach gelagerter Kurbelwelle und Querstromzylinderkopf aus Leichtmetall, der 90 PS leistete. Dabei handelte es sich um eine Neukonstruktion, die dann in verschiedenen Auf- und Ausbaustufen und Hubraumgrößen von 1,8 bis 2,2 Liter bis 2002 in Produktion bleiben sollte.

Richtig unerfreulich waren eigentlich nur die Ersatzteilpreise und der horrende Wertverlust von rund 40 Prozent im ersten Jahr. Das lag zwar im Rahmen der anderen Fernost-Limousinen, aber unter dem Durchschnitt der deutschen Konkurrenz. Dafür waren die Verkaufszahlen ganz passabel, rund 18.700 Mazda 929 gingen in den Verkehr. Und es hätten durchaus noch einige mehr sein können, doch ganz sicher spielte dabei auch die eigentümliche Optik eine Rolle. Die Herren von Toyo Kogyo hatten nach der falschen Seite über den großen Teich geschaut und schufen mit dem 929 L ein Spätwerk des amerikanisch-japanischen Blechbarocks. Beim Facelift im April 1980 wurde dies so gut wie möglich korrigiert. Die neue Form führte, bei unverändertem Radstand von 2610 mm, zu einer um zehn Zentimeter gewachsenen Außenlänge, doch die »neue Philosophie sachlich gestylter Autos europäischen Zuschnitts« gefiel dem Publikum auch nicht übermäßig gut. Ein Geheimtipp blieb Zeit seines Lebens der 929 Kombi, der viel gut ausgestatteten Platz für so wenig Geld wie sonst nirgends bot.

929 L, Jahrgang 1978: Ein Spätwerk japanischen Blechbarocks.

In Preis und Zuverlässigkeit war der Mazda unschlagbar.

MODELLE, VARIANTEN, PREISE

Modellreihen:	Viertürige Stufenheck-Limousine, Kombi
Motoren:	1970 cm³ / 66 kW (90 PS) bei 4800/min
Ausstattung:	Scheibenantenne, abschließbares Handschuhfach, beleuchteter Aschenbecher, Tankverschluss und Kofferraumschloss elektrisch zu entriegeln, Scheinwerfer-Waschanlage
Varianten:	929 L
Preise (DM):	14.440,-

Chronik:

1978 September: Einführung des 929 L. Charakteristisch die Frontpartie: zwei übereinanderliegende Rechteckscheinwerfer im Chromrahmen und markanter Kühlergrill. Nur eine Variante lieferbar, Viergang-Handschaltung serienmäßig.

1979 Mai: Es erscheint als zusätzliche Variante die Kombi-Version Variabel (DM 15.440,-).

1980 April: Facelift, neue Front- und Heckpartie. Breitband-Scheinwerfer, Kühlergrill flacher und breiter, breite Flankenschutzleisten, Kunststoff-Stoßstangenecken. Heckleuchten reichen nun bis zum Nummernschildfeld, Inneneinrichtung in Details modifiziert (anderes Lenkrad, Bandscheibenstütze für Fahrersitz, elektrisch verstellbarer Außenspiegel, beleuchtetes Zündschloss).
September: Fünfgang-Getriebe für die Limousine erhältlich.

1982 Zum Frühjahr abgelöst; Kombi überarbeitet (Fünfgang-Getriebe, geteilt umklappbare Rücksitzlehne) beibehalten.

Sogar eine Umrüstung auf Autogas war möglich: Mazda 929, 1981.

Das 929-Cabriolet des Mazda-Händlers Döbele aus dem schwäbischen Tuttlingen blieb leider ein Einzelstück.

Neuer Motor, überarbeitete Optik und eine noch üppigere Ausstattung nach dem Facelift vom Februar 1984.

Mazda 929 (1982–1987)

Gleicher Name, gleiche Gene, aber völlig unterschiedlich in Anspruch und Charakter: 929 Limousine und Coupé schien trotz gleicher Technikplattform mehr zu trennen als zu verbinden. Hier der graue, kantige Viertürer, so unauffällig wie ein Pullunder im Finanzamt. Und dort das Coupé mit seinen fließenden Linien, der flachen Schnauze und der koketten Seitenscheibe in der B-Säule, verführerisch wie ein roter Bikini. Diesen Auftritt der ganz anderer Art verdankte das Coupé der Tatsache, dass es eigentlich von der »Cosmo«-Reihe abstammte, einem Familienzweig, in dessen Ahnengalerie der aufregende 110 S von 1967 zu finden war, während der 929 zum Luce-Clan gehörte. Diese Reihe hatte der von Michelotti gestylte Mazda Luce 1800 begründet.

Cosmo- wie Luce-929 waren für den Binnenmarkt in zwei viertürigen Karosserievarianten zu haben, als Hardtop (mit schmalen Dachpfosten) und als Sedan. Den Luce-929 gab es allerdings nicht als zweitüriges Coupé, dafür aber stand der Hardtop-Viertürer mit Coupé-Schnauze als Mitglied der Cosmo-Familie für japanische Kunden zur Verfügung. Die konnten auch zwischen drei verschiedenen Wankel-Triebwerken wählen, in den Export gingen aber nur die konventionellen Vierzylinder.

Bei gleichem Radstand war das Coupé nur um 2,5 Zentimeter kürzer, aber 6,5 Zentimeter niedriger als die 929-Limousine (die dem japanischen Sedan entsprach), die windschnittige Keilform mit abgerundetem Bug und effektheischenden Klappscheinwerfern unterstrich den sportlichen Anspruch. Beim Fahrwerk der als HB codierten Plattform gaben sich die Mazda-Werker besonders viel Mühe, Einzelradaufhängung vorn und Schräglenker-Hinterachse sollten europäische Ansprüche erfüllen. Alles beim Alten indes unter der Motorhaube, der bekannte FE-Zweiliter-Vierzylinder lieferte die Kraft seiner 90 PS an die Hinterachse, ab 1984 waren es noch einmal elf mehr.

Übertriebene Sportlichkeit stand trotzdem nicht zu befürchten, knapp 1,2 Tonnen wollten erst einmal in Fahrt gebracht werden. Für den Alltag aber war allemal genug Temperament vorhanden, und dass das weich gefederte Fahrwerk nicht für hohe Kurvengeschwindigkeiten gut war, ließ sich auch verkraften. Wer einen 929 kaufte, erhielt – auch wenn er zum Coupé griff – eine langstreckentaugliche, komfortable Familienkutsche mit überkompletter Ausstattung und sauberer Verarbeitung. Groß waren die Unterschiede zwischen Limousine und Coupé also nicht.

Viel Glas, niedrige Gürtellinie und flache Haube: Merkmale des japanischen 929 des Jahres 1982.

MODELLE, VARIANTEN, PREISE

Modellreihen:	Viertürige Stufenheck-Limousine, Kombi, Coupé
Motoren:	1970 cm³ / 66 kW (90 PS) bei 4800/min 1998 cm³ / 74 kW (101 PS) bei 5600/min ab 3.84 1996 cm³ / 88 kW (120 PS) bei 5400/min ab 10.84
Ausstattung:	Lenkradhöhenverstellung, ZV, Fernentriegelung von Kofferraumhaube und Tankklappe. Coupé: Servo, Tempomat, elektr. verstellb. Außenspiegel, Instrumenten-Anzeige über Leuchtdioden
Varianten:	929 LX/GLX – 2.0 1
Preise (DM):	16.840,- / 18.840,- (929 LX / Coupé)

Chronik:

1982 Zum Frühjahr erscheinen 929 Limousine und Coupé bei den Händlern. Neue Karosserien, Kombi nur leicht modifiziert beibehalten. Völlig eigenständig im Design ist das 929 Coupé mit Klappscheinwerfern und Fenster in der B-Säule.

1984 März: Modellreihe neu gegliedert und mit 74-kW-Motor aus dem Mazda 626 GLX ausgestattet. Kombi unverändert beibehalten. Limousine: schmalere Scheinwerfer, vordere Blinker in Stoßstange eingelassen, breitere Seitenschutzleisten. Innen in Details modifiziert (Lenkrad neu). Coupé: Blinker in vordere Stoßstange integriert, breitere Seitenschutzleisten, Chrom-Zierleiste zwischen Grill und Haube. Seitenfenster der B-Säule schwarz verblendet. Grundmodelle heißen LX, besser ausgestattete GLX. Neues Automatikgetriebe mit Overdrive und Wandlerüberbrückung lieferbar. Oktober: Einführung Motor-Variante 2.0i mit Benzineinspritzung (L-Jetronic, System Bosch). 2.0i-Coupé mit elektronisch geregelter Fahrwerksabstimmung, die Dämpferabstimmung kann manuell eingestellt werden (Stufen Hard/ Soft/Auto). Preise: DM 22.950,-/24.950,-.

1985 Kombi-Import zum Frühjahr eingestellt, Abverkauf der Restbestände.

1987 Modellwechsel im April des Jahres.

929 Kombi, Jahrgang 1982.

Ab Oktober 1984 gab es Limousine und Coupé auch als 2,0i mit L-Jetronic-Benzineinspritzung und elektronischem Fahrwerk.

Die Premiumklasse im Visier: Mazdas 929 erschien 1990 mit einem V6 und einem mächtigen Kühlergrill.

Mazda 929 (1987–1991)

Der Mazda 929, in vierter Auflage seit Frühjahr 1987 auf dem Markt, sollte nun endlich den Durchbruch in die automobile Oberklasse bringen. Dafür allerdings braucht man hierzulande immer noch einen Untertürkheimer Stammbaum, eine weiß-blaue Vergangenheit oder den Adel, den nur echtes Connolly-Leder verleiht. Der Mazda hatte nichts von all dem und tat sich entsprechend schwer.

Konservativ gestylt bis an die Grenzen der optischen Selbstverleugnung, hatte die knapp 4,90 Meter lange Neuauflage dennoch wenig Ähnlichkeiten mit ihren Vorgängern von der gleichen Feldpostnummer, die kleiner, eckiger und kantiger gewesen waren.

Im Vergleich zu diesen fuhr der große Mazda sich allerdings wesentlich geschmeidiger, eine Folge der komplett neuen Fahrwerksarchitektur, interne Bezeichnung HC. Dahinter verbargen sich die übliche McPherson-Achse – wobei die Schubstreben-Lager flüssigkeitsgedämpft waren – und eine neue Mehrlenker-Hinterachse an Federbeinen, Quer- und Längslenkern. Der Aufwand änderte aber nichts daran, dass die deutschen Konkurrenten auf kurvigen Strecken einen schlankeren Fuß machten. Die relative Leichtigkeit unterstrichen die neuen

Motoren, allen voran der prächtig schnurrende Dreiventil-V6, der dem 929 im Sinne des ernsthaft-noblen Auftretens sehr gut zu Gesicht stand. Er bot ein mehr als ausreichendes Beschleunigungsvermögen und wuchtete den Nobel-Mazda in 10,2 Sekunden zur 100-km/h-Marke. Glatt und ruhig auf der Straße, klang er nur beim Kaltstart ein wenig unwillig und hart.

Der Innenraum war ebenso plüschig wie geräumig, wenn auch weniger weiträumig, als zu erwarten gewesen wäre. Die x-fach verstellbaren Vordersitze sahen größer und bequemer aus, als sie tatsächlich waren, ganz lange Lulatsche konnten den Fahrersitz nicht weit genug nach hinten schieben. Darüber hinaus klebten große Menschen tendenziell eher am Dachhimmel, immerhin ließ sich zumindest im Topmodell die Lenkradneigung einstellen. Die Beinfreiheit hinten ging in Ordnung, doch wenn fünf Personen mitfahren wollten – Gesamtzuladung 620 Kilo – wurde es hinten richtig eng. Bedienung und Ablesbarkeit der großen analogen Instrumente gestalteten sich tadellos, nur beim Lenkrad hatte die Designer die Inspiration verlassen. Im Grunde genommen fehlte ihm aber nur eines, und das ist unverzeihlich im Kreise der Nobelmarken: das Image. Daran ändern auch polierte Wurzelholz-Einlagen nichts.

Die knapp 4,90 m lange Neuauflage des 929 war konservativ gestylt.

MODELLE, VARIANTEN, PREISE

Modellreihen:	Stufenheck-Limousine mit vier Türen
Motoren:	1998 cm³ / 85 kW (115 PS) bei 5300/min
	2169 cm³ / 100 kW (136 PS) bei 5500/min
	2169 cm³ / 85 kW (115 PS) Kat bei 5000/min ab 2.88
	2169 cm³ / 94 kW (128 PS) Kat bei 5000/min ab 9.89
	2918 cm³ / 140 kW (190 PS) bei 5500/min
	2918 cm³ / 125 kW (170 PS) Kat bei 5300/min ab 2.88
	2918 cm³ / 123 kW (167 PS) Kat bei 5300/min ab 9.89
Austattung:	LX: Colorverglasung, von innen verstellb. Außenspiegel, höhenverstellb. Lenkrad. GLX: elektrisches Stahlhub- und Schiebedach, EFH, ZV. GLX 3.0: elektronisch gest. Servo, ABS, beheizbare Frontsitze
Varianten:	2,0 LX – 2,2i GLX – 3.0i GLX
Preise (DM):	26.300,- / 29.800,- / 38.800,-

Chronik:

1987 April: Einführung Mazda 929 als Stufenheck-Limousine, Coupé nicht mehr im Programm, für Japan aber weiter angeboten. Drei Motoren stehen zur Wahl, darunter der neue V6 mit Dreiventil-Zylinderkopf. Extras: Metallic-Lackierung DM 490,-; Klimaanlage DM 2000,-; Automatik DM 2100,-.

1988 Februar: Einführung der G-Kat-Motoren 2,2 l und 3,0 l V6.
Dezember: Straffung der Modellreihe, Grundmodell 2.0 LX aus dem Importprogramm gestrichen.

1989 Zum Frühjahr leicht überarbeitet, der 929 erhält ein Nase im Stil des Audi V8 mit aufgesetzter Kühlermaske und Chromumrandung. Motoren ohne Katalysator aus dem Modellprogramm gestrichen.
September: IAA-Modellpflege, Motoren überarbeitet und in der Leistung verändert. Nur noch in GLX-Ausstattung lieferbar.

1991 Dezember: Importende.

Die Gesamtzuladung lag bei 620 Kilo.

Mit dem Dreiliter-Sechszylinder-Aggregat und dem Dreiventil-Zylinderkopf gehörte der 929 zu den besten japanischen Limousinen auf dem Markt.

Die

Luxusklasse

Angriff auf die deutsche Premiumklasse: Der Xedos bildete die Speerspitze der Mazda-Offensive.

Xedos 6
Kunst-Stück

Die Vorstellung des Xedos 6 im Sommer 1992 bildete einen Meilenstein in der Geschichte von Mazda. Zum ersten Mal, so war zu vernehmen, wagte sich Mazda in das Segment der gehobenen Mittelklasse, dorthin, wo die deutschen Platzhirsche aus München und Untertürkheim ihr Revier hatten. Mazdas Mittelklasse-Kunstwerk wagte unter dem Kunstnamen Xedos die kalkulierte Provokation.

Und die erste Runde ging an ihn. Design-Papst Giugiaro, von *auto motor und sport* nach seiner Meinung gefragt, fand viel lobende Worte – mit leichter Kritik für den nachträglich aufgesetzten Heckspoiler – und bezeichnete den 4,56 Meter langen Entwurf als Mittelding zwischen Limousine und Coupé – gut ein Dutzend Jahre, bevor Mercedes mit dem CLS diese Fahrzeugkategorie, preislich drei Stufen darüber angesiedelt, für sich entdeckte.

Die Journalisten investierten nicht so viel Gehirnschmalz, sie schrieben einfach von einem kleinen Jaguar und hakten damit das Designkapitel ab. Und ob, wie Mazda behauptete, die Karosseriefugen tatsächlich um 15 oder 30 Prozent exakter eingepasst waren als bei den anderen, den gutbürgerlichen Mazda, interessierte sie auch nicht. Warum auch? Schon die Volksausgaben hangelten diesbezüglich an der Grenze zur Perfektion, man durfte seinen letzten Hirschhornknopf darauf verwetten, dass der Neuankömmling dem Rudel keine Schande machen würde.

Der Detailaufwand fand auch im Fahrwerk seinen Widerhall, auch wenn im Großen und Ganzen der Xedos an Vorder- und Hinterachse eine große Portion Mazda 626 mit auf den Weg bekommen hatte. Bei dem waren diese wohl nicht so sorgsam abgestimmt worden, jedenfalls klatschte nur beim Xedos die Presse so enthusiastischen Beifall. Die paar Buhrufe wegen des synthetisch wirkenden Lenkgefühls fielen nicht weiter ins Gewicht, und das Gemäkel an viel Plastik und Hartkunststoff im Cockpit war kaum mehr als der Versuch, irgendetwas zu finden, was nicht perfekt sein könnte.

Unter der Designer-Haube saß ein Zweiliter-Sechszylinder, der die 1250 Xedos-Kilo mit einer so geschmeidigen Wucht nach vorne riss, dass jeder Dreier angstvoll losröhrte. Im Xedos herrschte dabei eine andächtige, von der Außenwelt gänzlich entkoppelte Stille, die laut nach der Oberklasse rief. Doch weil sich alle auf den prächtigen Sechszylinder, die elegante Form und die technische Perfektion konzentriert hatten, blieben Charakter und Herzklopfen auf der Strecke: Kunst muss leben, sonst wirkt sie nicht. 1999 war das letzte Modelljahr für Mazdas Skulptur auf Rädern. Der Xedos blieb ohne direkten Nachfolger.

Weich und rund gezeichnet, folgte der elegante Xedos der Formensprache des Biodesigns.

MODELLE, VARIANTEN, PREISE

Modellreihen:	Limousine viertürig
Motoren:	1598 cm³ / 83 kW (113 PS) bei ab 4.94 1598 cm³ / 79 kW (107 PS) bei 6200/min ab 8.94 1995 cm³ / 106 kW (144 PS) V6 bei 6000/min 1995 cm³ / 103 kW (140 PS) V6 bei 6000/min ab 8.94
Ausstattung:	Airbag, ABS, Servo, LM, EFH, ZV, beheizb. Außenspiegel, Velours, Lederlenkrad und -schaltknauf, Kartentaschen an den Lehnenrückseiten. 2.0: LM, Tempomat.
Varianten:	Xedos 6 2.0i V6 – 1.6i 16V
Preise (DM):	42.970,-

Chronik:

1992 Juni: Einführung des Xedos 6 2.0i V6 bei ausgewählten Händlern des im Aufbau befindlichen Plus-X-Händlernetzes. Basis 626, aber eigenständige Karosseriegestaltung, V6-Motor und 144 PS. Optional: 4-Stufen Automatik (DM 1650,-), Glas-Schiebedach (DM 1600,-), Ledersitze mit elektr. Verstellmöglichkeit (DM 2500,-), Klima (DM 2000,-), Audio (DM 990,-).

1994 April: Einführung Xedos 6 1.6i 16V (Motor aus MX-5 113 PS), ABS, Servo, Fahrerairbag, EFH, ZV, Lederlenkrad, elektr. Außenspiegel. DM 36.250,-. August: Leistungsreduzierung 1,6-Liter auf 107 PS, 2,0i V6 auf 140 PS. Neue Führungsbuchsen, erhöhte Servodrücke verbessern das Lenksystem, modifizierte Fahrwerksabstimmung, modifizierte Heizung/Lüftung. Einführung der Ausstattungslinien Basis, Business (1.6: Klima, LM, Nebelscheinw.; 2.0: zusätzl. Tempomat, Klimaautom., elektr. verstellb. Fahrersitz) und Exclusiv (nur V6: Leder, Sitzheizung).

1996 August: Beifahrerairbag serienmäßig.

1997 November: Rückrufaktion wegen der vorderen Fahrwerksfedern.

1998 November: Straffung der Modellreihe, Entfall der Basis-Modelle 1.6i 16V und 2.0i V6.

1999 September: Produktionsende.

Stimmig, aber viel Plastik: Xedos-Cockpit.

Ursprünglich nur mit dem Zweiliter-V6 und 144 PS lieferbar, folgte später dann eine Vierzylinder-Variante.

Trotz einer Außenlänge von 4,83 und einer Breite von 1,77 Meter wirkte der Xedos 9 grazil.

Xedos 9
Aufzeichnungen eines Unsichtbaren

Es ist nicht ganz einfach, 4,80 Meter Blech, Lack und Chrom im Straßenverkehr verschwinden zu lassen. Mazda schaffte, wenn auch ungewollt, das Kunststück mit dem Xedos 9. Dabei hatte der Mazda für das D-Segment viel mehr zu bieten als nur gesundes Selbstvertrauen.

Davon kündete zumindest der breite Kühlergrill, der die Front dominierte. Beim Xedos 6 noch schmal und zurückhaltend, fletschte er hier ordentlich die Zähne – allerdings nicht aufdringlich, das hätte der Designphilosophie vom aggressionsfreien Styling widersprochen. Eher im Gegenteil: Freundlich lächelnd warb er um die Gunst der verwöhnten Oberklasse-Klientel, schmeichelte sich schon in der Grundausstattung mit zwei Airbags, Leichtmetallrädern, elektrischen Fensterhebern, Lederlenkrad und fünf Lautsprechern bei der eher konservativ eingestellten Käuferschar ein.

Aus dem weit gespreizten Motorprogramm des Konzerns hat-

ten es für Europa zwei Sechszylinder unter die elegant gewölbte Motorhaube geschafft, der bereits aus dem kleinen Xedos 6 bekannte Zweiliter-Sechzehnventiler mit 144 PS und der sattsam bekannte 2,5-Liter mit 167 PS und einem maximalen Drehmoment von 212 Newtonmetern bei 4900 Umdrehungen. Diese beiden boten die notwendige Laufkultur und den erforderlichen Punch, um es mit den Besten der Zunft aufnehmen zu können. Und an technische Kabinettstückchen wie den Miller-Motor, einen 2,3-l-V6 mit Druckwellenlader, der später im Xedos zu haben war, wagte sich die Konkurrenz sowieso nicht.

Oberklasse stellt ja ganz besondere Ansprüche an den Fahrkomfort, und die neue Mehrlenker-Hinterachse war ein bemerkenswerter Fortschritt hin in Richtung Fahrgenuss. Oberklasse impliziert aber auch Langlebigkeit, die Mazda mit einer zu 90 Prozent aus galvanisiertem Stahl bestehenden Karosserie-

Neuer Anlauf in der Oberklasse: Für das Modelljahr 2001 wurde der Xedos überarbeitet.

In den Kofferraum passten 407 Liter.

Nur der 2,5-l-V6 war auch mit Vierstufen-Automatik lieferbar.

Totalschaden: In Europa tat sich der Xedos schwer.

struktur sicherstellte, so dass Korrosion über Jahre kein Thema war. Blechbereiche, die besonderer Beanspruchung ausgesetzt waren, etwa Front- oder Fahrzeugunterseite, erhielten eine Zink/Nickelbeschichtung. Dazu kam ein aufwändiges Lackierverfahren mit neuartigen Zentrifugalzerstäubern, die die Farbe in drei extrem dünnen Schichten auftrugen, gefolgt von einer Dreifach-Klarlackschicht. Doch möglicherweise war gerade dieses neuartige Lackverfahren der Grund dafür, dass der große Xedos in der Masse der Audi, BMW und Mercedes unterging. Und da Mazda, dem Aggressionsfreien verpflichtet, ihn auch in der Werbung nicht in den Vordergrund rückte, wurde er alsbald völlig unsichtbar ...

In den USA und Japan lief der Xedos als Millenia.

MODELLE, VARIANTEN, PREISE

Modellreihen:	Stufenhecklimousine, viertürig
Motoren:	1995 cm³ / 105 kW (143 PS) V6 bei 6000/min 2497 cm³ / 123 kW (167 PS) V6 bei 6000/min 2255 cm³ / 155 kW (210 PS) V6 bei 5300/min von 10.95-10.00 2497 cm³ / 120 kW (164 PS) V6 bei 6000/min ab 10.00
Ausstattung:	Basis: 2 x Airbag, ABS, Servo, ZV, EFH, Tempomat, elektr. verstellb. Außenspiegel, Halogen-Scheinw., LM, Lederlenkrad. 2.5i: TCS. Business: Klimaautomatik, elektr. verstellb. Fahrersitz, Sitzheizung, Automatik, elektr. Glasschiebedach, Leder.
Varianten:	2,0i V6 / Business – 2.5i V6 / Business / Exclusiv
Preise (DM):	DM 49.950,- / 54.850,- – 56.700,- / 61.600,- / 69.100,-

Chronik:

1993 November: Markteinführung des Xedos 9, der innerhalb der deutschen Modellpalette den Mazda 929 ersetzt.

1995 Oktober: Einführung des Xedos 9 Miller Cycle Engine: 2,3-l-V6 mit Comprex-Druckwellenlader. Ausschließlich mit Automatik lieferbar, max. Drehmoment 290 Nm bei 3700/min, Vmax 236 km/h. Varianten: Business (Klimaautom, elektr. verstellb. Sitze, DM 72.250,-) und Exclusive (elektr. Schiebedach, Leder, DM 75.600,-).

2000 Oktober: Straffung der Modellreihe, Wegfall des 2,0i und des »Xedos 9 Miller Cycle 2.3i V6 Exclusive«. Facelift beim verbliebenen Xedos 9: Neue Front mit Fünfpunkt-Kühlergrill und großen Scheinwerfern mit Mehrfach-Reflektoren. Modifiziertes Fahrwerk (Achsträger aus Leichtmetall, vergrößerte Bremsscheiben, ABS), modifizierter 2,5-l-V6, ausschließlich in Kombination mit einer Vierstufen-Automatik. Verbesserte Ausstattung (Seitenairbags). DM 63.040,-.

2003 Januar: Der Xedos 9 taucht nicht mehr in den deutschen Preislisten auf.

Serienmäßig war das Lederlenkrad, das Navi mit großem LCD-Display kostete extra: Xedos 9, 2001.

Miller-Motor: 2,3-l-V6 mit Druckwellenlader.

Die

Wankel-Typen

Die Wankel-Ausführung des Mazda 818 hatte eine bullige Frontpartie. Foto: Schwab

Mazda RX-3
Eine Frage der Zeit

Viel später gab ein russischer Staatsmann zu bedenken: Wer zu spät kommt, den bestraft das Leben. Er vergaß zu erwähnen, dass man auch zur Unzeit kommen kann.

Und sonderlich geschickt war der Premieren-Zeitpunkt für den RX-3 nun wirklich nicht gewählt. Kaum waren im Juni 1973 die ersten Wagen an die deutschen Händler verteilt, pinselten die Scheichs das Ölkrisengespenst an die Wände – eine miese Zeit für exotische Marken mit fragwürdiger Zuverlässigkeit: Angeblich grüßten sich die NSU-Ro80-Fahrer mit erhobenen Fingern, um anzuzeigen, der wievielte Tauschmotor eingebaut worden war ...

Bei 12.480 Mark gingen den Befürwortern des asiatischen Newcomers schnell die Argumente aus. Der bis auf Scheinwerfer und Kühlergrill tupfengleich aussehende 818 kostete schließlich keine 10.000 Mark ...

Das hielt den RX-3 aber nicht davon ab, ganz tapfer um die Ecke zu wankeln. Zugegeben, die simple Machart des Fahrwerks mit hinterer Starrachse war keine Offenbarung (*mot* sprach in dem Zusammenhang von den »letzten wahrhaft atemberaubenden Abenteuern der Landstraße«), der 95-PS-Motor selbst aber ein Genuss: »Bestechend die Laufruhe und Vibrationsarmut« (*Auto Zeitung*); »viel Feuer unter der Hau-

be« (*Münchner Merkur*), »flüsterndes Kraftpaket« (*Abendzeitung*) – die ersten Testberichte waren mehr als enthusiastisch, zumindest, wenn es den Motor betraf. Und in den USA war der Mazda-Wankel zwei Mal zur »Engine of the year« und der RX zum »Import-Auto des Jahres« gewählt worden.

Die Mazdas mit den rotierenden Scheiben fanden in den USA zunächst reißenden Absatz, sie machten den japanischen Hersteller dort zum viertgrößten Automobil-Importeur. In Deutschland dagegen wurde bereits im September 1974 der RX-3-Import wieder eingestellt, und auch die amerikanische Wankel-Begeisterung erlahmte. Schuld daran waren neben der Ölkrise die Kohle-Dichtleisten der Kreiskolben, welche – ähnlich den Kolbenringen im Otto-Motor – für einen vollständigen Abschluss des Brennraums sorgen sollten. Undichtigkeiten führten erst zu Motorschäden, dann zum Rechtsstreit. Eine Vereinigung von betroffenen RX-2- und -3-Besitzern zog vor Gericht und klagte auf volle Erstattung aller Reparaturkosten, einschließlich der Arbeitslöhne. Der Klage wurde 1980 in Los Angeles stattgegeben, Mazda zahlte Millionen.

Zu dem Zeitpunkt war der Wankel längst etabliert, die ganze Episode blieb ein Einzelfall: Die RX-7-Modelle kamen genau zur rechten Zeit.

In Deutschland stand das relativ teure Coupé nur gut ein Jahr im Angebot. Foto: Schwab

Typisch für die Wankel-Modelle waren die runden Rückleuchten.

Mazda setzte voll auf den Wankel, der Hubkolbenmotor schien überholt zu sein.

Unverkennbar: Der RX-3 als Concept-Car RX 510 auf der Tokio Motor Show 1971.

Die ersten Testberichte waren mehr als enthusiastisch, zumindest, was den Motor betraf.

MODELLE, VARIANTEN, PREISE

Modellreihen:	Coupé
Motoren:	Zweischeiben-Wankelmotor, Kammervolumen 2 x 573 cm³, 70 kW (95 PS) bei 6000/min
Ausstattung:	Verstellbare Liegesitze mit integrierten Kopfstützen, Teppichboden, Drehzahlmesser, Zeituhr, Tankschloss. Hintere Seitenscheiben voll versenkbar, Rückfahrscheinwerfer
Varianten:	RX-3
Preise (DM):	12.480,-

Chronik:

1971 September: Premiere für den RX-3 als Coupé »Savanna« und als viertürige Limousine. Wankelmotor Typ 10A (aus Mazda Cosmo 110 S 2 x 491 cm³, 110 SAE-PS bei 7000/min). Technische Basis wie 818.

1972 RX-3 nur noch in Japan und Australien mit dem 10A-Wankel-Motor (was steuerrechtliche Gründe hatte) lieferbar, andere Märkte: Motortyp 12A wie im RX-2/Capella (2 x 574 cm³, 130 SAE-PS bei 7000/min). Beim RX-3 lag die Leistung mit 110 SAE-PS aber niedriger. Einführung des RX-3 als Kombi-Modell (nicht für Europa).

1973 Juni: Lieferbar zum Deutschlandstart, teuerstes Modell von Mazda Deutschland. Nur in Coupé-Ausführung lieferbar.

1974 September: Importstopp.

1975 In Australien sehr erfolgreich bei diversen nationalen Championaten.

1978 Produktion eingestellt.

In den USA fanden die Wankel reißenden Absatz.

Das Fahrwerk war von simpler Machart.

»Ein Wagen mit so viel Qualitäten musste erst noch gebaut werden ...« – Mazda-Werbung für den RX-5, 1976.

Mazda RX-5
Willkommen im Club

Satt schließend die Türen, anheimelnd das Interieur, lautlos und willig die dienstbaren Geister von Motor, Getriebe und Elektrik: die gediegene Aura eines britischen Country Clubs umfing den Eigner eines Mazda RX-5. Kuschelige Fauteuils und Dreispeichen-Lenkrad mit Holzkranzimitat, Edelholz-Schaltknüppel und -Handbremshebel verliehen dem Wankel-Mazda die plüschige Atmosphäre eines viktorianischen Kaminzimmers, sogar die Wurzelholz-Folie auf dem Armaturenbrett gab sich soigniert wie ein britischer Landedelmann. Kultiviertes auch unter der Haube: Ein Zweischeiben-Wankelmotor mit einer Rolls-Royce-ähnlichen Laufruhe, der eine Leistung von 85 kW (115 PS) entwickelte und dem wuchtigen Fünfsitzer-Coupé eine offizielle Höchstgeschwindigkeit von 185 km/h verlieh. Mehr als 180 km/h schaffte der RX-5 im Test aber nicht, damit lag der 1200 kg schwere Mazda auf dem Niveau des NSU Ro 80.

Mit dezentem Säuseln erklärte sich der Kreiskolbenmotor zur Leistungsabgabe bereit, dabei ging er eher betulich zu Werke. Im unteren Drehzahlbereich wirkte sich das große Massenmoment der kreisenden Kolben dämpfend auf das Temperament aus, beim NSU waren die Kreisläufer kleiner und damit leichter. Erst höhere Drehzahlen – die allerdings schnell erreicht wurden – brachten seine Vorzüge zum Vorschein. Doch tüchtig auf Trab gebracht, entwickelte sich der sonst solide RX-5 zum heftigen Trinker, obwohl die Mazda-Techniker versucht hatten, den Spritkonsum durch die magere Einstellung der Doppelvergaser-Anlage einzudämmen. Im Testmittel zog der japanische Gentleman fast 17 Liter durch die Vergaserdüsen. Im Extremfall dauerte es keine 400 Kilometer, bis der 62-Liter-Tank trockenfiel. Überdies war das Fünfganggetriebe zu lang übersetzt: Wer zügig vorankommen wollte, musste fleißig schalten. Auf der IAA 1975 stellte sich der ausschließlich als Coupé importierte RX-5 dem europäischen Publikum vor, das auf den wuchtigen Landsitz auf Rädern aber zurückhaltend reagierte: 22.000 Mark trug dafür praktisch niemand zum Mazda-Händler. Dennoch: »Alles in allem verdient weniger das Auto als die Zielstrebigkeit Anerkennung, mit der die Japaner das gegenwärtig stagnierende Wankel-Projekt voranzutreiben versuchen«, lobten die Tester. Auf anderen Märkten war Mazda weniger mutig, dort gab es den RX-5 als 121 L mit angedeutetem Stufenheck und Vinyldach sowie konventionellem Hubkolbenmotor. Nur in Japan war der RX-5, dort als Cosmo AP verkauft, ein gigantischer Erfolg, daher verließ die zweite Generation, gebaut von 1979 bis 1981, erst gar nicht mehr das Inselreich: Man blieb unter sich in RX-5-Kreisen.

Wie ein kleiner Amerikaner: der Mazda Cosmo AP, der hierzulande als RX-5 verkauft wurde.

Die mittlere Seitenscheibe war voll versenkbar.

In Japan lief der RX-5 als Cosmo, das Kürzel AP wies auf den Wankelmotor hin.

Mit Vinyldach und Landaulet-Optik: der 121 L, eine Hubkolben-Variante des RX-5.

Mit Kurbelfenster in der B-Säule: Der RX-5, 1976.

Fuhr 1976 und 1977 auch bei der britischen Tourenwagenmeisterschaft mit: ein sichtlich mitgenommener RX-5.

MODELLE, VARIANTEN, PREISE

Modellreihen:	Coupé
Motoren:	Zweischeiben-Wankelmotor, Kammervolumen 2 x 654 cm³ / 85 kW (115 PS) bei 6000/min
Ausstattung:	Radioantenne in der Verbundglas-Frontscheibe, heizbare Heckscheibe, abschließb. Tankdeckel, Stereo-Radio und Kassettenabspielgerät, Zeituhr und Drehzahlm., Servo, innenbel. Scheibenbremsen vorn, Mittelscheibe voll versenkbar
Varianten:	RX-5
Preise (DM):	21.990,-

Chronik:

1976	Juli: Mazda präsentiert den RX-4 Nachfolger RX-5. Er nutzt die Bodengruppe des hier in Deutschland nicht verkauften 929-Ablegers und ist nach Auslaufen des RX-3 der einzige Mazda-Wankel auf dem deutschen Markt. In Japan unter der Bezeichnung Cosmo AP verkauft, ist er dort bereits seit Oktober 1975 lieferbar, auch als Cosmo 1800 mit konventionellem Hubkolbenmotor.
1979	Import weltweit eingestellt, die zweite Serie (Rechteckscheinwerfer) wird nur noch für Japan produziert.
1981	Baureihe eingestellt.

Sportlich: Uhrensammlung und Dreispeichenlenkrad. Das galt damals wirklich als schick ...

Porsche-924-Konkurrent: Der RX-7, in Japan als Savanna verkauft.

Mazda RX-7
Porsches jüngere Brüder

Wer nach dem Ableben des NSU Ro 80 auch das Ende für den Wankelmotor heraufdämmern sah, kannte Kenichi Yamamoto noch nicht. Mit eiserner Beharrlichkeit hielt der Wankel-Papst an der reinen Lehre des Kreiskolbenmotors fest. Er goss sein Glaubensbekenntnis in die Form des RX-7.

Mazda RX-7 (1979–1986)

Der RX-7, wie er im April 1978 auf Amerikas Straßen rollte, schien dem Porsche 924 wie aus dem Gesicht geschnitten zu sein. Flache Schnauze, Klappscheinwerfer, großzügig verglastes Heck – hatten da die schlitzäugigen asiatischen Kopiermeister wieder zugeschlagen?

Kaum möglich, denn das Team um Wankel-Papst Yamamoto war seit 1974 an der Arbeit am Projekt X 605, da war der Porsche noch nicht auf der Straße. Und keilförmige Schnauze und Schlafaugen lagen in jener Zeit sowieso im Trend. Mazda bat Porsche im April 1978 zum Duell, und das fiel ziemlich einseitig aus: Die US-Käufer degradierten den Zuffenhausener zur Standuhr. In diesem wichtigen Absatzmarkt kamen auf einen verkauften 924 zehn verkaufte RX-7, kein Wunder also, dass weit über die Hälfte der 95.000 Wankel-Mazdas, die bis zum Deutschland-Start produziert wurden, in den USA landete. Dieser Erfolg hatte gute Gründe, der beste trug ein Schild mit der Aufschrift »7000 Dollar« und signalisierte den Preisunter-

schied zwischen den ungleichen Brüdern aus Japan und Deutschland.

Und dass der ehedem als unzuverlässig verschriene Wankel längst standfest geworden war, das bewies eine deutsche Autozeitschrift, die den RX-7 über 160.000 Kilometer (Mazda gab in den USA auf den RX eine Garantie bis 150.000 Kilometer) scheuchte. Der Motor präsentierte sich nach dieser Tortur wie neu – die Zeiten, wo Wankel-Fahrer ein neues Triebwerk gleich auf Vorrat bestellten, waren unzweifelhaft vorbei.

Deutsche Tester übten am RX-7 bemerkenswert wenig Kritik. Sie bemängelten die starke Aufheizung des Innenraums als Folge der schwachen Lüftung, doch das wiederum lag in erster Linie an der aerodynamisch günstigen Karosseriegestaltung mit einem c_W-Wert von 0,36. Oder dass die Kopfstützen für lange Lulatsche nicht ausreichten – und dass das Gepäckraumvolumen von 215 Litern hätte größer ausfallen dürfen. Doch daran gewöhnte man sich rasch, ebenso wie an die spitze Leistungscharakteristik des RX-7. Im unteren und mittleren Drehzahlbe-

Die gläserne Heckklappe wurde von zwei Gasdruckdämpfern gehalten und vom Fahrersitz aus entriegelt.

MODELLE, VARIANTEN, PREISE

Modellreihen:	2+2 Coupé
Motoren:	Zweischeiben-Wankelmotor, Kammervolumen 2 x 573 cm³ 77 kW (105 PS) bei 6000/min 85 kW (115 PS) bei 6000/min ab 11.80 83 kW (113 PS) bei 6000/min ab 3.84
Ausstattung:	Klappscheinwerfer, Rückfahrleuchten, getönte Scheiben, LM, Vierspeichen-Lederlenkrad, Drehzahlmesser, Ablagefach mit Deckel in der Mittelkonsole, Rücksitzlehne umlegbar, Quarzuhr.
Varianten:	RX-7
Preise (DM):	22.990,-

Chronik:

1979 Im Mai 1979 als Nachfolger des glücklosen RX-5 eingeführt. Völlig neu entwickelte Karosserie.

1980 November: Erhöhung der Motorleistung auf 85 kW bei unveränderter Nenndrehzahl (6000 min) durch überarbeitetes Einlasssystem. Facelift: Heckspoiler, vergrößerte Heckleuchten mit Riffelglas, breitere Seitenschürzen, verbesserte Federung, Scheibenbremsen hinten, Schalensitze. Außenspiegel elektrisch verstellbar, beleuchtetes Zündschloss, Warnsummer für nicht ausgeschaltetes Licht, Tankdeckel elektrisch zu öffnen, Gepäckraumabdeckung. Preis um 2000 Mark angehoben.

1984 März: Motorleistung um zwei PS verringert, neues Felgendesign, senkrechte Schlitze links und rechts im Frontspoiler neben dem Lufteinlass.

1986 April: Neues Modell mit mehr Leistung und geänderter Karosserie löst den alten RX-7 ab.

Serienmäßig mit H4-Licht: RX-7, 1979.

Zeittypisches Innenraum-Ambiente im RX-7.

RX-7 Cabriolet: 30 Umbauten von Lorenz, jeweils veredelt von Küwe. Umbaukosten 18.400 Mark.

Aerodynamisch ausgefeilt präsentierte sich der RX-7. Der c_W-Wert lag bei 0,36.

reich, unterhalb von 3500 Umdrehungen, tat sich nicht viel. Danach aber ging die Post ab, überfallartig legte der Wankel zu, blitzschnell überlief er die 6000er-Marke, bis dann ein Warnton dem eiligen Treiben ein Ende bereitete und zum Hochschalten mahnte. Es piepste oft, was man gerne in Kauf nahm für diesen einzigartigen Rennwagensound, der dem Doppelrohrauspuff entwich, und den sagenhaft vibrationsfreien Lauf.

Ein Kostverächter war aber auch dieser Wankel nicht. Bei einem Verbrauch von 14 bis 18 Litern auf 100 Kilometer (immerhin Normalbenzin) war der 55-Liter-Tank ziemlich bald leer. Nach Beobachtung der deutschen Mazda-Niederlassung wurden übrigens die meisten RX-7 »trotz und einige wegen des Wankel-Motors« gekauft – 474.565 weltweit, rund 5800 in Deutschland.

Nur für Japan: Der RX-7 mit Turbolader.

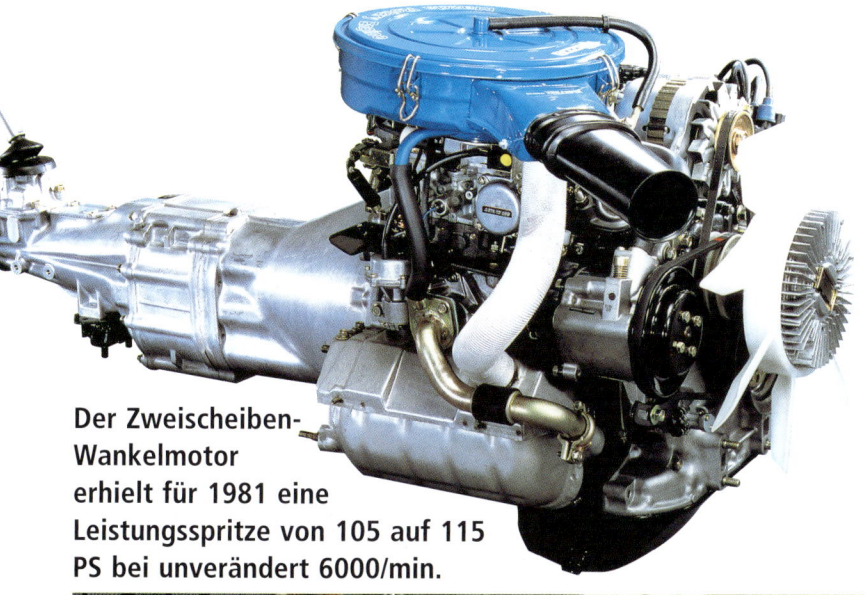

Der Zweischeiben-
Wankelmotor
erhielt für 1981 eine
Leistungsspritze von 105 auf 115
PS bei unverändert 6000/min.

RX mit anderen Rädern und Spoiler, 1981.

Feierstunde: 1978 lief der einmillionste Wankel vom Band – ein RX-7.

1986 feierte die zweite RX-7-Generation ihre Deutschland-Premiere.

Mazda RX-7 (1986–1992)

Am 24. Februar 1986 erschien die Erstausgabe einer neuen Zeitung für Autofahrer. Auf der Titelseite der Zeitschrift *Auto Bild* prangte, eine halbe Seite groß, der neue Wankel-Mazda. Das war der erste große Auftritt für den Porsche-Konkurrenten RX-7. In Übersee schon seit 1985 verkauft, mussten Enthusiasten noch bis zum April des folgenden Jahres warten, erst dann kam Europa an die Reihe.

Nicht nur die Optik war neu, auch unter der Haube hatte sich eine ganze Menge getan. Hier kreiselte der 13B-Motor, der bislang nur in den japanischen Modellen Luce/Cosmo zu finden gewesen war. Das Kammervolumen entsprach nun einem Hubraum von 2616 cm³. Durch die Vergrößerung des Kammervolumens und den Einbau einer Einspritzanlage wuchs die Motorleistung auf 110 k_W — mehr als genug, um den 1205 Kilogramm schweren Wagen auf eine Höchstgeschwindigkeit von 210 km/h zu beschleunigen.

Auch das Fahrwerk wurde neu konzipiert, die hintere Starrachse ging in Rente. Der neue RX-7 erhielt eine »Hinterachse mit dynamischer Radführung«. Dahinter verbarg sich nichts anderes als eine passive Hinterradlenkung, die auf Seiten- und Längskräfte mit Vorspuränderungen reagierte. Im Endergebnis lag der neue RX-7 so gut und sicher auf der Straße wie noch

kein japanischer Sportwagen vor ihm und erreichte fast das Niveau der Vierzylinder-Baureihe von Porsche. Bei dem wollte die Lenkhilfe noch extra bezahlt werden, beim Mazda kam eine variable, also geschwindigkeitsabhängige Servolenkung ohne Aufpreis zum Einsatz. Allerdings ließ sie die klare Rückmeldung vermissen und verlangte auf schlechten Strecken »konzentrierte Lenkarbeit«, wie ein Test vermeldete.

Die schönste Art, Wankel zu fahren, bot ab Juni 1989 das Mazda RX-7 Cabrio. Schon für die erste Generation hatten die Designer ihre Cabrio-Entwürfe fertig, doch erst bei der zweiten, intern mit der Codenummer P747 bezeichnet, kamen sie zum Zuge. Das Verdeck wurde per Knopfdruck durch einen Elektromotor fast vollständig versenkt. Das serienmäßig installierte Windschott verhinderte lästige Verwirbelungen. Wer es nicht ganz so offenherzig liebte, konnte das Dachmittelteil herausnehmen und erhielt so ein hübsches Targa-Modell, das auf neuen, um acht Kilogramm leichteren BBS-Leichtmetallrädern zu den Kunden rollte. Die Abnahme des Verdecks war allerdings eine ziemliche Fummelei, und das Kofferraumabteil fiel mit 157 Litern nach VDA-Norm nachgerade winzig aus. Letztlich aber waren das Lappalien – der RX-7 hatte es zu Recht auf die Titelseite der *Auto Bild* geschafft.

Mit elektrisch versenkbarem Verdeck oder, wahlweise, auch als Targa zu fahren: RX-7, 1989.

MODELLE, VARIANTEN, PREISE	
Modellreihen:	2+2 Coupé; Cabriolet
Motoren:	Zweischeiben-Wankelmotor, Kammervolumen 2 x 654 cm³ 110 kW (150 PS) bei 6500/min 133 kW (180 PS) Turbo bei 6500/min ab 4.87 147 kW (200 PS) Turbo bei 6500/min ab 6.89
Ausstattung:	Scheibenwaschanlage mit regulierbarer Intervallschaltung (auch für Heckscheibe), akustische Warneinrichtung für eingeschaltetes Licht, Servolenkung. S-Paket: EFH, elektrisches Schiebedach, höhenverstellbares Lenkrad, vielfach verstellbarer Sportsitz.
Varianten:	RX-7 – RX-7 Turbo – RX-7 Cabrio
Preise (DM)	40.100,- (RX-7)

Chronik

1986 April: Einführung des neuen Modells. Bosch-L-Jetronic Benzineinspritzung, 6-Kanal-Einlassventil. Zu Herbst hin zusätzlich mit S-Paket (bei unveränderter Motorleistung) für 41.800 Mark lieferbar.

1987 April: Modellreihe um Turbo-Kat-Version erweitert. Mehrleistung von 30 PS durch Zweistufen-Turbolader mit Ladeluftkühler, optisch signalisiert durch Lufthutze auf der Fronthaube. S-Ausstattung serienmäßig, Breitreifen 205/55 VR 16 auf neuen LM-Felgen (7 J x 16), Tempomat, Schalensitze. Preis DM 48.400,-, Basismodell läuft aus.
September: Debüt RX-7 Cabriolet auf der IAA präsentiert, vorerst kein Import nach Deutschland.

1989 Juni: Import des Cabriolets beginnt. Nur mit überarbeitetem Turbo-Motor verfügbar, der jetzt 146 kW / 200 PS leistet. Modifikationen am Turbolader, an den Rotoren und an der Schwungscheibe. Optische Retuschen im Front- (Lufteinlass unterhalb der Stoßstange) und Heckbereich (Rückleuchteneinheit). Neue, um 8 Kilogramm leichtere BBS-Felgen. Neupreis 62.500,-.
September: Überarbeitung Turbo-Coupé, verbesserte Ausstattung: Klima, ZV. Preis: DM 56.500,-.

1992 Einführung des Nachfolgers

RX-7 Turbo 1987: Sein Erkennungszeichen war der Lufteinlass auf der Haube.

Serie: Lederlenkrad und ausgezeichnete Sportsitze.

Der RX-7 wurde nur zwischen 1992 und 1996 exportiert. In Japan lief das letzte Exemplar erst 2003 vom Band.

Mazda RX-7 (1992–1996)

Das hier sollte der Porsche unter den Japanern werden, jenes Auto, das die Frage nach dem einzig wahren Nippon-Sportler ein für allemal beantwortete. Für das Comeback begann man noch einmal beim Nullpunkt und kippte das bisherige Konzept des Boulevard-Schleichers über Bord. Stattdessen stellte Mazda einen reinrassigen Sportwagen auf die Räder: kompakt, leicht und agil.

Die Transformation in die höchsten Sportwagensphären begann unter dem Motto Operation Zero. Gut, das klang nicht weiter aufregend, doch RX-Projektleiter Ryuji Kobaykawa musste nicht viele Worte machen: Er errechnete das Idealgewicht für einen beliebigen, konventionell aufgebauten Sportwagen mit all dem, was man Anfang der Neunziger in dieser Liga so haben musste: Airbag, Leder etc. Und dann strich er 100 Kilo davon runter und gab das als Marschzahl vor. Chefsein kann ja so einfach sein.

Am Ende aller Tage standen dann letztlich ein Leergewicht von 1310 Kilo und bei 240 PS ein Leistungsgewicht von 5,4 kg pro PS. Dagegen wirkten die Porsches dieser Welt fast schon ein wenig fett. Schönstes Beispiel für konsequenten Leichtbau war das Fahrwerk mit Doppel-Querlenkern vorn und hinten aus Aluminium. Diese Radaufhängung war aufwendiger als alles, was die RX bisher auf diesem Gebiet vorzuweisen gehabt hatten, und sie funktionierte auch ganz prima. Mit straffer Feder-Dämpfer-Abstimmung (je nach Gusto vielleicht schon zu hart) ging's ganz ohne Aufschaukeln oder Nachschwingen ums Eck, etwas bockiger bei Querfugen und kurzen Bodenwellen. Nur

das Gaswegnehmen in der Kurve mochte der RX-7 überhaupt nicht, er äußerte seinen Unmut dann durch ein ausgesprochen leichtes Heck und wollte, so *sport auto* »in der Nähe der Reifenhaftgrenze ... mit eilfertigen Korrekturen wieder eingefangen« werden – was dank der zackig-präzisen Lenkung mit nur geringem Adrenalinschub zu bewältigen war. Diesseits des Grenzbereichs gab er sich überraschend friedvoll, je glatter die Straßen und je höher das Tempo, desto geschmeidiger rollte der RX ab.

Am Wankel-Antrieb war sowieso nicht zu rütteln, nachdem der RX-7 mit der Empfehlung des ersten Le-Mans–Sieges eines japanischen Sportwagens überhaupt anrollte: Im Juni 1991 hatte ein Wankel-Mazda die 24 Stunden von Le Mans gewonnen. Eine ganze Menge dieser Technik, so die stolzen Väter, hätten sie auch dem neuen RX-7 mit auf den Weg gegeben – zwar kein 700-PS-Vierscheiben-Aggregat wie beim 787 B, aber einen wesentlich verbesserten 13B-Zweischeiben-Wankel. Das Mehr an Leistung war den geringeren Fertigungstoleranzen, neu beschichten Trochoiden-Oberflächen und einem zweistufig eingreifenden Ladersystem zu verdanken. Der erste Hitachi-Turbo fächelte bei unteren und mittleren Drehzahlen Frischluft zu, der zweite blies ab 4500 Umdrehungen bei höheren Drehzahlen ins Feuer. Ein wenig Grund zur Sorge bereitete eigentlich nur die Anmutung des Innenraums. Trotz der luxuriösen Ledersitze kündete viel nackter Kunststoff von zweckmäßiger Transportarbeit. Mazdas Operation Zero war dennoch weder eine Null- noch eine Lachnummer gewesen.

Imagetransfer: Der Sieg des Wankel-Mazda 787B bei den 24 Stunden von Le Mans sollte auch dem neuen RX-7 Rückenwind verleihen.

Eine hohe Mittelkonsole trennt die schmalen Ledersitze.

Unter der flachen Haube saß der 13B-Wankel gut 50 mm tiefer als zuvor.

MODELLE, VARIANTEN, PREISE	
Modellreihen:	2+2 Coupé
Motoren:	Zweischeiben-Wankelmotor, Kammervolumen 2 x 654 cm³ 176 kW (240 PS) bei 6500/min
Ausstattung:	Airbag, ABS, EFH, ZV, Klima, Audio, Leder, Servo, Tempomat, Scheinwerfer-Waschanlage, Stoßfänger in Wagenfarbe, elektr. Hub-/Schiebedach, LM, Reifen 225/50 ZR 16
Varianten:	RX-7
Preise (DM):	85.500,-

Chronik:

1992 Juli: Einführung des RX-7, Wegfall des Cabrios. Keine Turboaufladung. Klappscheinwerfer, Blinker in vordere Stoßfänger integriert. Heckspoiler und Stoßfänger in Wagenfarbe.

1996 Kein Export mehr aufgrund der veränderten Gesetzeslage.

1999 Januar: Modellpflege, Motorleistung steigt auf 280 PS (nach japanischer Norm), Fahrwerksverbesserungen, aerodynamische Änderungen, Seitenairbags. Verkauf nur in Japan, Ziel 500 Einheiten im Monat.

2003 April: Die dritte RX-7-Generation verabschiedet sich mit den limitierten »Spirit R«-Sondermodellen. 1500 Exemplare werden gebaut und ausschließlich in Japan verkauft.

Fahrerorientiert, mit zentralem Drehzahlmesser: RX-7-Cockpit aus dem letzten Baujahr.

Nirgendwo sonst trägt ein Sportwagen einen Wankelmotor im Bug: RX-8.

Mazda RX-8
Nur ein Schmetterlingsschlag

Gemäß der Chaos-Theorie vermag der Flügelschlag eines Schmetterlings den Lauf der Welt zu verändern. Mit den Schmetterlingstüren änderte zumindest Mazda die Definition eines Sportwagens.

Das gegenläufig öffnende Türenpaar – Mazda selbst nannte es »Freestyle-Türen« – avancierte zu einem Markenzeichen des japanischen Sportwagens. Vom anderen, dem Zweischeiben-Wankel, war nichts zu sehen. Der 13B-Kreiskolbenmotor war die Fortschreibung des bekannten Antriebs-Aggregats, allerdings in Sachen Abgasemissionen und Verbrauch über die Hürden des neuen Jahrtausends gehievt.

In der neuen RENESIS-Maschine (»RE« von »Rotary Engine«, »nesis« von »Genesis« als Zeichen der Neuschöpfung) verlegte Mazda Ein- und Auslasskanal von der Außenseite des Gehäuses (Mantel) in die Stirnseite des rotierenden Kolbens. So gibt es keine Überschneidungen mehr, was Benzin- und Ölverbrauch – letzterer betrug beim Vorgänger bis zu einen Liter auf 1000 Kilometer – auf ein erträgliches Maß senkte. Mazda verwendet Keramikdichtungen, und damit gehören Probleme mit den Dichtleisten endgültig der Vergangenheit an. Die Euro-IV-

Hürde ist damit genommen, und der Verbrauch im Drittelmix liegt bei 11,5 Litern. Bei einer Spitze von 235 km/h und einer Beschleunigung in 6,4 Sekunden auf Hundert sind das keine übertriebenen Ansagen. In den USA gibt Mazda eine achtjährige Garantie auf den Motor.

Der 13B-Motor mit zwei Mal 654 Kubik Kammervolumen – das entspricht einem Volumen von 2,6 Litern im Hubkolbenmotor – sitzt hinter der Vorderachse, das Front-Mittelmotor-Layout sorgt für eine ideale 50:50 Gewichtsverteilung. In den Kurven ist das Sportcoupé leicht beherrschbar und macht unbändigen Spaß.

Das Fahrwerk – Doppeldreiecksquerlenker vorn, am Hilfsrahmen verschraubte Mehrlenker-Achse hinten, elektrische Zahnstangenlenkung – zeigt sich sportlichen Umtrieben bestens gewachsen. Knackiges, narrensicheres Fahrverhalten ist dank ESP gewährleistet, die direkte Lenkung, eine straffe Federung und vorzügliche Bremsen garantieren sorgenfreien Kurvenspaß. Der Komfort kommt dabei nicht zu kurz, nur heftigere Schläge werden gerne einmal durchgereicht. Das Cockpit mit zentral platziertem Drehzahlmesser ist konsequent auf den

Zukunftsträchtig: Seit 2003 laufen bei Mazda RX-8 mit Wasserstoff-Wankel im Versuch.

Einzigartig: Die Schmetterlingstüren des RX-8.

40 Jahre Wankel feierte Mazda mit einem Sondermodell.

Familientreffen: 787B und RX-8-Studie Revolv trafen sich 2001 an historischer Stätte.

Technisch steht der RX für Heckantrieb und Wankelmotor. Der Motor ist weit nach hinten gerückt.

Fünf Gänge für 192 PS, sechs für 231 PS.

Liebevoll gemacht: Wankelmotiv auch im Innenraum.

Fahrer zugeschnitten, ohne irgendwelchen Chichi. Vom Fahreindruck her liegt der RX-8 zweifelsohne auf Augenhöhe mit der deutschen Konkurrenz, in punkto Laufkultur und Drehfreude sind die kreiselnden Kolben sowieso unerreicht. Nur vom Sound her klingt der Mazda nicht sonderlich bärig, ein Mittelding zwischen Elektromotor und Turbine, schreiben deutsche Tester, während sich amerikanische Kollegen an eine Singer-Nähmaschine erinnert fühlten. Und dies- wie jenseits des Atlantiks flucht man herzlich über die Enge unter der Alu-Motorhaube, was jeder merkt, der schon einmal Öl nachfüllen wollte. Eine üble Fummelei, aber das kannte man ja schon vom FD-Vormodell.

Sonst aber herrscht in dem heckgetriebenen Wankel kein Mangel. Hier ist so viel Raum wie nie, sind so viele Sitzplätze wie nie und so viel Fahrspaß wie nie. Und günstig wie nie ein RX zuvor ist er auch noch. Wobei das wiederum relativ ist, 26.900 Euro sind, absolut betrachtet, ein Haufen Geld. Nur eben nicht für einen echten Sportwagen mit Platz für vier, da ist das schon beinahe ein Dumpingangebot.
Mit dem RX-8 hat Mazda zweifelsohne die Schmetterlingstüren hoffähig gemacht. Und die haben auf jeden Fall das Bild vom Sportwagen verändert, mit was für Folgen auch immer.

Der RX-8-Wankel verfügte über seitliche Einlasskanäle, ein echtes Novum. Angeboten wurde das Aggregat in zwei Leistungsstufen.

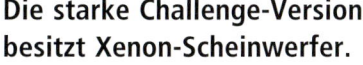

Die starke Challenge-Version besitzt Xenon-Scheinwerfer.

Für einen Sportwagen ist das Kofferraumvolumen mit 290 Litern sehr anständig.

Klarglas-Rückleuchten und 300-l-Kofferraum: RX-8, 2003.

MODELLE, VARIANTEN, PREISE	
Modellreihen:	2+2 Coupé
Motoren:	Zweischeiben-Wankelmotor, Kammervolumen 2 x 654 cm³ 141 kW (192 PS) bei 6000/min 170 kW (231 PS) bei 6000/min
Ausstattung:	RENESIS: 6 x Airbag, ABS, DSC, TCS, Sperrdiff., elektr. Servo, EFH, ZV, elektr. einstell-/beheizb. Außenspiegel, Fahrersitz und Lenkrad höheneinstellb., CD-Radio mit Lenkradfernbed., Klima. Challenge: 18-Zoll-Sportfahrwerk, Nebelscheinw., Klimaautom., Tempomat, Sitzheizung. Revolution: Leder, elektr. einstellb. Fahrersitz, 6fach-CD, 6-Gang-Schaltgetriebe, Xenon mit Scheinw.-Reinigungsanlage
Varianten:	RENISIS – Challenge – Revolution
Preise (€)	Ab 26.900,-

Nur für Repräsentationszwecke entstand das RX-8-Cabrio, das hier 2008 paradiert.

Chronik

2003	April: Deutschlandstart für den RX-8, das erste viertürige Coupé. Drei Ausstattungslinien, zwei Motoren.
2004	März: Mazda RX-8 Hydrogen RE mit Wasserstoff-Antrieb (Studie) präsentiert. Kann sowohl mit Wasserstoff als auch mit herkömmlichem Benzin betankt werden.
	August: In Großbritannien wird ein RX-8-Damenpokal ausgeschrieben.
	Oktober: Zwei RX-8 (170 kW) fahren 40 internationale FIA-Rekorde in den FIA-Kategorien A (Spezialfahrzeuge) und B (Serienfahrzeuge) heraus.
2005	November: Modellpflege, erweiterte Serienausstattung. Geschwindigkeitsregelanlage »Cruisematic« ab Challenge serienmäßig. Challenge: Sitzheizung. Verbesserte Lederanmutung im Revolution. Neuer Grauton, Wegfall der Farbe Mystikgrün Metallic.
2006	Januar: Sondermodell »Contest« auf Basis RENISIS. 18-Zoll-LM, Auspuffhitzeschild aus Edelstahl und Leichtmetall-Applikationen für die Luftauslässe und Lüfterdüsen. Einstiegsleisten und »Rotary-Symbol« am Frontgrill aus Leichtmetall. Lederbezogener Mittelkonsolendeckel, CD-Spieler. 400 Ex., € 26.900,-.
	April: Mazda RX-8 Sondermodell »Revolution Reloaded«: Basis, dazu Sitzbezüge aus Alcantara-Leder, silber-chrom lackierte 18-Zoll-Leichtmetallfelgen und gleichfarbige Designelemente in den Scheinwerfern. Beide Motoren, Auflage 800 Ex., € 31.300,-/34.600,-
2007	April: Mazda RX-8 Sondermodell »Kuro« (japanisch für »Schwarz«): Basis Revolution, Sonderlack (schwarz oder rot), 18-Zoll-LM in Silber-Chrom. Leder beigegrau, 250 Ex., € 34.800,-.
2008	Januar: Premiere für den modellgepflegten Mazda RX-8 auf der North American International Auto Show.
	April: RX-8 »40th Anniversary«: 170 kW, zwei Sonderfarben, spezielle Felgen, Schriftzüge, Alcantara/Leder-Polsterung, schaumgefüllte vordere Karosserie-Querträger und Bilstein-Sportfahrwerk. 350 Ex., € 35.100,-.
	Oktober: In Norwegen hat die Mazda Motor Corporation zusammen mit HyNor (Hydrogen Road of Norway) einen Praxistest mit dem Mazda RX-8 Hydrogen RE gestartet. Bei HyNor handelt es sich um ein Gemeinschaftsprojekt, bestehend aus Industriepartnern, die Wasserstoff als Kraftstoff in Norwegens Transportsektor fördern und zum Aufbau einer Wasserstoff-Wirtschaft beitragen wollen. Insgesamt 30 Fahrzeuge wird Mazda an HyNor verleasen.

RX-8 im harten Rennalltag.

Griffiges Lenkrad, kurzer Schaltknüppel und ein Cockpit, das an eine Spielkonsole erinnert.

2004 stellte Mazda Europe mit zwei RX-8-Modellen 40 FIA-Weltrekorde auf.

MAZDA

Die

Sportwagen

Mit den Fahrwerks-Genen des 323: Mazdas MX-3, präsentiert auf dem Genfer Salon 1991.

Mazda MX-3
Fuchs ohne Schwanz

Die frühen Siebziger waren die Zeit von Manta und Co.: Solide Großserientechnik, nett verpackt in ein eigenständiges Coupé-Gewand. Was an Sportlichkeit fehlte, machten Spoilerwerk und Fuchsschwanz wett. Diese Art des Tunings hatte der zwei Jahrzehnte später gebaute MX-3 nicht mehr nötig, der war so flott, wie er aussah. Und unter der Haube steckte der kleinvolumigste Großserien-Sechszylinder der Welt: Mazda verteilte knapp 1,9 Liter Hubraum auf sechs Zylinder. Zum quer eingebauten, komplett aus Leichtmetall gefertigten V6 mit insgesamt vier obenliegenden Nockenwellen (jeweils zwei pro Zylinderbank) bildete der Reihenvierzylinder mit 1,6 Liter Hubraum die günstige Alternative.

Testers Liebling war eindeutig der V6. Laufruhig und drehfreudig, kletterte er die Drehzahlleiter nach oben, unterhalb von 3000 Umdrehungen ging aber, konzeptionsbedingt, nicht viel. Der Vierzylinder war eine weit weniger erfreuliche Erscheinung, mit wenig Feuer, aber hohem Verbrauch. Nach der Modellpflege 1994 wurde das etwas besser, reichte aber nicht an den begeisternden V6 heran.

Der hartnäckig als 2+2-Sitzer bezeichnete Minisportler bediente sich der Fahrwerkskomponenten aus der 323-Reihe, also Einzelradaufhängung rundum, vorn an Dreiecksquerlen-

kern, hinten an Quer- und Längslenkern. Der sportlichen Optik entsprechend gebärdete er sich auch und meldete gewissenhaft jedes Versäumnis der Straßenbaubehörde an die Insassen weiter. Die akustische Zurückhaltung des feinen Sechszylinders ließ bei hohen Geschwindigkeiten – und der rund 1100 Kilo schwere MX lief 200 km/h – die Abroll- und Windgeräusche in den Vordergrund treten. Das war aber schon so ziemlich alles, was man dem kleinen Coupé in punkto Fahrkomfort ankreiden konnte, den Alltag bewältigte es mit überraschender Leichtigkeit und gokartähnlichem Handling. Dabei war der Kurvenwetzer mit knapp 4,30 Metern Länge gar nicht mal so zierlich, was natürlich dem Innenraum zugute kam. Die Besatzung in der erste Reihe saß sehr kommod auf sportlich geformtem Gestühl, amerikanische Medien verglichen die Sitzposition mit der in einer Badewanne. Besonderen optischen Pfiff hatte das Cockpit des Mazda erst nach der umfassenden Modellpflege 1994. Der Gepäckraum fiel mit knapp 290 Litern zwar nicht gerade weitläufig aus, doch für die anvisierte junge Zweisamkeit – die Hauptzielgruppe für das Mazda-Coupé – reichte das allemal. Knapp 20.000 MX-3 wurden hierzulande zugelassen – ganz ohne Fuchsschwanztuning, im Falle des V6 aber mit serienmäßigem Heckspoiler. Immerhin.

Anspruchsloses Spaßauto: Der MX-3 von 1997 trug den kleinsten Großserien-V6 unter der flachen Schnauze.

MODELLE, VARIANTEN, PREISE

Modellreihen:	Coupé
Motoren:	1598 cm³ / 65 kW (88 PS) bei 6200/min
	1598 cm³ / 79 kW (107 PS) bei 6200/min ab 4.94
	1845 cm³ / 98 kW (133 PS) V6 bei 6800/min
	1845 cm³ / 95 kW (129 PS) V6 bei 6000/min ab 4.94
Ausstattung:	Airbag, Servo, Colorverglasung, höhenverstellbare Gurte vorn, geteilt umklappbare Rücksitzlehnen, ZV, EFH, höhenverstellbares Lenkrad, Drehzahlmesser, Sportsitze, elektr. Schiebedach. V6: Aerokit, ABS, LM
Varianten:	MX-3 1.6 – 1.9 V6
Preise (DM):	29.480,- / 34.980,-

Chronik:

1991 Debüt auf der IAA in Frankfurt, Basis 323. In Japan als Eunos Presso und Autozam AZ-3 angeboten.

1992 Januar: Einführung des MX-3 auf dem deutschen Markt, des dritten neuen Sportwagens der X-Reihe. Zwei Motoren stehen zur Wahl, darunter der kleinste Großserien-V6 der Welt (Gemeinschaftsentwicklung mit Suzuki).

1993 Januar: ABS serienmäßig für MX-3 1.6, Scheibenbremsen rundum.
Rückruf, Austausch der Federbeinteller.

1994 März: Modellpflege, Vierzylinder-Motor mit L-Jetronic und 107 PS löst den bisherigen 16V ab. Nur kleine Änderungen am V6, Leistungsreduzierung auf 129 PS. Alle Modelle: Doppelairbag, neues Cockpit und neue Sitzbezüge. Einführung Einstiegsmodell Youngster ohne ABS und Airbags, DM 29.950,-.

1996 August: Sondermodell »Rio« (LM, Metallic). DM 32.980,-.
September: Sondermodell »Rave« (Heckspoiler, Lederlenkrad, Velours, Metallic). DM 34.500,-.

1998 Januar: Produktionseinstellung.

Hinten reicht's nur für kurze Strecken.

Das Kofferraumvolumen beträgt 289 Liter.

Die Mutter aller neuzeitlichen Roadster: Mazdas MX-5, die Wiedergeburt des offenen Zweisitzers.

Mazda MX-5
Das Ei des Kolumbus

Als Kolumbus wieder zu Hause war, meldeten sich natürlich die Neider, diejenigen, die das auch gekonnt hätten. Und denen stopfte er das Maul, weil die noch nicht einmal ein gekochtes Ei mit der Spitze auf den Tisch stellen konnten. Er knallte es dann einfach auf die Tischplatte: »Ihr hättet, ich habe.« Was lernen wir aus dieser kleinen Anekdote? Erstens: Es gibt immer welche, die es besser wissen und besser könnten. Zweitens: Die kriegen's aber nicht hin.

Mazda MX-5 (1989–1998)

Und damit sind wir am Anfang der Geschichte eines erstaunlichen kleinen Roadsters, der allen Zweiflern, Skeptikern und Nörglern bewies, dass mit kleinen Zweisitzern das große Geschäft zu machen ist.

Passenderweise begann die Roadster-Renaissance in den USA, ausgelöst durch einen amerikanischen Journalisten, Bob Hall. Der diskutierte nämlich 1979 mit Mazdas damaligem Entwicklungschef Kenichi Yamamoto über künftige Entwicklungen und skizzierte mit schnellen Kreidestrichen auf einer Tafel seine Lösung: einen zweisitzigen Sportwagen, offen und kompromisslos, wie ihn in den Fünfzigern und Sechzigern jede britische Klitsche anbot. Die Dinger waren schön, aber lausig verarbeitet gewesen, ständig kaputt und empfindlich, also nichts für den Alltag.

Wo immer in den Folgejahren dann die Idee aufkeimte, so etwas wieder zu bauen, winkten die Rechenschieber ab, leierten das Mantra der Betriebswirtschaftlehre herunter: Nischenprodukt, zu hohe Kosten, zu geringe Stückzahlen – betriebswirtschaftlich völlig unsinnig.

Bob Hall wurde später Produktplaner in der kalifornischen Mazda-Entwicklungszentrale Irvine, die 1983 in Betrieb ging. Eine der ersten Taten war, seine Idee von damals (»ein offener Sportwagen, preislich unterhalb der ersten RX-7-Generation angesiedelt«) wieder aufzugreifen. Im Rahmen des »Offline, Go, Go«-Zukunftsprogramms – bei dem Hiroshima seinen Designern ganz bewusst freie Hand ließ, um abseits festgefahrener Gleise kreativ zu werden – liefen die Vorarbeiten im November 1983 an. Zwei japanische und das kalifornische Mazda-Designteam reichten ihre Vorschläge zum Roadster-Projekt 729 LWS ein, die nordamerikanische Lösung setzte sich durch. Im September 1985 stellte die britische Firma International Automotive Design IAD in Worthing/Sussex den ersten Prototypen fertig, zwei Jahre Feinarbeit in Hiroshima folgten, und

Nur echt mit den Klappscheinwerfern: Die Schlafaugen waren Kennzeichen der ersten Generation.

Solide 323-Großserientechnik unter aufregender Blechhülle: Mazda MX-5, 1989.

Platzangebot ordentlich, Einstieg bequem.

MODELLE, VARIANTEN, PREISE

Modellreihen:	Zweisitziges Cabriolet
Motoren:	1598 cm³ / 85 kW (115 PS) bei 6500/min 1840 cm³ / 96 kW (131 PS) ab 2.94 1598 cm³ / 66 kW (90 PS) ab 3.95
Ausstattung:	Dreispeichen-Lederlenkrad, getönte Scheiben, Drehzahlmesser, Scheinwerfer-Leuchtweitenregulierung, Dimmer für die Armaturenbrettbeleuchtung, abschließbare Mittelkonsole. Tankdeckel-Fernentriegelung, LM-Räder, Servo.
Varianten:	Mazda MX-5
Preise (DM):	35.500,-

dann war es endlich soweit: Auf der Chicago Motor Show im Februar 1989 stand der produktionsreife MX-5. Er sorgte für Schlagzeilen rund um den Globus.

Ein MX-5 kann auch überzeugte Langschläfer am Sonntagmorgen aus dem Bett treiben. Vor Tau und Tag wird dann das Verdeck mit zwei schnellen Handgriffen weggeklappt. Vorn längs unter der Haube kauert der B6-Motor, der auch bei den braven 323-Verwandten Dienst tut. Der 1,6-Liter-Motor, ein feiner Doppelnocken-Vierventiler mit elektronischem Motormanagement und Fächerkrümmer aus Edelstahl, wird erst bei höheren Drehzahlen richtig lebendig. Die Domäne eines Roadsters ist die Landstraße. Das Fahrwerk ist für die Kurvenhatz bestens präpariert. Unbeirrbar folgt das Haifischmaul dem Verlauf der Straße, wedelt souverän um die Kurven und reagiert wunderbar präzise auf die Befehle des Piloten. Da macht es dann auch nichts, dass der Tank nur kümmerliche 45 Liter fasste, das Fassungsvermögen des Gepäckabteils kaum über dem des Handschuhfachs liegt oder dass der Miata (so die US-Bezeichnung), völlig roadsterwidrig, mit einer (sehr feinfühligen) Servolenkung ausgestattet wurde – nein, der einzig wirkliche Nachteil dieses Fahrzeugs war die monatliche Kontingentierung auf nur 5000 Exemplare. Die Hälfte davon ging gleich in die USA, um die andere Hälfte schlug sich der Rest der Welt. Der MX-5 stand acht Jahre praktisch unverändert im Programm, die einzig größere Modellpflege 1994 mit dem Motor aus dem 323 F GT mit 131 PS. Manche hatte es ja gleich gewusst: 115 PS waren für so ein Auto viel zu wenig ...

Chronik

1989 Februar: Erstvorstellung in Chicago: Offener Zweisitzer nach klassischem Roadsterlayout, Motor vorn, Antrieb hinten. Optik erinnert an Lotus Elan. Technische Basis von 323-Reihe übernommen. US-Bezeichnung Mazda Miata.
Mai: Markteinführung in den USA.

1990 Februar: Beginn des Europa-Exports.
April: Übergabe der ersten Fahrzeuge in Deutschland, Hardtop gegen Aufpreis von DM 2.500,-. 1990er Kontingent von 2000 Stück bereits ausverkauft, Lieferzeit ca. eineinhalb Jahre. Vertrieb ausschließlich über rund 300 Plus-X-Händler, die auch den neuen Mazda 323 1,9 4WD vertreiben. Gehandelt zu Überpreisen von bis zu 10.000 Mark.
Juli: ABS optional verfügbar.

1991 Januar: Sondermodell »British Racing Green«: beiges Leder, Chromeinstiegsleisten. Metallic. DM 26.750,-, 500 Ex.

1992 Juli: Neuauflage Sondermodell »Racing Green«: wie oben, ABS. 750 Ex.
September. Flankenschutz serienmäßig, Fahrer-Airbag verfügbar.

1994 März: Modellpflege, neue 14-Zoll-LM-Räder. Verst. Bremsanlage, modifizierte Sitze mit höhenverstellb. Kopfstützen, a.W: Fahrerairbag und ABS. DM 36.950,-. Einführung neuer Motor 1,9 l / 131 PS aus dem 323 F GT, ersetzt bisherigen 1,6 l.

1995 Januar: Beifahrer-Airbag verfügbar. Neuer Basismotor mit 1,6 Liter / 90 PS. Nur 1,9: ABS serienmäßig.
März: Sondermodell »Sunracer«: 2 x Airbag, Nubutex-Sitzpolster, Sonderlack. 300 Ex.
Oktober: Wegfahrsperre serienmäßig

1996 Mai: Sondermodell »Bicolor 1.6«: rotschwarze Ledersitze, 2 x Airbag. DM 39.240,-. 300 Ex.
März: Sondermodell »Cosmo«: Außenlack Viola-Rot, Interieur Beiges Leder, LM, ABS. 500 Ex.
September: Verdeck auch in beige lieferbar.

1997 März: Sondermodell »Classic«: 90 PS, Schwarz, Nachtblau und Silber, spezielle Sitzbezüge, Momo-Lenkrad, 15-Zoll-LM, ABS. 800 Ex., DM 40.390,-.

1998 Januar: Produktionseinstellung, 431.500 Exemplare wurden gebaut. Rund 34.000 MX-5 wurden in Deutschland verkauft.
April: Einführung des Nachfolgers.

Viel Auto zum günstigen Preis: die ersten Kontingente hatten lange Lieferzeiten, 5000 Miata kamen aus den USA.

Klassisch: das Cockpit mit Rundinstrumenten. Viel Hartplastik, aber tadellose Verarbeitung.
Die Verdeckbetätigung erforderte etwas Geschick. Das Plastikfenster mit Reißverschluss verkratzte leicht.

Haifischmaul und ellipsenförmige Scheinwerfer waren das Merkmal der zweiten MX-5-Generation.

Mazda MX-5 (1998–2005)

Die Überarbeitung eines Erfolgsmodells ist immer eine heikle Sache, die Automobilgeschichte ist voll von Beispielen, bei denen das nicht gelang. Entsprechend vorsichtig ging Mazda hier zu Werke – mit der Folge, dass es wieder ein paar gab, die das viel besser gekonnt hätten und lauthals das Verschwinden der Klappscheinwerfer beklagten. Dabei waren Projekt-Manager Takao Kijima und sein Team mit größtmöglicher Feinfühligkeit zu Werke gegangen.

So hatten sie die Dimensionen gegenüber dem Vorgänger nur unwesentlich verändert und ihn lediglich um fünf Millimeter verbreitert. Die Linienführung ließ den Neo-Klassiker dennoch straffer, dynamischer und muskulöser aussehen. Obwohl praktisch alle Blechteile neu geformt worden waren – weniger als 40 Prozent der Teile stammten vom NA-Roadster –, waren die typischen MX-Gene auf den ersten Blick wiederzuerkennen. Besonders markant geriet das Gesicht mit den neuen, nicht mehr wegzuklappenden Scheinwerfern, was aus Gründen der passiven Sicherheit unvermeidbar geworden war. Neu gezeichnet präsentierten sich auch die eine schmale Taille schaffenden Türen und die Heckpartie mit dritter Bremsleuchte im Kofferraumdeckel. Um die Preise stabil zu halten, behielt man auch die Architektur und das Chassis des Vorgängers bei – Einzelradaufhängung an jeweils doppelten Dreiecksquerlenkern (Double Wishbone Suspension), Federbeine und Drehstabstabilisatoren. Die Geometrie hatte sich aber geändert, Stichwort Spurweite: vorn plus 10 mm, hinten plus 20 mm. Das nahm ein wenig von der Hektik, änderte aber nichts an

der »verblüffenden Agilität« (*auto motor und sport*) des rund 1100 Kilo schweren Hecktrieblers.

Die Motoren aus dem 323-Regal präsentierten sich ebenfalls überarbeitet, erhielten neue Zylinderköpfe und eine höhere Verdichtung. Innen übertraf der MX an Materialqualität, Anmutung und Ergonomie den Vorgänger in jeder Hinsicht. Die neue Schalttafel mit den großzügiger angeordneten Instrumenten war deutlich besser abzulesen, vier große, runde Luftdüsen erhöhten den Luftdurchsatz. Die breite Mittelkonsole mit großen Drehschaltern für die Heizung und Lüftung sowie ein kleines, abschließbares Staufach und ein Aschenbecher, das hatte schon beinahe Oberklasseformat. Geblieben war die kuschelige Enge im Innern, die Besatzung eines MX sollte sich gut verstehen: Nach wie vor war der Roadster nichts für den großen Familienurlaub, aber die Mazda-Konstrukteure hatten Batterie und Ersatzrad unter den Kofferraumboden verbannt und so eine ebene Ladefläche geschaffen. Das brachte mit 144 Litern (VDA) 20 Liter mehr Volumen als bisher.

Wiederum standen zwei gierig am Gas hängende Motoren zur Verfügung, beide mit Fünfgang-Schaltgetriebe; Scheibenbremsen und ABS waren Serie. Insbesondere der große Motor bescherte dem Roadster dann das »Temperament eines Sportwagens« (*sport auto*). Insgesamt wurden von der zweiten MX-Generation rund 290.000 Exemplare gebaut, rund 50.000 davon gelangten nach Deutschland. Zusammen mit der ersten Generation entstanden 725.000 MX-Roadster, das reichte für einen Eintrag ins Guiness Buch der Rekorde. Und das hätte keiner besser machen können.

Im Vergleich zum Vorgänger war der MX-5 noch einmal verwindungssteifer geworden.

Modell Sportive mit 6-Gang-Schaltung und 146 PS.

Neues Lenkrad, Details wurden behutsam modernisiert.

MODELLE, VARIANTEN, PREISE	
Modellreihen:	Zweisitziges Cabriolet
Motoren:	1598 cm³ / 81 kW (110 PS) bei 6500/min 1840 cm³ / 103 kW (140 PS) bei 6500/min 1840 cm³ / 102 kW (139 PS) bei 7000/min von 12.00-1.03 1840 cm³ / 107 kW (146 PS) bei 7000/min ab 12.00
Ausstattung:	2 x Airbag, ABS, getönte Scheiben, Drehzahlmesser, abschließbare Mittelkonsole, elektr. Antenne, EFH, elektr. verstell.-/beheizb. Außenspiegel, Tankdeckel-/Heckklappen-Fernentriegelung, Servo. 1.9: Sperrdiff., LM, Nardi-Lenkrad, Windschott.
Varianten:	MX-5 1.6 – MX-5 1.9
Preise (DM):	35.500,-

2000 kam der angedeutete Fünfpunkt-Grill.

Mehr Federweg an der Hinterachse für besseren Fahrkomfort. Das Faltverdeck hatte jetzt eine feste Glasscheibe.

Chronik

1997	Oktober: Präsentation auf der Tokio Motor Show. Behutsam überarbeitete Neuauflage ohne Klappscheinwerfer.
1998	März: Markteinführung in Deutschland, zwei Motorvarianten. Dezember: Sondermodell »10. Anniversary«: Bilstein-Sportfahrwerk, Ledersitze, 6-Gang-Getriebe, Leistung: 146 PS. Weltweit limitiert auf 7500 Ex., davon 1500 Ex. für Deutschland.
1999	Mai: Sondermodell »Magic«: Metallic, LM, ZV, beigefarbenes Verdeck, Nardi-Lenkrad. 1900 Ex., ab DM 41.469,-. Oktober: Sondermodell »4 Seasons«: Hardtop, Samsonite-Koffer.
2000	April: Sondermodell »Miracle«: 1.6/1,9 l, 15-Zoll-LM, Leder beige, Nardi-Holzlenkrad und Schaltknauf. 2500 Ex., ab DM 42.490,- (1.6) Mai: Sondermodell »California 1.6«: Touringpaket, LM-Räder, Sonderfarbe Gelb. 500 Ex., DM 40.890,-. Dezember: Sondermodell »All Season«: Lackiertes Hardtop.
2001	Januar: Facelift (neue Scheinwerfer, größerer Lufteinlass, neue Sitze, Armaturen mit weißen Skalen), erhöhte Karosseriesteifigkeit. A.W.: 4-Gang Automatik, modulares Audiosystem. Nur 1.9 l: variable Ventilsteuerung, 146 PS. Neues Spitzenmodell 1.9 »Sportive«: Bilstein-Sportfahrwerk, Domstrebe, 16-Zoll-LM, Leder, Sitzheizung, Nebelscheinw., DM 48.890,-. Optional: Automatik in Verbindung mit 1,9 l (dann 139 PS); Touring-Paket. Februar: Sondermodell »Memories«: Leder, Sitzheizung, Armaturenbrett in Beige/Schwarz, Nardi-Lenkrad, verchr. Türgriffe, 15-Zoll-LM u.a., 1200 Ex., ab € 22.389,-
2002	März: Sondermodell »Phoenix«: Sonderlack, Leder, Sitzheizung, Edelstahl-Bügel, Gepäckträger, 15-Zoll-LM. 2200 Ex. Mai: Sondermodell »Sun Racer«: Sonderlack, Leder, Holz-Lederlenkrad, Sitzheizung, ZV, LM. 500 Ex., 22.490,-. Oktober: Sondermodell »Trilogy 1.6«: Logo, verchromte Einstiegsleisten, Leder, Nardi-Lenkrad, Plakette. 15-Zoll-LM, Klima. Dazu Diamatbrosche. 333 Ex., € 24.333,-. Dezember: Neuauflage »Memories« mit 1578 Ex., davon 450 mit 1,9 l.
2003	Januar: Automatik-Variante aus dem Programm genommen. Februar: Sondermodell »Silver Blues 1.6/1.9«: Nardi-Lederlenkrad und -Schaltknauf blau-schwarz, blaues Stoffverdeck, mit den beiden Lackfarben korrespondierende Sitzbezüge, Touring-Paket. 2500 Ex., ab € 21.760,-.
2004	März: Modellpflege: Neue Mittelkonsole, Lautsprecher in das Windschott integriert (nur 1.9), neue Sitzbezüge, neue 16-Zoll-LM (1.9). Sondermodell »Unplugged 1.6/1.9«: 16-Zoll-LM, Leder, Edelstahlgitter am Lufteinlass, elektr verstell-/einstellb. Außenspiegel, Sony-Soundsystem. 2200 Ex., ab € 21.750,-. 5. März: 700.000 produzierte Fahrzeuge. September: Neuauflage Sondermodell »Memories«: Metalliclack, 16-Zoll-LM, beigefarbenes Verdeck, Nebelscheinw., 527 Ex., ab € 21.980,-.
2005	Januar: Sondermodell »Impuls«: beheizb. Ledersitze, Klima, LM, Holzlenkrad, Heckgepäckträger. 1500 Ex., ab € 22.690,-. Juni: Sondermodell »Youngster«: nur 1,6 l, Leder schwarz mit orangefarbenen Nähten, Sitzheizung, Lederlenkrad, Metallic, 15-Zoll-LM. 240 Ex., € 22.280,-. Oktober: Produktionseinstellung.

Für das Modelljahr 2004 erhielt der MX-5 neue 16-Zoll-Felgen und weitere Verfeinerungen.

Deutlich besser ablesbar: Die neuen Instrumente.

Mittelkonsole mit Alu-Applikationen.

Serienmäßig: Windschott mit Lautsprechern im 1,9-Liter.

Viele Sicherheitsfeatures, steife Karosserie, gute Aerodynamik und ein emotionaler Auftritt: Der neue MX-5.

MX-5 (seit 2005)

Ein neuer MX-5 ist immer ein Erlebnis. Schon allein, weil es davon gar nicht so viele gibt. In 17 Jahren gerade mal eine echte Neukonstruktion – da lohnte es sich schon, ganz genau hinzuschauen.

Der erste Rundgang beruhigt: Gott sei Dank, es ist ein MX-5 geblieben. Gut, man braucht jetzt ein Sekündchen länger – Länge plus 2 cm – um ihn zu umrunden, dafür hat man auf diese Weise Gelegenheit, das neue Design aufzunehmen. Die Reifen sind größer und womöglich noch weiter nach außen gerückt, die Kotflügel fein ausgestellt, die Linien straffer, die Scheinwerfer zu schmalen Schlitzen zusammengekniffen: Er sieht entschlossener aus, der will nicht mehr nur spielen.

Dass unter dem Blech alles neu geworden ist, das glaubt man ihm aufs erste Wort, auch ohne jede Schraube einzeln anzufassen: Das Monocoque ist um 47 Prozent torsions- und 22 Prozent biegesteifer als das des Vorgängers, behauptet Mazda. Das ließe sich nur im Rahmen aufwendiger Kaltverformungsversuche nachprüfen, wovon man als Privatmann aus verständlichen Gründen absehen sollte.

Jedes Erstsemester im Fahrzeugbau lernt, dass eine Achslastverteilung im Verhältnis von 50:50 ideal ist. Davon war der MX-5 bislang noch entfernt. Beim Neuen wanderte der Motor eine Handbreit nach hinten, während Tank und Batterie ihm vor die Hinterachse entgegen kamen – und den dritten MX nahe ans Ideal rückten. Anders gesagt: Schon bisher war es am Steuer nicht langweilig, jetzt aber wird es richtig anregend.

Neue Wagen legen gerne an Gewicht zu, glücklicherweise hatte das Team auf strenge Diät geachtet. Mit einem Leergewicht von 1080 Kilogramm hat er gegenüber dem Vorgänger nur um 10 Kilo zugelegt, ein hervorragender Wert angesichts der vielen Zusatzfeatures, die der alltagstaugliche Sportler mitbrachte. Erreicht wird dies durch extrafeste Stahlsorten und die großzügige Verwendung von Aluminium, etwa für Front- und Heckhauben. Der Kofferraum bietet jetzt übrigens etwas mehr Platz, mehr als 150 Liter passen dennoch nicht hinein. Dafür aber fasst er jetzt eine Getränkekiste mit sechs 1,5-Liter-Flaschen – eine Eigenschaft, die man den deutschen Entwicklern zu verdanken hat, die sich in dem Punkte durchsetzten. Überhaupt ist der deutsche Anteil am MX-5 nicht gering zu bewerten: Während die Japaner die Außenhülle gestalteten – der US-Entwurf war zu schwülstig geraten –, hat man sich in Oberursel um die Ergonomie Gedanken gemacht. Das Resultat ist ein etwas geräumigeres, perfekt sitzendes Cockpit, übersichtlich und hochwertig.

Unter der Alu-Haube lauern, wie bisher, zwei Motoren, beide bekannt aus den Mazda-Modellen 3 und 5: ein 1,8-Liter mit 126 PS und Fünfgang-Getriebe sowie ein Zweiliter mit 160 PS und Sechsgangbox.

Das Fahrwerk ist auf der dynamischen Seite. Lust- und kunstvoll hat sich ein Heer von Fahrwerksspezialisten darüber hergemacht, das Arrangement aus Alu-Doppel-Dreiecksquerlenkern vorn und der aus dem RX-8 bekannten Mehrlenker-Hinterachse so fein abzustimmen, dass im direkten Vergleich ein Mehr an Fahrkomfort und Fahrpräzision herausgekommen ist. Erfreulicherweise hat die Steifigkeit der offenen Karosserie spürbar zugenommen – auch das ein neues Erlebnis.

Die Lastverteilung war nahe ans Ideal von 50 zu 50 gerückt.

Hinter den Sitzen thronen dekorative Überrollbügel, dazwischen ist ein Windschott aufzuspannen.

Roadster mit Stoff- und modischem Stahl-Klappdach: MX-5 nach dem Facelift, Modelljahr 2009.

Oktober 2008: Mit minimalen Retuschen ins neue Modelljahr.

Mit festem Hut: Das Stahldach wiegt mit Elektrik nur 37 kg mehr als das Softtop.

MODELLE, VARIANTEN, PREISE	
Modellreihen:	Zweisitziges Cabriolet
Motoren:	1798 cm³ / 93 kW (126 PS) bei 6500/min 1999 cm³ / 118 kW (160 PS) bei 6700/min
Ausstattung:	Emotion: 4 x Airbag, ABS, DSC, TCS, EFH, ZV, Audio, Klima. Energy: Stoffverdeck, LM, Klimaautom., Touringpaket. Expression: 17-Zoll-LM, Bilstein-Fahrwerk, Domstrebe, 6-Gang, Sport-Pedalsatz, Licht-Paket (nur 2.0 MZR).
Varianten:	1.8 Emotion/Energy – 2.0 Emotion/Energy – 2.0 Expression
Preise (€):	Ab 21.190,-

Chronik:

2005 Januar: Premiere auf der Detroit Motor Show
September: Zum Serienstart kommt eine Sonderedition »3rd. Generation«; 3500 Ex. weltweit, 500 Ex. für Deutschland: Tornadorot-Metallic, rotschwarzes Leder, Bose-Soundsystem, 17-Zoll-LM, Chromteile, Plakette, dazu Accessoires wie Schuhe, Jeans, Uhr. November: Start Vorverkauf.

2006 Januar: deutschlandweite Markteinführung.
Oktober: Sondermodell »Black & White«: weiße Metallic-Lackierung, schwarze Ledersitze mit Sitzheizung, LM, Klimaautom., VDO-Navi mit Lenkradfernbed., iPod. 252 Ex., davon 160 mit 1,8 l MZR. Ab € 23.800,-.

2007 Januar: Einführung Stahldach-Coupé: Neue Version mit elektrisch gesteuertem Klappdach, Motorisierungen bleiben gleich. Ausstattungsvarianten Energy und Expression, ab € 26.160,-.
März: Sondermodell »Mithra«: Touringpaket, 16-Zoll-LM, Klimaautom., Leder, Sitzheizung, Metallic. 800 Ex., ab € 26.000,-.

2008 März: Sondermodell »Niseko« (Roadster/Coupé): 17-Zoll-LM, Leder braun für Sitzbez., Lenkrad, Schaltknauf und Handbremsgriff, Chromapplikationen, Stoffverdeck braun. Von € 21.700,- bis € 25.400,-.
Oktober: Facelift.

Modelljahr 2009: mit größerem Lufteinlass.

Der Kofferraum ist sichtlich größer geworden.

Schaf im Wolfspelz: Unter dem Blech trug der MX-6 die Technik des 626.

Mazda MX-6
Gemeinschaftsarbeit

Wenn zwei das gleiche tun, ist es noch lange nicht dasselbe – siehe Ford Probe und das 626-Coupe, das in den USA als MX-6 vermarktet wurde. Mit dem Modellwechsel 1992 wurde dann entschieden, das 626-Coupé – für das primär das US-Designstudio verantwortlich war – entsprechend der neuen Mazda-Strategie weltweit als X-Modell zu vermarkten. Von Anfang an wurde der MX-6 sowohl mit einem Vierzylinder als auch mit einem V6 angeboten. Die motorische Grundversorgung stellte der 2,0-Liter-Reihenvierer sicher, während die Premium-Version sich mit dem 164 PS starken 2,5-Liter-V6 aus der Affäre zog.

Der V6 passte natürlich besser zum GT-Charakter des Mazda-Coupés, notwendig war er aber nicht. Auch der 115-PS-Vierzylinder machte seine Sache gut und war außerdem wirtschaftlicher, weil sparsamer. Wenn's nicht darauf ankam, dann machte der hochjubelnde Sechszylinder mehr Spaß, wer ihn mit der Automatik orderte, hatte davon allerdings wenig. Die Fünfgang-Handschaltung war da einfach besser, und beim Vierzylinder sowieso.

Tadellos das Fahrverhalten. Auch in schnell gefahrenen Kurven agierte das Sportcoupé sehr gutmütig mit nur einem Hauch von Untersteuern, per präziser, feinfühliger Zahnstangenlen-

kung ließ sich der MX jederzeit wieder einfangen. Nach Meinung der Motorjournaille lag ein Dreier-Coupé auch nicht besser – ein bemerkenswertes Zugeständnis.

Auch sonst machte es der MX-6 seinen Eignern richtig kuschelig. Die Sitze waren langstreckentauglich gepolstert und kurvengerecht konturiert. Kopf- und Beinfreiheit vorn reichten auch für Menschen mit Schuhgröße 47, die hinteren Sitzgelegenheiten indes waren so winzig, dass sogar Kinder Platzangst bekommen konnten. Das etwas schwierig zu beladende Kofferabteil schluckte stattliche 404 Liter nach VDA-Norm, und die asymmetrisch geteilte Rücksitzlehne ließ sich umklappen.

Die MX-6-Ära ging 1997 zu Ende, die amerikanische Designphilosophie war in Deutschland nie sonderlich populär. Gebrauchtwagenkäufer freut's, denn wer das Besondere sucht, findet hier das Richtige. Der Klassiker von Übermorgen erfüllt fast alle Ausstattungswünsche, ist mit 2700 Zulassungen eine Rarität, sieht gut aus und ist vollkommen alltagstauglich. Schon damals von der sprichwörtlichen Mazda-Zuverlässigkeit, ist der im US-Werk Flat Rock gebaute Mazda oft noch kerngesund, erfreut durch moderate Verbräuche (rund elf Liter beim Sechszylinder) und eine anspruchslose Technik: Alles in allem ein schönes Beispiel für eine geglückte Zusammenarbeit.

Der Heckspoiler war Kennzeichen des geschmeidigen Sechszylinders.

MODELLE, VARIANTEN, PREISE

Modellreihen:	Coupé
Motoren:	1991 cm³ / 85 kW (115 PS) bei 5500/min 2497 cm³ / 121 kW (165 PS) V6 bei 5600/min 2497 cm³ / 120 kW (163 PS) V6 bei 5600/min ab 9.95
Ausstattung:	ABS, EFH, ZV, get. Scheiben, Lordosen-stütze, Gepäckraumabdeckung, beleuchte-tes Türschloss und Innenlichtbetätigung über Türgriff, Fernentriegelung für Tankverschluss, geteilt umklappbare Rück-sitzlehne. V6: LM, Reifen 205/55 R 15, Tempomat, Lederlenkrad, Aerokit, elektr. Schiebdach.
Varianten:	MX-6 2.0i – MX-6 2.5i
Preise (DM):	Ab 36.000,-

Chronik:

1991	September: Premiere auf der IAA Frankfurt. Parallelmodell zum Ford Probe, gebaut in den USA. Zwei Motoren, V6-Topmodell kostete DM 42.950,-. Extras: 2.0i: Hebe-/Schiebedach (1300,-), Metalliclack (490,-). V6: Klimaanlage (2000,-), Allradlenkung (1500,-), Metalliclack.
1992	April: Markteinführung; 626-Coupé MX-6 wird jetzt als eigenständige Modellreihe vermarktet.
1993	Januar: Ausstattungsverbesserungen, 2.0i jetzt mit elektr. Schiebdach, V6 mit Klima. A.W: V6 mit Allradlenkung. DM 51.750,-
1994	Modellpflege: Beifahrer-Airbag serienmäßig, bessere Geräuschdämmung in den Türen, um unerwünschte Resonanzen zu minimieren.
1995	September: Leistungsreduzierung beim V6. Entfall von Klimaanlage und Tempomat, dafür Fahrer-Airbag.
1997	März: Import eingestellt

In Sachen Sicherheit hatte der MX-6 Nachholbedarf.

Das Topmodell war auch mit Allradlenkung zu ordern.

Vans und SUVs

Als der Demio 1998 auf den deutschen Markt kam, stieß er auf freundliche Duldung oder deutliche Ablehnung.

Mazda Demio
Quadratisch, praktisch, gut

Ein Auto wie ein Zwieback: Kein Ausbund an Schönheit, aber ungeheuer praktisch. Schmeckte erst auf den zweiten Biss, staubte ein wenig trocken, war aber nahrhaft, machte nicht dick und war nicht teuer. Man gewöhnte sich leicht an den Mini-Van, der die Nachfolge des 121 antreten sollte.

Mit dem ungewöhnlich kantigen Demio erweiterte Mazda sein Angebot im sogenannten B-Segment, eine Nummer unterhalb des 323. Direkte Konkurrenz gab es eigentlich nicht, lediglich der in den Startlöchern stehende Yaris Verso von Toyota verfolgte ein ähnliches Konzept, und die Angebote von Daihatsu oder Suzuki waren auch keine ernsthafte Herausforderung.

Komfort und Variabilität standen im Vordergrund, im Lastenheft der Entwickler stand die Schaffung eines »Mehrzweck-Kompaktfahrzeugs« mit effizienter Platzausnutzung und zahlreichen praktischen Merkmalen. Beinahe so breit wie hoch, stach der Demio mit knapp 1,54 Meter Dienstgipfelhöhe aus der Meute der Viermeter-Kleinwagen sofort heraus. Vom hohen Scheitel profitierten natürlich auch die Insassen, diese saßen nämlich sehr hoch (korrekt am »Hüftpunkt« festzumachen, der hier vorn bei 535 mm lag und hinten bei 590 mm) und freuten sich über einen Wagen, bei dem alle vier Enden gut überblickt

werden konnten. Fünf Personen durften mitfahren und kamen dank weit öffnender Türen leicht an Bord. Das Sitzgefühl auf den straffen, gut geformten Polstern hatte etwas von einem Bus, wenn es aber richtig bequem zugehen sollte, belegte man die Rücksitzbank nur mit zwei Figuren und ließ jemanden ans Steuer, der nicht über 1,80 Meter war oder kurze Beine hatte: Die Vordersitze konnten nicht richtig weit zurückgeschoben werden. Um ganze 12 Zentimeter nach vorne schieben ließ sich dagegen die Rücksitzbank, was einen Gutteil der Demio-Faszination ausmachte. Nach ein wenig Hin- und Hergeschiebe und einem Umklappen der Vordersitzlehnen entstand eine 2,03 Meter große Liegefläche, wer einen Demio fuhr, konnte auch mal das Hotel sparen. Gleichwohl: Langstrecken waren vielleicht doch nicht so sein Ding, der einzig zur Verfügung stehende 1,3-Liter – obenliegende Nockenwelle, 16 Ventile, Mehrpunkt-Kraftstoffeinspritzung – kam in zwei Leistungsstufen, später war noch ein 1,5-Liter erhältlich. Mit leichtgängiger Servolenkung und einem Mini-Wendekreis von zehn Metern war der Demio am besten als Stadtwiesel und Kindertaxi aufgehoben, als top verarbeitete rollende Einkaufstasche für die Fahrt zum Supermarkt. Zwieback kaufen.

Der kantige Viertürer basierte auf der modifizierten Plattform des 121. Er war ein typischer Zweitwagen.

MODELLE, VARIANTEN, PREISE

Modellreihen:	Minivan
Motoren:	1323 cm³ / 46 kW (63 PS) bei 5000/min 1323 cm³ / 53 kW (72 PS) bei 5500/min 1498 cm³ / 55 kW (75 PS) bei 5000/min ab 5.2000
Ausstattung:	2 x Airbag, Rammschutzleisten, Colorglas, Dachreling, Servo, höhenverstellb. Fahrersitz. Comfort: ABS, Nebelscheinw., Stoßfänger in Wagenfarbe, elektr. Außengel, höhenverstellb. Lenkrad, ZV, Drehzahlm. Exclusive: Reifen 175/60 R14, EFH.
Varianten:	Demio 1,4 – 1,4 Comfort – 1,4 Exclusive,
Preise (DM):	Ab 21.990,-

Chronik:

1996	Oktober: Premiere für den Demio auf der Tokio Motor Show. Hochdachkombi auf Basis des japanischen 121. Für den Europaexport wird die Geräuschdämmung verbessert.
1998	September: Einführung des Minivans mit Dachreling und integr. Seitenscheibe in der C-Säule. Chassis-Architektur stammt vom Mazda 121 bis Bj. 1996. Japan-Ausführung wird seit Oktober 1997 als »Briza« verkauft.
2000	Mai: Facelift, neue Frontpartie mit Fünf-Punkt-Markengrill, neue Scheinwerfer, neue Heckleuchten, mod. Stoßfänger. Dachantenne. Zweifarbiges Armaturenbrett, Längenverstellbereich der Vordersitze verlängert, Fahrersitz höhen- und neigungsverstellbar. ABS mit EBD. 1,5-l-Motor ersetzt 72-PS-Motor. Ausstattungsverbesserung: Basis mit lack. Stoßfänger. Comfort: EFH vorn, Velours, beheizb. Außenspiegel. Zur Einführung mit Style-Paket (LM, Chromapplikationen) sowie Klima inklusive. Ab DM 22.890,-.
2001	August: Sondermodell »Sportive«: 14-Zoll-LM, Dachspoiler in Wagenfarbe, Sportsitzbez., Dekor, CD-Player, Veloursfußmatten, weiße Instrumentenskalen. € 14.200,-. Bis 31.12: Klima inklusive.
2002	Juli: Sondermodell »Collection«: LM-Räder. Ab € 13.740,-.
2003	März: Import eingestellt.

Überdurchschnittlich gut: Das Demio-Interieur 2000.

Der Mazda-Mini war mit zwei Vierzylindern lieferbar. Die 1400er-Motoren fanden sich auch im 323 P.

Eine Stufe oberhalb des Demio angesiedelt war der Premacy, die Van-Version des 323.

Mazda Premacy
Harmonie im Premacy

Seine Mission war nicht einfach: in einem boomenden Segment an die Spitze zu fahren. Der Premacy, der erste kompakte Mazda-Van, entworfen und feingezeichnet auf Basis von 323 und 626 Kombi, rollte mit der ersten Minivan-Welle auf die Straße, wo Konkurrenten wie der siebensitzige Opel Zafira auf ihn warteten. Mit diesen Topsellern musste er sich messen. Und er schlug sich großartig.

Opel und Mazda schenkten sich nichts, hier wie dort versammelte sich auf rund 4,30 Meter Länge ein intelligentes Sammelsurium guter Ideen, unzähliger Ablagen und einer Hundertschaft möglicher Kombinationen, in der man die fünf Einzelsitze mit verstellbaren Rückenlehnen um-, weg- und ausklappen konnte – inklusive der Möglichkeit, das hintere Mobiliar komplett auszubauen, was bei 12 kg pro Sitz keine Bärenkräfte erforderte und mit zwei Handgriffen erledigt war: Gut, wenn man über einen entsprechenden Keller- oder Garagenraum verfügt, noch besser allerdings, wenn, wie beim Zafira, die Sitzgelegenheiten im Boden verschwinden. Das allerdings war Klagen auf hohem Niveau – was übrigens durchaus wörtlich zu nehmen ist, denn mit 1040 mm Kopf- und 1034 mm Beinfreiheit vorn gab sich der 1,3 Tonnen schwere Premacy großzügig wie kein anderer.

Das Frontdesign mit dem zart angedeuteten Fünfpunkt-Kühlergrill kündete von einer neuen Designsprache, von »Contrast in Harmony«, dem Zusammenspiel widersprüchlicher Stilelemente, das zu einem Design führen sollte, »das lange hält und niemanden langweilt«.

Jenseits dieser geschmäcklerischen Belanglosigkeiten gab es objektiv wenig, das man dem Premacy ankreiden konnte. Die vier Ausführungen mit den drei möglichen Motoren – zwei Benziner, ein Diesel – gehörten allemal zu den wohlfeilen Angeboten im Segment der Limousinen, die im Hochparterre zu fahren sind. Schade nur, dass ein wenig am Dämmmaterial gespart wurde. Sonst allerdings fehlte es an nichts, weder an ausreichendem Gepäckraum – von 370 bis 1800 Liter, je nach Sitz-Origami – noch an fluschigen Ausstattungsdetails, die das Leben schöner machten. Und wie es sich für einen wohl erzogenen japanischen Familienwagen gehörte, reagierte der Premacy gutmütig in allen Lebenslagen – auch wenn er vielleicht das letzte Quäntchen Verbindlichkeit auf weniger guten Straßen missen ließ – und erwies sich noch als so übersichtlich, dass man nicht unbedingt eine Einparkhilfe benötigte. Die würde womöglich schrecklich piepsen, und das wäre doch ein schriller Misston im harmonischen Gesamten.

Er verfügte über bis zu sieben bequeme Einzelsitze, die in unzähligen Konfigurationen variiert, umgeklappt und ausgebaut werden konnten.

MODELLE, VARIANTEN, PREISE

Modellreihen:	Minivan, fünfsitzig
Motoren:	1.840 cm³ / 74 kW (101 PS) bei 5500/min 1.840 cm³ / 84 kW (114 PS) bei 6000/min 1.991 cm³ / 96 kW (131 PS) bei 6000/min ab 9.01 1.998 cm³ / 66 kW (90 PS) TD bei 4000/min 1.998 cm³ / 74 kW (100 PS) TD bei 4000/min ab 10.00 1.998 cm³ / 74 kW (100 PS) DITD bei 4000/min ab 9.01
Ausstattung:	Comfort: 4 x Airbag, ABS, Servo, Lenkrad-höhenverst., elektr. einstellb. Außenspiegel, Radiovorrüstung mit vier Lautsprechern. Exclusive: Nebelscheinwerfer, EFH, beheizb. Außenspiegel, Armstütze, Staufach unter dem Fahrersitz, elektr. Traktionskontrolle (Benziner), Dachreling.
Varianten:	1.9 Comfort/Exclusive – 2.0 D Exclusive
Preise (DM):	31.480,- / 34.480,-

Chronik:

1999: März: Premacy-Premiere auf dem Genfer Salon. Juni: Markteinführung Premacy, Fahrwerk vom Mazda 626 Kombi in den Abmessungen des Mazda 323. Zwei Otto- und ein Dieselmotor. A.W.: elektronisch gesteuertes Viergang-Automatik-Getriebe.

2000 September: Sondermodell »Exclusive Edition«: Basis Exclusive, dazu Touring-Paket sowie Leder, Chrom- und Karbonapplikationen. DM 41.790,- Oktober: Motorleistung 2,0 TD auf 100 PS angehoben.

2001 September: Facelift (Fünfpunkt-Kühlergrill, Scheinwerfer). Karosserieversteifungen, bessere Dämmung, modifizierter Innenraum. Turbodiesel-Direkteinspritzer (DITD) mit 100 PS ersetzt bisherigen TD. Einführung 2,0-Benziner mit 131 PS. Neuordnung der Ausstattungslinien. Top-Modell 2,0 l »Sportive« (131 PS) mit DSC und 16-Zoll-LM. Oktober: Sondermodell »Active«: LM, Seitenschutzl. in Wagenfarbe, Audio mit Lenkradfernbed., Klimaautom., weiße Instrumentenblätter, Privacy-Glas. Ab € 18.990,-.

2003 Januar: Einführung Sondermodell »Active 7«: Wie Active, aber 7 Sitze (Aufpreis € 300,-).

2005 Mai: Auslaufen der Modellreihe, Nachfolger Mazda5 wird in Japan weiterhin als Premacy vermarktet.

Mit Normalbestuhlung fasste der Kofferraum 370 Liter.

Drei unterschiedliche Vierzylinder standen zur Wahl, zwei Benziner und ein Turbodiesel.

Mazdas MPV: Mit Fahrerairbag, Niveauregulierung, Servolenkung, ABS, Tempomat und Vierstufenautomatik.

Mazda MPV
Herr Tur Tur

Im Kinderbuch von Michael Ende »Jim Knopf und Lukas der Lokomotivführer« gibt es den Herrn Tur Tur, den Scheinriesen. Je weiter der weg ist, desto größer wirkt er. Herr Tur Tur ist sehr einsam, weil sich alle vor ihm fürchten und keiner nahe genug kommt, um ihn kennen zu lernen. Dabei ist Herr Tur Tur nicht größer als andere.

Mazda MPV (1994–1998)

Herr Tur Tur war ein Mazda MPV: Der sah auf Bildern richtig groß und amerikanisch aus. Stand man vor ihm, merkte man, dass der maximal 2,3 Tonnen schwere Van kaum mehr Verkehrsraum beanspruchte als ein Mazda 323 und mit einer Länge von 4,47 Meter weniger als ein Mazda 626.

Und dabei war der MPV ein klassischer Van mit sieben Sitzplätzen, verteilt auf drei Sitzreihen. Er hatte genug Platz, um alle Einwohner von Lummerland mitnehmen zu können. König Alfons der Viertel-vor-Zwölfte freute sich über das wahrhaft fürstliche Ausstattungspaket, zu dem auch eine Geschwindigkeitsregelanlage gehörte. Was sich unter der kurzen Schnauze tat, vermochte wiederum Lukas, seines Zeichens Lokomotivführer und Freund soliden, gusseisernen Maschinenbaus, zu überzeugen: Für Vortrieb sorgte ein typisch amerikanischer Sechszylinder in SV-Bauweise. Er war trotz dreier Ventile pro Zylinder und L-Jetronic eher von der altmodischen Sorte. Im Grunde seiner Ölwanne ging dieser 60-Grad-Sechszylinder auf ein 60er-Jahre-Aggregat zurück, das etwa Ford Capri und Granada Dampf gemacht hatte und in Köln dann für den US-

Markt gebaut wurde. Ebenso klassisch fiel die Antriebskonfiguration mit Frontmotor und Heckantrieb aus, nachgerade altertümlich – was Lukas wiederum besonders freute – war die starre Hinterachse an Längslenkern und Schraubenfedern.

Frau Waas dagegen, die Ladenbesitzerin, schätzte die Unzahl an Ablagen im Innenraum, die Getränkedosenhalter neben dem Vordersitz, die großen Ablagefächer in den Vordertüren, die Kartentasche an der Lehnenrückseite des Beifahrersitzes und die Krimskrams-Schublade unter dem Beifahrersitz. Herr Ärmel schließlich, seines Zeichens vor allem Untertan, freute sich, seinen steifen Hut aufbehalten zu können. Nur Jim Knopf maulte: Bei voller Bestuhlung hatte der Kofferraum nur minimale 225 Liter Kofferraum. Das reichte nie, um Molly, seine Babylokomotive, mitzunehmen. Und mehr als 600 Kilogramm durfte der Lummerland-Express auch nicht zuladen.

1995 holte Mazda den Allzweck-Van nach Deutschland, 500 Exemplare des seit 1988 gebauten 1,8-Tonners wurden vom US-Kontingent abgezweigt. Die waren so schnell weg, dass Mazda 1996 nachlegte. Der neue Jahrgang hatte eine gefälligere Front, ein modifiziertes Fahrwerk sowie vier Türen und

Seit dem Facelift mit vier Türen, neuer Front und 2,5-l-Turbodiesel: Mazda MPV, Jahrgang 1996.

nicht mehr nur die einsame Klapptür rechts. Und mit dem neuen Vierzylinder-Turbodiesel mit 2,5 Litern Hubraum und 115 PS stand nun auch eine adäquate Alternative zum durstigen Dreiliter-V6 bereit. Der neue Jahrgang war übrigens auf 4,67 Meter gewachsen. Damit wirkte er zwar noch mächtiger, ragte aber trotzdem nicht über das übliche Maß hinaus — wie Herr Tur Tur auch.

Vier innenbelüftete Scheibenbremsen verzögerten den 1,8-Tonner, hier das dreitürige Modell.

MODELLE, VARIANTEN, PREISE	
Modellreihen:	Van, dreitürig, siebensitzig
Motoren:	2954 cm³ / 113 kW (154 PS) bei 5000/min 2499 cm³ / 85 kW (115 PS) TD bei 3400/min ab 10.96
Ausstattung:	1 x Airbag, ABS hi., seitliche Schiebetür rechts, Automatik mit Wählhebel an der Lenksäule, Tempomat, EFH vorn, Servolenkung, EFH, LM, Niveauregulierung.
Varianten:	MPV
Preise (DM):	49.950,-

Chronik	
1988	Einführung Mazda MPV für Japan und die USA. 90 % aller MPV sind für die USA bestimmt.
1994	Oktober: Einführung Mazda MPV. Dreitürer, nur eine Motorvariante, ausschließlich mit Automatik, nur eine Ausstattungslinie. Extras: Metalliclack (DM 900,.-), Doppelklimaanlage (DM 4000,-). Limitiertes Kontingent auf 500 Ex. Im Gegensatz zu den USA ausschließlich mit Heckantrieb.
1996	März: Premiere auf dem Genfer Salon für den überarbeiteten MPV. Oktober: Modellpflege: Neue Front, gewachsene Außenlänge, vier Türen. Verbesserte Ausstattung: 2 x Airbag, ABS v./h. Einführung Turbodiesel-Motor. Zweite Ausstattungslinie CS eingeführt: 2 Einzelsitze in der 2. Sitzreihe, Fondheizung, Klima, LM. Alle Modelle: Automatik wird durch Fünfgang-Handschaltung ersetzt. Ab DM 46.300,-

Einfach, aber wirkungsvoll: Das Fahrwerkslayout mit Einzelradaufhängung vorn und Starrachse hinten.

Mazda MPV 1999: Mit 1,74 m deutlich höher als eine Mittelklasse-Limousine – und mit sieben Sitzen.

Mazda MPV (1998–2005)

Wer Van sagt, meinte Sharan oder Galaxy – den alten Mazda MPV jedenfalls nicht. Der sah nicht nur aus wie ein Schuhkarton mit Rädern, sondern fuhr sich auch so. Das war vielleicht genug für die USA, aber nicht gut genug für Europa. Daher legten sich die Ingenieure in Hiroshima mächtig ins Zeug, um einen neuen Van in das Programm zu nehmen, der dann wieder MPV, also »Multipurpose Vehicle« (Mehrzweckfahrzeug) hieß.

Der neue Mazda-Bigmac, wiederum gebaut in Hiroshima, nutzte das im Personenwagenbau gängige Fahrwerkslayout mit Frontantrieb an McPherson-Federbeinen und Längslenkern vorn und Verbundlenkerachse an Längslenkern und Panhardstrebe hinten – keine Spur mehr von der altmodischen hinteren Starrachse des Vormodells: Der MPV fuhr sich wie ein moderner Van europäischen Zuschnitts, in den USA brachte ihm das den Ruf ein, erste Wahl zu sein für sportlich orientierte Familienväter. Alles in allem kamen so 4,75 Meter Außenlänge zusammen – ein bisschen weniger als beim kurzen Chrysler Voyager, dem Stammvater dieses Segments – bei einer gerade noch innenstadtfreundlichen Breite von 1,83 Metern.

Ganz anständig auch das, was sich im Innenraum darbot: Je nach Ausstattung drei Sitzreihen, vielfach verstellbare Einzelsessel für jeden der Mitfahrer mit der Besonderheit, dass die beiden Sessel der dritten Sitzreihe in der Karakuri-Version klickklack und ratzfatz im Boden verschwanden und sich dann eine weite, 1,10 Meter lange und stufenfreie Ladeebene eröffnete. Clever gelöst auch die Sache mit den elektrischen Fensterhebern: der MPV hatte welche für vorn und hinten. Hinten?

Jawohl, trotz der Schiebetüren. Und das war etwas, das kein anderer Minivan (belassen wir es mal bei dieser Terminologie) vorweisen konnte. Und noch etwas, was ihn von der Konkurrenz unterschied: Die Radkästen beeinträchtigten nicht den Innenraum, und das Fehlen von Kardantunnel und Mittelkonsole bot eine ganze Menge Wohlfühl-Freiheit für Beine und Knie. Nach dem Modellwechsel wurde der MPV zunächst ausschließlich mit dem 2,0-Liter-Vierzylinder aus dem Mazda 626 angeboten. Bei 122 PS und einem Leergewicht von mindestens 1,6 Tonnen fühlte sich niemand übermotorisiert, zumal sich der im 626 durchaus überzeugende Zweiliter hier eher unkultiviert und durchzugsschwach präsentierte. Die ab 2002 lieferbaren neuen Motoren, darunter ein Common-Rail-Diesel, waren klar die bessere Wahl: Gute Gründe also, bei »Van« nicht gleich an Sharan und Co. zu denken.

MODELLE, VARIANTEN, PREISE	
Modellreihen:	Van, viertürig, fünf- bis siebensitzig
Motoren:	1991 cm³ / 90 kW (122 PS) bei 5800/min 2261 cm³ / 104 kW (141 PS) bei 6000/min ab 5.02 1998 cm³ / 100 kW (136 PS) CD bei 3500/min ab 5.02
Ausstattung:	Comfort: ABS, 2 x Airbag, elektr. einstell-/beheizb. Außensp., Colorglas, Klima, ZV, EFH, 3 Einzelsitze h., Velourspolster. Exclusive: Nebelscheinw., Außentemp.-Anzeige, LM, Seitenschutzl. farbig, Zusatzheizung h., ZV mit Fernbed., Lederlenkrad, Holzdekor.
Varianten:	Comfort – Exclusive
Preise (DM):	Ab 43.900,-

Ausgeliefert als Fünfsitzer, gab es zwei zusätzliche Sitze für den MPV gegen Aufpreis.

Neuer Innenraum des MPV im Jahr 2003.

Facelift 2002: schärfer konturierte Frontpartie.

Chronik	
1999	November: Vorstellung des neuen Mazda MPV. Eine Motorvariante, zwei Ausstattungslinien, Exclusive kostete DM 47.400,-. Gegen Aufpreis: Touring-Paket: Audiosystem, Fondheizung, Einzelsitz 3. Sitzreihe rechts. Nur Exclusive: Klima hinten. Beide: Einzelsitz 3. Reihe hi. links. Absatzerwartung für das 1. volle Verkaufsjahr: 2000 Ex.
2000	Mai: Im Rahmen einer Abverkaufsaktion als Siebensitzer mit Touring-Paket angeboten: Klima im Fond, Computer, Audiosystem mit Zusatzlautspr., DM 44.960,-.
2002	Mai: Modellpflege: neue Front mit Fünfpunkt-Grill, modifiziertes Fahrwerk, aufgehübschtes Interieur, 4 x Airbag. Neue 16-Zoll-LM (Serie bei Exclusive), Dachreling. 2,3-l-Motor mit 104 kW/141 PS ersetzt bisherigen 2,0-l-Benziner, Neueinführung 1998 cm³ Common-Rail-Diesel mit 100 kW / 136 PS. Exclusive: Lederlenkrad, CD-Radio. Ab € 23.950,-.
2003	März: Einführung Mazda MPV »Exclusive6-Karakuri«: Weitere Variante mit einer im Boden versenkbaren Zweier-Sitzbank in der dritten Reihe. Touring Paket und Metallic-Lackierung zur Einführung inklusive. Ab € 26.095,-. Einführung von MPV Siebensitzer (2.3 Comfort7/Exclusive7), ab € 25.310,-. November: Modellpflege, modifizierte Front (Scheinwerfer, Stoßfänger, Grill, Heckleuchten), neue LM-Räder. Neue Sitzbez., Chromapplikationen innen. Ausstattungsverbesserungen: Radio mit Lenkradfernbed. Alle Modelle: belüftete Bremsscheiben hinten, ABS mit EBD und TCS.
2004	Juni: Siebensitzer aus dem Programm gestrichen.
2005	Januar: Alle Dieselmodelle mit Standheizung. Juli: Produktionseinstellung.

Innerhalb der Modellpalette ersetzte der Mazda5 sowohl den Premacy als auch den MPV.

Mazda5
Gute Nummer

Ganz ehrlich: Der ganz große Erfolg war der Premacy nicht gewesen, zumindest nicht in Europa. 64.000 Stück schickte Mazda auf Deutschlands Straßen, doch viele der auf Opel Zafira oder Renault Scenic geeichten Käufer hatten ihn nicht auf dem Radar. Das änderte sich mit der Neuauflage namens »Mazda5«. Der 4,50 Meter lange Fünfer fuhr auf einer komplett neuen technischen Plattform, die Komponenten von Mazda3, Ford Focus und Volvo gekonnt kombinierte. In der Summe klingen vier einzeln aufgehängte Räder, aufwändig geführt an Dreieckslenkern vorn und zwei Längs- und einen Querlenker pro Hinterrad vielleicht nicht gerade verwegen, doch ihr Arrangement bietet ein in Van-Kreisen unübliches Maß an Zoom-Zoom-Fahrspaß. Zielgenau lässt er sich ums Eck legen, und auch der Federungskomfort kann voll überzeugen. Passend dazu agiert die elektrische Lenkung, die ein erfreuliches Maß an Rückmeldung an den Tag legt. Die knackige Schaltung mit kurzem Joystick erhöht dabei den Spaß noch einmal. Der Rad-

stand von 2,75 Metern zeigt einen fast dramatischen Zuwachs an Beinfreiheit gegenüber dem mit ähnlicher Karosseriestruktur gesegneten Konzernbruder Focus C-Max. Anders als bei diesem können beim Fünfer bis zu sieben mitfahren, sofern die entsprechende Ausstattungsoption gewählt wurde. Derer gibt es übrigens drei, und schon allein wegen des Unterhaltungswertes dieser 6+1-Sitzanordnung kann man sich die höheren (bei denen der Dreireiher obligatorisch ist) gönnen.
Bei voller Bestuhlung schrumpft der Kofferraum auf 112 Liter Fassungsvermögen, im fünfsitzigen Normalfall sind es reichliche 538 Liter. Naturgemäß gestaltet sich der Zugang zur dritten Reihe etwas umständlich, dafür ist er in der zweiten Reihe bequem wie in keinem anderen Van in diesem Segment. Mazda verbaut nämlich 70 mal 100 Zentimeter große Schiebetüren. Eine clevere Entscheidung, die den Van von allen auf dem Markt befindlichen Kompaktvans abhebt und in ihrer Endgültigkeit ein »Warum nicht gleich so« nahe legt. Dazu kommen

Stimmige Optik, dynamischer Antritt und selbstbewusster Auftritt: Der Mazda5 machte den Premacy vergessen.

Das Motorenangebot umfasst zwei
Benzin- und zwei Dieseltriebwerke.

Ausreichende Kopffreiheit auch für lange Kerls und
ein Cockpit, das keine Zweifel aufkommen lässt.

Mehr als ein stilistischer Gag: Die Schiebetüren sind für viele Kunden das beste Argument.

MODELLE, VARIANTEN, PREISE

Modellreihen:	Minivan, fünf bis sieben Sitze
Motoren:	85 kW (115 PS) bei 5300/min 107 kW (145 PS) bei 6000/min 81 kW (110 PS) CD bei 3500/min 105 kW (143 PS) CD bei 3500/min
Ausstattung:	Comfort: 6 x Airbag, ABS, DSC, EFH v., ZV, Radio, ausklappbare Armlehne vorn. Exclusive: Klima, LM, Dachreling, CD-Radio-Lenkrad-Fernbed., Karakuri-Konzept, in Wagenfarbe lackierte Spiegel u. Griffe. Top: 16-Zoll-LM, Klimaautom., Xenon, Regen- und Lichtsensor, Nebelscheinw., Bordcomp., Tempomat (nur CD), Lederlenkrad.
Varianten:	1.8 Comfort / Exclusive – 2.0 Exclusive – 2.0 Top, 2.0 CD (81 kW) Comfort / Exclusive – 2.0 CD (105 kW) Exclusive / Top
Preise (€):	Ab 19.600,-

Chronik:

2004	September: Weltpremiere für den Mazda5 auf dem Pariser Salon.
2005	April: Der Vorverkauf des Mazda5 beginnt mit einem besonderen Angebot: Beim »Exclusive« ist das »Trend-Paket« inkludiert: 16-Zoll-LM mit 205/55 R16, Bordcomputer, Diebstahlwarnanlage, abgedunkelte Scheiben hinten, Nebelscheinwerfer, Dreispeichen-Lederlenkrad. Juni: Markteinführung mit zwei Benzinern (115 PS / 145 PS). Servolenkung elektrohydraulisch. Oktober: Markteinführung Mazda5 mit Common-Rail-Diesel mit Partikelfilter. Sechsgang-Getriebe serienmäßig, hydraulische Servolenkung.
2008	April: Einführung Mazda5 Facelift: elektr. Türbetätigung (optional für Top). Alle Modelle: modifizierte Frontgestaltung, leisere und qualitativ hochwertig anmutende Kabine, verbrauchsoptimierte Motoren, neue Fünfstufen-Automatik, neu abgestimmtes Fahrwerk.

viele und schlau durchdachte Ablagen in der Wohnlandschaft (45 an der Zahl haben die Mazda-Entwickler versteckt) und das Karakuri-Faltsystem für die Sitze der Reihen zwei und drei. Klipp-klapp, dann ducken sie sich weg, und keiner braucht sich den Rückennerv einzuklemmen.

Die Karosserie, mit Schwung neu gezeichnet, hat innerlich an Crash-Festigkeit gewonnen und an Verwindungssteifigkeit zugelegt. Serienmäßig geht der Mazda mit sechs Airbags und der kompletten Riege zeitgemäßer Fahrdynamik-Regelsysteme an den Start. Und die Bremsen arbeiten ebenfalls mehr als passabel.

Der 1,8-Liter Benziner (115 PS) aus der MZR-Reihe stellt die motorische Grundversorgung sicher. Bei einem Fahrzeuggewicht von knapp 1,4 Tonnen agiert er allerdings eher mit gebremstem Schaum. Als Steigerung empfiehlt sich der 2,0-Liter-Vierzylinder mit 145 PS. Er operiert mit variabler Ansaugsteuerung und Direktzündung, will aber ordentlich gezwirbelt werden. Das maximale Drehmoment von 185 Nm steht erst bei 4500 Umdrehungen zur Verfügung. Für die USA gibt es den Fünfer nur mit dem 2,3-Liter-MZR-Motor.

Bei den beiden Dieseln hat Mazda auf die Common-Rail-Technologie gesetzt, lässt diese aber mit variabler Ladergeometrie mit besonders hohem Druck und Mehrfacheinspritzung – bis zu neun Mal pro Arbeitstakt – operieren. Mindestens 310 Nm Drehmoment bei 2000 Touren kombinieren guten Durchzug mit niedrigen Verbrauchswerten, und ein Rußpartikelfilter ist auch mit an Bord.

Mazda hat mit dem Fünfer also ein hübsches, gut verarbeitetes Gesamtpaket zu freundlichen Preisen geschnürt. Wie gesagt: Mit dieser Nummer ist Mazda mehr als nur eine Nummer im Straßenverkehr.

Beim 100.000-Kilometer-Test der Zeitschrift *Auto Bild* schnitt er hervorragend ab. Im Bild: Mazda5, 2008.

Genial: Die Sitze in der dritten Reihe lassen sich mit einem Handgriff im Boden versenken.

Jahrgang 2008: Neu geformte vordere und hintere Stoßfänger mit neuen Front- und Heckleuchten.

Gefälliger geworden: Der Facelift 2004 tat dem Tribute sichtlich gut.

Mazda Tribute

Der Geschmack von Freiheit und Abenteuer

Die Deutschen kamen auf den Geschmack: 1999 wurden in Deutschland erstmals über 100.000 SUVs, Sport Utility Vehicles, verkauft – gut 60 Prozent mehr als noch 1997, 80 Prozent mehr als 1995. Und in den USA waren diese geländegängigen Freizeitgefährte, die schon im Stand nach Freiheit und Abenteuer aussahen, sowieso der große Renner. Logisch, dass auch Mazda nicht länger abseits stehen wollte, zumal Toyota mit dem RAV4 oder Honda mit dem CR-V schon gute Geschäfte machte. Also adoptierte Mazda den brandneuen, kompakten Allradler, der in den USA Ford Escape und in Europa Ford Maverick hieß (was eigentlich ein herrenloses Vieh bezeichnete), und nannte ihn Tribute. Geländewagen alter Schule war keiner des Trios. Einzelradaufhängung – McPherson-Federbeine mit Querlenkern in L-Form vorn, Quer- und Längslenker an doppelt wirkenden Teleskopstoßdämpfern hinten – und die selbsttragende (und daher nicht so verwindungssteife) Karosserie kennzeichneten eher einen modernen Freizeittransporter denn einen Geländekraxler.

Für den deutschen Markt gab es den im Ford-Werk Kansas gebauten Tribute in zwei Motorversionen und – anders als den Ford – auch nur mit Frontantrieb.

Normalerweise war der Tribute sowieso als Fronttriebler unterwegs, der permanent verfügbare Allradantrieb (»Select 4Wdrive« bei Mazda, »ControlTrac« bei Ford) schaltete sich

MODELLE, VARIANTEN, PREISE	
Modellreihen:	Geländewagen, fünftürig
Motoren:	1989 cm³ / 91 kW (124 PS) bei 5300/min 2261 cm³ / 110 kW (150 PS) bei 5700/min ab 8.04 2967 cm³ / 145 kW (197 PS) V6 bei 6000/min 2967 cm³ / 149 kW (203 PS) V6 bei 6000/min ab 8.04
Ausstattung:	Comfort: 4 x Airbag, ABS mit EBS, elektr. einstellb. Außenspiegel, EFH, ZV, Klima, LM. Exclusive: Tempomat, Lederlenkrad, Dachreling, Exclusive 3.0: V6, Automatik, Kotflügelverbr., LM 7Jx16, 235/70 R 16.
Varianten:	Comfort 2 WD/4 WD – Exclusive 4 WD – Exclusive 4 WD V6
Preise (€):	Ab 21.990,-

Das Sondermodell Adventure war auf 480 Exemplare limitiert.

bei wenig Grip automatisch zu. Der Fahrer merkte davon nichts. Ansonsten ließ sich das zweite Räderpaar auch über eine elektrisch betätigte Magnetkupplung per Drehschalter auf der Mittelkonsole aktivieren. Eine Geländeuntersetzung fehlte, mit den Geländeeigenschaften war es nicht weit her. Obwohl: »Man ist bass erstaunt, dass man tüchtig steile Schotterberge hochkommt, sofern sie nur einigermaßen eben sind« (*Off Road*).

Des Mazdas große Stunde schlug beim Platzangebot. Er übertraf alle seine direkten Mitbewerber in den wichtigsten Abmessungen, die dem Komfort dienen. Vom Fußraum vorn bis zur Schulterfreiheit hinten: Das Platzangebot konnte sich wirklich sehen, der Gepäckraum fasste nach VDA-Standard zwischen 368 und 842 Litern. Weitere Vorzüge: die gute Federung, die bequemen Sitze, die anständige Verarbeitung, die einfache Bedienung, die attraktiven Preise und eine dreijährige Garantie. Nur schade, dass es zu den beiden Benzinern keine Diesel-Alternative gab – denn dann wären noch viel mehr Deutsche auf den Geschmack gekommen ...

Chronik:

1999 Oktober. Erstmals auf der Tokio Motor Show 1999 als Concept Car Activehicle gezeigt.

2000 Oktober: Deutschland-Premiere für die Gemeinschaftsentwicklung Ford Maverick / Mazda Tribute. Fünftüriger SUV, zwei Motoren, zwei Ausstattungsstufen. Die Linkslenker werden im Ford-Werk in Kansas (USA) gefertigt, die Rechtslenker im Mazda-Werk Hofu.

2001 Mai: Auslieferungsbeginn für den Tribute, der Ford folgt im Juli.

2003 August: Modifizierte Mittelkonsole.

2004 April: Facelift, Einführung 2,3-l-Benziner mit 150 PS, ersetzte den bisherigen 2,0. Allradantrieb mit drehmomentabhängiger Steuerung ATTC bei allen Modellen serienmäßig. Sondermodell »Adventure«: Verchr. Seitenrammschutz, Chrom-Einstiegsblenden und Trittschutzblende, Chrom an den Außenspiegeln, Sebring-Auspuff, VDO-Navi. 480 Ex. Alle V6: Teillederausstatt. serienmäßig. August: Modellpflege: Neue Stoßfänger, neue Front- und Heckleuchten. Lackierte Grills und Außenspiegelgehäuse, 16-Zoll-LM, Kotflügelverbr., drei Kopfstützen h., ABS mit BA, Wegfall der Version mit Frontantrieb. Neuer Vierzylinder, modif. V6, beide erfüllen Euro 4. Ab € 23.490,-.

2006 August: Der Tribute beendete seine Laufbahn mit Ablauf des Modelljahres 2006. Den Platz eines SUV innerhalb der Modellpalette hat der CX-7 eingenommen.

Der Tribute war baugleich mit dem Ford Maverick.

Ein eleganter Crossover, der vor allem in den USA Käufer findet: Mazdas CX-7.

Mazda CX-7
Mit der Seele eines Sportwagens

Er hat alles, was man von einem Geländewagen – SUV – so erwarten darf. Allradantrieb, 205 Millimeter Bauchfreiheit und stattliche 1,87 Meter Scheitelhöhe. Dazu eine wuchtige Statur, einen entschlossenen Gesichtsausdruck und mächtige 18-Zoll-Räder. Doch ein echter Geländewagen kann und soll der CX-7 nie sein, sondern ein SUV »mit der Seele eines Sportwagens«. Und auch die Sportwagen-Seite wird gestreichelt, eine dynamische-coupéhafte Linieführung und ausgestellte Kotflügel hatten die SUV-Freund bei Laune, die von den kastigen Kartons der Konkurrenz die Nase voll haben.

Zunächst steht ausschließlich der bereits aus den MPS-Sport-modellen Mazda3 und Mazda6 bekannte Vierzylinder-Reihen-motor aus der MZR-Familie mit 2,3 Litern Hubraum zur Verfügung. Der sorgt mit 260 Turbo-PS für gute Laune – auch wegen des gigantischen Drehmoments, das mit 380 Newtonme-tern erst gar keine Diesel-Sehnsucht aufkommen lässt – höchstens an der Zapfsäule.

Die technische Basis stellt einen Mix aus verschiedenen Maz-da-Modellen dar, wurde aber überarbeitet und hat zum Bei-spiel kräftig verstärkte Stabilisatoren erhalten. 4,68 Meter misst der Viertürer, der damit sogar ein wenig länger ist als ein Audi Q5 oder BMW X3.

Bewegungsmangel, oder vielmehr der Mangel an Raum für dieselbe, ist kein Thema beim ersten eigenen SUV der Marke. Fünf Passagiere sind problemlos unterzubringen und eine zweifach geteilte Rückbanklehne ergibt im versenkten Zu-stand eine leicht nach oben ansteigende, in jedem Fall aber durchgängige Ladefläche. Bis zu 1348 Liter Gepäck passen dann ins Heck, und wenn die Heckpartie nicht ganz so dyna-misch abgeschrägt worden wäre, passten noch mehr hinein.

Mit 4,68 m ist der Viertürer sogar ein wenig länger als Audi Q5 oder BMW X3.

Modern eingerichtet: Die Schaltzentrale des CX-7. Das Lenkrad ist nicht in der Neigung verstellbar.

Nur in den USA und Russland angeboten wird die Langversion des CX-7, der CX-9.

Das Interieur gibt sich keine Blöße, zeigt die markentypische Klarheit und einen stimmigen Materialmix, der zum angestrebten Auftritt im SUV-Oberhaus passt. Die Sitze sind groß, bequem und gut ausgeformt. Man sitzt wie in einer sportlichen Limousine, Mazda-Umsteiger werden Lenkrad, Schalter und andere Bedienelemente wie alte Bekannte begrüßen und genau wissen: Ergonomie und Bedienbarkeit werden nichts zu wünschen übrig lassen. Das Fahrwerk ist erstaunlich straff und bietet dennoch genügend Komfort, die Feinarbeit, die die Mazda-Techniker in Oberursel in die Abstimmung des Fahrwerks auf europäische Verhältnisse investiert haben, hat sich gelohnt. Am Limit bewegt, erweist er sich als gutmütiger Untersteuerer, das ESP greift sanft ein. Als hilfreich erweist sich einmal mehr die Mazda-typische, direkte Lenkung.

Der Mazda verfügt wie die MPS-Limousinen über einen permanenten Allradantrieb via elektronisch geregelter Lamellenkupplung, die schon bei minimalem Schlupf die Kraft an jene Achse weiterleitet, die im Moment noch über ausreichend Traktion verfügt. Und auch wenn seine Domäne der Asphalt ist: für sandige Schlaglochpisten, geschotterte Pfade oder verschneite Hotelzufahrten reicht das Potential allemal.

Trotz der Allradtechnik – in den USA gibt es ihn auch nur mit Vorderradantrieb – ist der CX also bestenfalls ein Bergwanderer, kein Bergsteiger, denn Offroad-spezifische Zutaten wie mechanische Sperren oder ein Untersetzungsgetriebe fehlen. Auch bei Mazda hatte man den Mainstream im Blick, als man auf der Auto Show in Los Angeles 2006 den CX-7 enthüllte. Bevor hierzulande auch nur der erste CX beim Händler stand, hatte man in den USA schon knapp 50.000 Stück verkauft. Zumindest in der Beziehung hat sich der CX als flink wie ein Sportwagen erwiesen.

MODELLE, VARIANTEN, PREISE

Modellreihen:	SUV, viertürig mit Heckklappe
Motoren:	2261 cm³ / 191 kW (260 PS) bei 5500/min
Ausstattung:	6 x Airbag, ABS, EBD, DSC, TCS, Allradantrieb mit variabler Kraftverteilung, ZV, EFH, elektr. einstell.-/beheizb. Außenspiegel, Audio-System, Lederlenkrad/-schaltknauf, Tempomat, Klimaautom., 18-Zoll-LM. Expression: Xenon, Licht-/Regensensor, Leder, elektr. einstellb. Fahrersitz, abgedunkelte Scheiben hi., schlüsselloses Zugangs- und Startsystem, CD-Wechsler, Metallic.
Varianten:	Energy – Expression
Preise (€):	Ab 31.800,-

Chronik

2005 Oktober: Premiere für die Studie MX Crossport auf der Tokyo Motor Show als seriennahes Concept Car.

2006 Januar: Premiere für den CX-7 für den US-Markt. Erster Auftritt in Los Angeles, drei Tage später auf der North American International Auto Show (NAIAS) in Detroit. Nur Benziner mit 2,3 l Turbo, 244 PS und Sechsgang-Automatik. Amerikanische Kunden haben die Wahl zwischen einer 4x2- und einer 4x4-Ausführung. Beim Allradantrieb setzt Mazda auf das ebenfalls bereits im Mazda6 MPS eingeführte »Active Torque Split«-System mit variabler Kraftverteilung.

2007 Oktober: Einführung in Deutschland. Fahrwerk, Lenkung, Bremsen, Geräuschverhalten und Verarbeitung gegenüber der US-Ausführung modifiziert. Der europäische Mazda CX-7 weicht in rund 30 Prozent aller Spezifikationen von den in den anderen Regionen der Welt verkauften Versionen ab. Motorleistung 260 PS mit 6-Gang-Handschaltung, US-Version: 244 PS, Automatik.

Hoher Komfort, viel Platz, Allradantrieb und günstige Preise: Kein Wunder, dass der CX-7 zum Testsieger avancierte.

Der 2,3-Liter-Vierzylinder mit 260 PS aus den MPS-Modellen sorgt für reichlich Schub. Ein Diesel wird nachgereicht.

Die

Nutzfahrzeuge

Dank zuschaltbarem Allradantrieb auch in schwierigem Gelände zu Hause: Mazdas B-Serie.

Mazda B 2500
Wer A sagt ...

**Pick-ups retteten Japans Automobilindustrie. Die ersten Toyota, Ende der Fünfziger in die USA einge-
führt, waren eine Katastrophe. So lausig verarbeitet und untermotorisiert, dass man sie schamhaft
zurückzog. Nur ein kleiner Truck, der wurde noch angeboten. Oder die Datsun-Pkw. Auch nicht besser,
die japanische Firmenleitung glaubte allen Ernstes, die amerikanischen Käufer würden sie vor kalten
Nächten zudecken, und ignorierte deshalb die Kaltstart-Schwierigkeiten: Die Pick-ups hielten die
Marke in den USA.**

Mazda B 2500 (1997–1999)

Daher gehörte auch bei Mazda ein Pick-up ins Programm.
Mazdas Kleinlastwagen-Familie erhielt den Kennbuchstaben
B, die dahinter gestellte Ziffer gab den Hubraum an. So war je-
de Verwechslung mit einem Personenwagen ausgeschlossen.
Der erste Minitruck, der B 1500 von 1961, hatte einen 1,5-Li-
ter-Motor – und der B 2500, mit dem Mazda 1997 nach
Deutschland kam, einen 2,5-Liter-Motor. Diesen Mazda gab es
– wenn auch noch nicht in Deutschland, das erst in der nächsten Generation – auch beim Ford-Händler, dort hieß er Ranger.
B-Serie und Ranger waren technisch identisch, sie unterschieden sich nur in Details voneinander.
Und die beiden kamen mit besten Referenzen: In den USA war
der Ranger ein Renner. Seine hemdsärmelige Grobschlächtig-
keit gefiel den amerikanischen Käufern ausnehmend gut. Zwischen 1987 und 1999 war der Ranger in ununterbrochener
Folge der bestverkaufte Pick-up seiner Klasse und kam auf einen Marktanteil von 4,1 Prozent. Die Technik entsprach mit
Leiterrahmen-Chassis, Längsmotor, Heckantrieb und hinterer

Starrachse durchaus dem für diese Fahrzeuggattung gängigen
Rezept.
Mazdas Pick-up gab es für Deutschland zunächst nur in einer
Ausführung mit Dieselmotor und zweitüriger Doppelkabine.
Normalerweise wurden bei dem über fünf Meter langen Maz-
da nur die Hinterräder angetrieben. In schwierigem Gelände
sorgte ein zuschaltbarer Vorderradantrieb in Verbindung mit
einem selbstsperrenden Hinterachsdifferential mit Kupplung
sowie manuell zuschaltbaren Freilaufnaben vorn für Vortrieb.
Der B 2500 war ein Arbeitstier, mit seiner Zuladung von 968
Kilo klar auf Nutzwert ausgelegt. Fahrkomfort war – in unbe-
ladenem Zustand – ein Fremdwort, die Sitze erwiesen sich als
suboptimal und das Bremsverhalten als verbesserungswürdig.
Andererseits: Wer einen solchen Brummer mit Vollgas über die
Autobahn scheuchte – wie das die Motorpresse tat – ‚hatte
ihn nicht verstanden. Er hatte nie etwas anderes sein wollen
als ein preiswertes, robustes Arbeitstier, das jeden Käufer zuverlässig an jeden beliebigen Ort auf und abseits gebahnter
Wege zu bringen vermochte. Nicht nur von A nach B.

Der Pick-up durfte 1139 Kilogramm zuladen. Das reichte locker für den kleinen Aufsitzmäher.

Die Ladekante lag in 85 cm Höhe, die Ladefläche selbst war 1,83 m lang und 1,45 m breit. Die Radkästen störten.

Sachliches Cockpit ohne Airbag.

MODELLE, VARIANTEN, PREISE	
Modellreihen:	Pick-up zwei-/viertürig
Motoren:	2499 cm³ / 63 kW (86 PS) D bei 4200/min
Ausstattung:	Servo, Colorglas, Drehzahlm., Halogen-Scheinw., Unterfahrschutz, Mittelkonsole, Stoffsitzbez., Radiovorr.
Varianten:	B 2500 Cab Plus 4x4 DX
Preise (DM):	36.400,-

Chronik:

1997	Dezember: Markteinführung als B 2500, Parallel-modell zum Ford Ranger. Nur eine Ausführung, Allradantrieb obligatorisch.
1999	Vorstellung des Nachfolgers.

Weltenbürger: Die in Thailand gebaute B-Serie wurde in mehr als 130 Ländern vertrieben.

Mazda B 2500 (1999–2006)

Pick-ups sind eine amerikanische Institution, doch um der Wahrheit die Ehre zu geben: Nicht jeder Pick-up ist ein waschechter Ami. Der US-Ranger von Ford zum Beispiel hatte mit dem von Ford in Europa unter diesem Label verkauften Wagen nur entfernt etwas zu tun, so entfernt wie der US-B-2500 mit dem europäischen B 2500. Der US-Mazda war nämlich eine Ford-Entwicklung und lief mit dem US-Ranger vom selben Band im Werk Louisville, Kentucky. Die europäischen Zwillinge B 2500 und Ranger indes waren von Mazda konzipiert worden, die Produktion erfolgte im Gemeinschaftswerk der Auto-Alliance in Thailand – und von dort rollte denn auch die nächste Generation des Kleinlasters nach Europa, Australien und Neuseeland.

Die Änderungen waren in erster Linie kosmetischer Natur, sieht man einmal vom neuen Schweißverfahren für den Leiterrahmen ab, das die Torsionssteifigkeit um 13 Prozent erhöhte. 100 Prozent mehr Auswahl indes hatte der Kunde, der noch immer eher aus der Handwerker- denn aus der Lifestyle-Ecke kam. Zusätzlich gab es nämlich jetzt den Viertürer mit fünfsitziger Doppelkabine, und verdoppelt hatte sich auch das Motorangebot: Die Pick-ups stellten zwei Selbstzünder mit 2,5 Li-

tern Hubraum zur Wahl. Im Falle des B-Typs kam der obligate Vierzylinder als Saug- (dann mit 57 kW / 78 PS) oder Turbodiesel (80 kW / 109 PS) zum Einsatz. Der kernige Selbstzünder war zwar kein Muster an Laufruhe, schüttelte seinen Eignern aber wenigstens keine Plomben aus den Zähnen und kam dank der kurz übersetzen Fahrstufen überraschend zügig von der Ampel weg. Längere Autobahnpassagen waren allerdings nicht sein Ding, die temperamentfördernde Getriebeübersetzung verabreichte ihm dann die volle Dröhnung.

Im Kreise der Konkurrenz konnte sich der B 2500 dennoch sehen lassen. Das galt auch für das Fahrwerk. Trotz bretthartter Federung bot er ein Mindestmaß an Fahrkomfort, der mit zunehmender Beladung immer besser wurde. Und auf der Baustelle war die B-Serie dank zweistufigem Verteilergetriebe an der Hinterachse und den Freilaufnaben an den Vorderrädern sowieso nicht zu stoppen. Zwei Airbags waren immerhin an Bord, dazu große Ablagen und gute Sitze. Eine Klimaanlage stand auf der Aufpreisliste. Solche Extras und der günstige Basispreis, die niedrigen Versicherungstarife und die anständige Zuladung von bis zu 1,1 Tonnen machten aus dem Mazda ein attraktives Angebot, erst recht nach dem großen Facelift Mitte 2004.

Technik aus dem Vorgänger, wenn auch modifiziert.

Fun Car oder Arbeitstier: Gelungener Spagat.

MODELLE, VARIANTEN, PREISE

Modellreihen:	Pick-up zwei-/viertürig
Motoren:	2499 cm³ / 57 kW (78 PS) D bei 4200/min bis 12.01 2499 cm³ / 80 kW (109 PS) TD bei 3500/min 2500 cm³ / 62 kW (84 PS) TD bei 4000/min ab 4.02
Ausstattung:	2 x Airbag, höhenverst. Kopfstützen, Servo, heizb. Heckscheibe, get. Scheiben, Drehzahlm. Double-Cab: Kühlergrill verchromt, Stoßf. teillackiert, EFH, ZV, Veloursbezüge, Außenspiegel elektr. einstellb. Alle Modelle: Differential mit begrenztem Schlupf, zuschaltbarer Allradantrieb mit Freilaufnaben an der Vorderachse, vom Fahrerplatz aus zu betätigen.
Varianten:	B 2500 4WD – B 2500 4WD Double-Cab
Preise (DM):	36.720,-

Chronik:

1999	Juli: Einführung der neuen B-Serie in Deutschland; zwei Karosserieformen.
2001	Dezember: Ablösung des bisherigen Diesel-Motors.
2002	April: Einführung des Turbodiesel-Motors mit 62 kW / 84 PS.
2003	Januar: Einführung der Variante mit Einzelkabine und zwei Sitzen sowie mit Langkabine mit sich gegenläufig öffnenden Türen, dem Freestyle-Türsystem. Alle Modelle: Fünfpunkt-Kühlergrill, neue Scheinw., modifizierte Stoßstange, Vierspeichen-Lenkrad. Neue Ausstattungslinien: Basis, Midlands, Toplands für Lang- und Doka. Reifen 265/70 auf 15-Zoll-LM, lack. Kotflügelverbr., elektr. Außenspiegel, Chromapplikationen, mod. Armaturenbrett.
2004	April: Einführung Einzelkabine und Langkabine mit gegenläufig öffnenden Türen (»Freestyle-Türen«). Juni: Facelift: Neue 15-Zoll-LM, Seitenblinker in Klarglasoptik, Innenraummodifikationen (Instrumente, Sitzbez., Ablagen).

Sportlich: Weiß hinterlegte Instrumente im B-Cockpit.

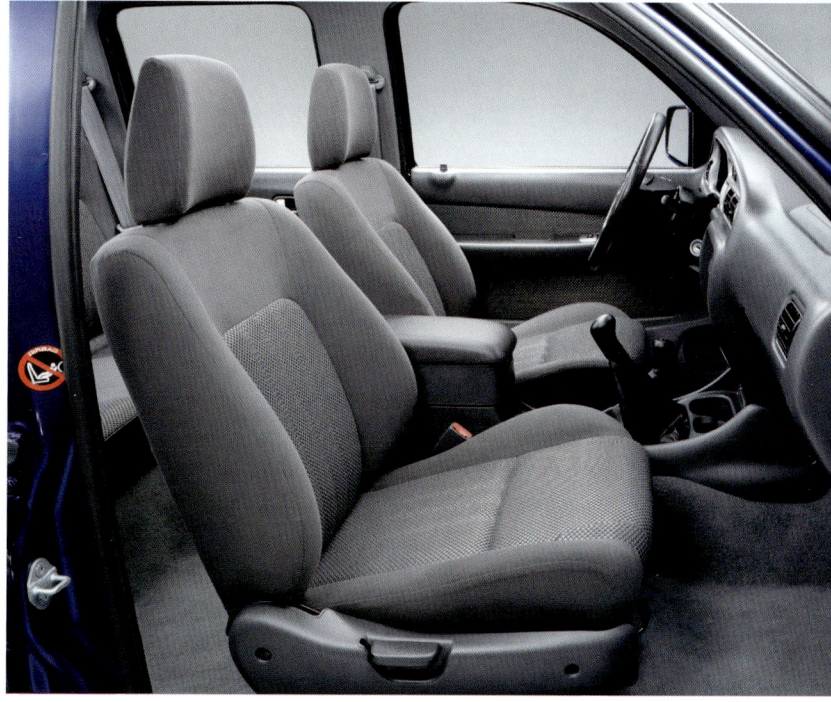

2003 führte Mazda zwei neue Ausstattungslinien und zwei weitere Karosserievarianten ein.

Der BT-50 versucht den Imagewandel: Edelzwirn statt Blaumann.

Mazda BT-50
Bitte recht freundlich

Der neue BT-50 feierte seine Premiere auf der Motorshow von Bangkok – ein klares Heimspiel für den Pick-up, der nun deutlich den Lifestyle im Visier hatte. Hart im Nehmen ist er aber immer noch. Er guckt nur etwas freundlicher.

Und dieser freundliche Blick sollte, so die Planungen, die Absatzzahlen in Deutschland nahezu verdreifachen – von zuletzt 300 B 2500 auf gut 800 BT-50. Doch allen Verbesserungen an Fahrwerk, Lenkung und Bremsen, an Geräuschentwicklung und Fahrverhalten zum Trotz ist der in 130 Länder der Erde exportierte BT – wie seine Vorgänger – vor allem eine Alternative für Hartgesottene, nicht für modebewusste SUV-Umsteiger. Das Fahrwerk stammte praktisch unverändert vom Vorgänger, nur an der Hinterachse kamen jetzt um 12 Zentimeter längere Blattfedern zu den verstärkten Stoßdämpfern hinzu. Federungskomfort tritt im unbeladenen Zustand dennoch kaum auf, je mehr drauf – offiziell 1,1 Tonnen, was aber in vielen Teilen der Welt kaum mehr als eine freundliche Empfehlung darstellt – und je mehr hinten dran (Zuglast 3 Tonnen), desto netter ist der BT zu den Bandscheiben der Mitfahrer.

Vorbei auch die Kargheit des Innenraums. PKW-Schick im Armaturenbereich, Zierringe um die Rundinstrumente, sich solide

anfassende Drehschalter und neue, um fast 5 Zentimeter höher gesetzte Vordersitze – so verbindlich kann ein Pick-up zu seinen fünf Passagieren sein.

Dabei macht auch dieser Mazda im Fahrbetrieb richtig Spaß, in erster Linie der Verdienst des sparsamen 2,5-Liter-Diesels, der in seinen Grundzügen zwar unverändert geblieben war, aber dennoch kaum wiederzuerkennen. Wichtigste Änderung war die Umstellung auf Common-Rail-Einspritzung, auf vier statt drei Ventile und das Anbringen eines Laders mit variabler Turbinengeometrie – mit dem Nebeneffekt eines fetten Drehmoments: Dieser für einen 1,8-Tonnen-Lastwagen mit 143 PS nicht übermächtige Vierzylinder schickt 330 Nm bei 1800/min an die Hinterräder. Bei aller Wucht, mit der der Motor in die straffen Sitze drückt: Dank zweier gegenläufig rotierender Ausgleichswellen liegt er einem nicht übermäßig in den Ohren. Wer ihn aber ständig mit Vollgas durch die Lande drischt, kann verständlicherweise die respektablen Verbrauchswerte aus dem Prospekt, die unter neun Liter versprechen, nicht realisieren.

Selbst in der Toplands-Ausstattung ist der BT der rustikale, schlechtwegetaugliche Lastesel geblieben, der sich mit zu-

Den BT-50 gibt es als luxuriösen Doppelkabiner oder als Viersitzer mit Freestyle-Türen. Die Einzelkabine ist hier nicht gefragt.

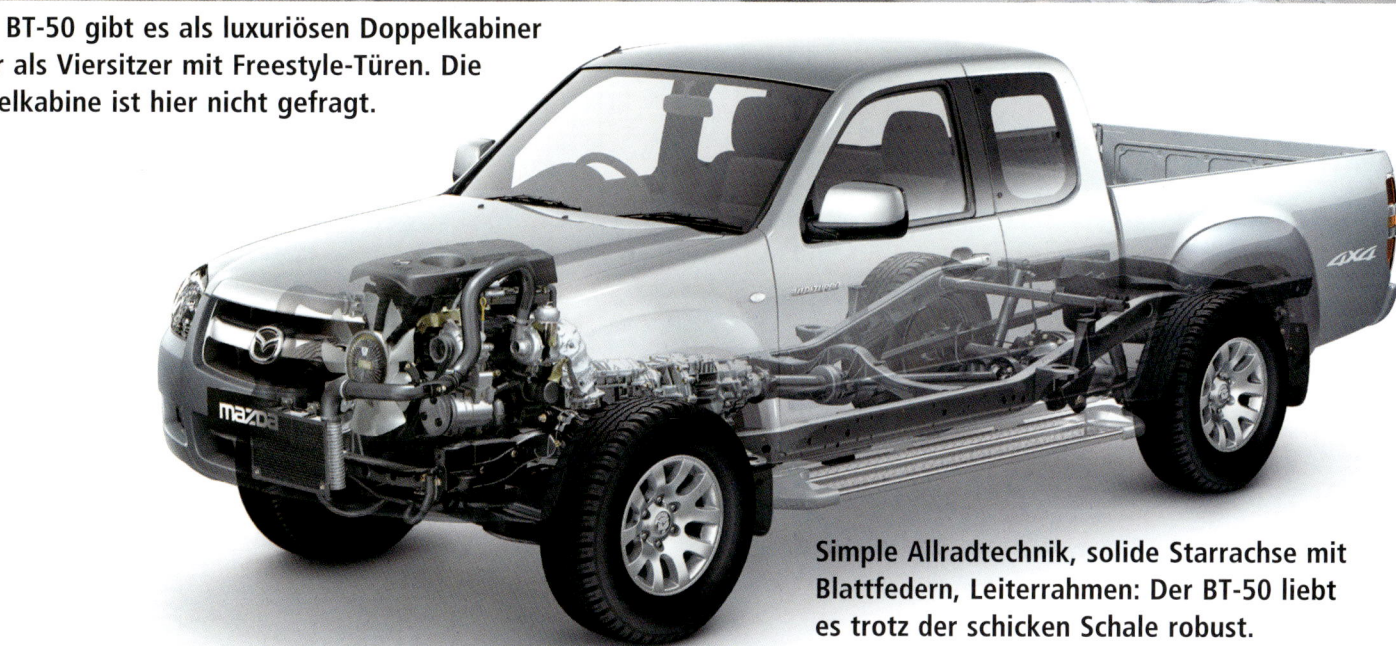

Simple Allradtechnik, solide Starrachse mit Blattfedern, Leiterrahmen: Der BT-50 liebt es trotz der schicken Schale robust.

schaltbarem Allradantrieb, Geländeuntersetzung und einer Differentialbremse an der Hinterachse für alle Eventualitäten rüstet. Und mit einer Bodenfreiheit von 205 mm, der Wat-Tiefe von 75 cm und den Böschungswinkeln von 34 Grad vorn und 33 Grad hinten meistert er auch übelste Wegstrecken. Und tut dabei ganz freundlich.

MODELLE, VARIANTEN, PREISE	
Modellreihen:	Pick-up zwei-/viertürig
Motoren:	2499 cm³ / 105 kW (143 PS) TD bei 3500/min
Ausstattung:	4 x Airbag, ABS, EBD, Sperrdiff. an der Hinterachse, Colorglas, elektr. einstellb. Außenspiegel, Servo, ZV, EFH, höhenverst. Lenksäule, Sitzheizung, CD-Radio, Drehzahlmesser. Griffe, Grill, Stoßfänger und Außenspiegel lackiert. Toplands: Klima, Nebelscheinw., 16-Zoll-LM, 245/70 R16, Trittbretter, Chromgrill, Instrumente mit silberfarbigen Einfassungen, 6fach-CD-Wechsler, Metallic- oder Zweifarben-Lack.
Varianten:	BT-50 L-Cab Midlands/Toplands – BT-50 XL-Cab Midlands/Toplands
Preise (€):	Ab 24.900,-

Innen herrscht eine fast noble Atmosphäre. Vier Airbags sind Serie, auch die Krückstock-Handbremse.

Nicht nur beim Fahren: Der BT-50 ließ so manches mit sich machen ...

Milde Gabe: Bei Waldbränden ist in Griechenland künftig der BT-50 zur Stelle.

Chronik	
2007	Januar: Markteinführung BT-50 mit zwei Aufbauten: viertürige XL-Cab (fünfsitzig) sowie als L-Cab (viersitzig, gegenläufig öffnende Freestyle-Türen). Zwei verschiedene Ausstattungsstufen (Midlands und Toplands) sowie — generell — ein vom Cockpit aus zuschaltbarer Allradantrieb. Wie schon die Mazda-B-Serie kommt auch der Nachfolger aus dem thailändischen Werk von »Auto Alliance«, dem Joint-Venture-Unternehmen von Mazda und Ford in der Provinz Rayong. Juli: Einführung des Zubehör-Programms von Taubenreuther GmbH.
2008	Frühjahr: Mazda Motor Europe GmbH spendet 35 Mazda BT-50 Pick-ups mit spezieller Feuerlöschausrüstung an griechische Behörden. Der Mazda Vertriebspartner in Griechenland, die Firma ELMA S.A., rüstet die Pick-ups mit einer eigenen Feuerlöschanlage um. Der Aufbau besteht aus einem Stahlgerüst, einem 800-Liter-Wassertank, einer Hochdruck-Kreiselpumpe und 25-Meter-Schläuchen. Oktober: Modellpflege: Neues Stoßfängerdesign, modifizierter Fünf-Punkt-Grill, neue Frontscheinwerfer mit hellen, silberfarbenen Einfassungen. Drei neue Zwei-Farb-Lackierungen, je nach Ausstattung Stoßfänger in Wagenfarbe, neue 16-Zoll-LM-Räder. Optional: getöntes Glas für die hinteren Seitenfenster und die Heckscheibe. Im Innenraum neue Stoffe, Farben und Beleuchtung, beheizb. Außenspiegel. Verbesserter Fahrkomfort (neue Dämpfer hinten). Dezember: Markteinführung.

Nutzlast 1000, Anhängelast 3000 Kilo.

Nichts ist unmöglich: BT-50 mit Schneepflug.

Die Bodenfreiheit beträgt je nach Räder/Reifen-Kombination zwischen 175 und 205 mm; die Freilaufnaben werden per Knopfdruck betätigt.

Auf dem Stand der Technik: Common-Rail-Einspritzung, variable Ladergeometrie und 16 Ventile.

Wie alles begann: Der Bongo erschien 1965 und war Vorläufer der späteren E-Serie.

1978 erschien die zweite E-Serie, hier als wohnlicher Bongo-Camper von 1981.

Mazda E-Serie
Ein Auto namens Bongo

Die japanischen Verkaufsbezeichnungen für Autos muten mitunter etwas merkwürdig an – was dazu führt, dass in vielen Fällen für den Export nüchternere Bezeichnungen gewählt werden müssen. Im Fall der E-Serie ist das besonders bedauerlich: »Bongo« klingt irgendwie putzig.

1966 schickte Mazda die ersten Bongo-Transporter in den Verkauf, die fürs Ausland F-Serie hießen. Es gab sie mit 0,8-Liter- und 1,0-Liter-Heckmotoren, Aggregate und Bodengruppe stammten von den Familia-Personenwagen. Die zweite Bongo-Generation von 1977 hieß dann im Export E-Serie. Dieser Buchstabe war frei geworden, nachdem die ursprüngliche E-Serie (Zweitonner-Lkw, seit 1964 gebaut) als Titan (T-Serie) vermarktet wurde. Im Laufe des Jahres 1978 folgten weitere Varianten, darunter auch mit Hochdach, 1979 folgte eine Schwesterbaureihe, die Bongo-Bondy-Serie. Zum Jahresende folgte dann eine Diesel-Variante. Mit Einführung der Westcoast-Variante 1981 als Flaggschiff ging eine Modellpflege einher, rund 400.000 Bongo aller Baureihen wurden bis zum Modellwechsel 1983 produziert.

Die Neuauflage der Bongo-/E-Serie erschien 1983 und war in drei Radständen zu haben. Die mittleren und langen Ausführungen liefen in Japan als Bongo Brawny, während sich hinter dem Bongo ohne Namenzusatz später ein Kleinbus verbarg, der bei Nissan als Vanette zu haben war. Und um die Verwirrung komplett zu machen: In den Neunzigern kam ein weiterer Bongo dazu, Zusatz »Friendee«, mit 2,92 m Radstand und 4,58 m Länge. Der lief auch als Ford Freda auf bestimmten Märkten, wie auch die E-Serie als Econovan bei Ford zu haben war.

Dagegen wirkte Mazdas europäisches Transporter-Angebot stets ausgesprochen beständig und vor allem überschaubar. Es gab die E-Serie mit langem Radstand als Kasten und Kombi, als Drei-, Sechs- und Neunsitzer. Später folgte noch eine Allrad-Version mit fünf Sitzen.

Der E 2000 trug den modifizierten Vierzylinder-Benziner aus dem 626 unter dem Sitz, der E 2200 einen neuen Selbstzünder. Bei der E-Serie mit kurzem Radstand, als Econovan beim Ford-Händler um die Ecke, sorgte der 1,4-Liter aus dem 323 für Vortrieb. In jedem Fall aber stellte ein Fünfgang-Getriebe den Kraftschluss zur Hinterachse sicher. Gebaut wurden alle Vertreter der E-Serie auf den Mazda-Bändern in Honshu.

Wer einen Transporter kauft, entscheidet vor allem nach dem Nutzwert. Wirtschaftlichkeit, Zuverlässigkeit und Belademöglichkeiten rangieren vor irgendwelchen optischen Kriterien. In letzterem Punkt war die E-Serie zumindest nicht schlechter als

E 2000 4x4: Der Allrad stand nicht von Anfang an zur Verfügung.

die Konkurrenz, hier wie dort plattschnauzige Frontlenker mit einem unter den vorderen Sitzen platzierten Motor. Und in den anderen Kriterien hatten Mazda-Eigner die besseren Karten: Der knapp 4,70 Meter lange und 1,90 Meter hohe Transporter spielte seine Vorzüge – wie den flachen und niedrigen Ladeboden – vornehmlich im Stadtverkehr aus.

Technisch bot der Mazda mit Frontmotor und Heckantrieb (seit 1987 optional auch mit Allrad lieferbar) keine Überraschung. Die Transporter-Basis bildete eine Einzelradaufhängung an Doppelquerlenkern, hinten fand eine ungeteilte Starrachse an halbelliptischen Längsblattfedern und asymmetrisch angeordneten Stoßdämpfern Verwendung. Ein Querstabilisator sollte die durch den hohen Schwerpunkt bedingte Wankneigung bei Kurvenfahrt vermindern. Serienmäßig waren alle Versionen mit 14-Zoll-Stahlrädern und schlauchlosen Reifen der Dimension 185 R 14 ausgerüstet. Für andere Märkte auch mit hinteren Zwillingsreifen lieferbar, mussten die deutschen E-Klässler darauf verzichten.

Der wendige Handwerkerfreund (Wendekreis 10,8 Meter) schaffte als Diesel eine Spitze von gut 115 km/h. Als Transporter packte der Kastenwagen eine Nutzlast von bis zu 1280 Kilogramm, der Kombi durfte 75 Kilogramm weniger zuladen. Und um die Fracht gut verstauen zu können, war der Mazda mit Schiebetüren an beiden Seiten und einer nach oben schwingenden Heckklappe ausgerüstet. Die Ausstattung war

Mazda-typisch komplett, die Aufpreisliste bot später lediglich eine Servo-Option. Mazdas E-Serie stand fast zwei Jahrzehnte mehr oder weniger unverändert im Deutschland-Programm

MODELLE, VARIANTEN, PREISE	
Modelle:	Kasten, Kombi, Bus
Bauzeit:	1984-2001
Motoren:	1998 ccm / 63 kW (86 PS) bei 5000/min
	1998 ccm / 60 kW (82 PS) bei 5000/min ab 10.89
	1998 ccm / 70 kW (95 PS) bei 4800/min ab 6.94
	2184 ccm / 46 kW (63 PS) D bei 4250/min
	2184 ccm / 52 kW (71 PS) D bei 4100/min ab 10.97
Ausstattung:	Verbundglas-Windschutzscheibe, Schiebefenster seitlich,. integrierte Kopfstützen, Ablagefach zwischen den Vordersitzen, Fernentriegelung für die Tankklappe, abblendbarer Innenspiegel, 2 Außenspiegel, zwei Rückleuchten. Schnelltransporter/Kombi: 2. Sitzbank, Kopfstütze Fahrersitz verstellbar. Bus: 3. Fondsitzbank, 4 Schiebefenster, Teppichboden, Fondheizung h., Heckscheiben-Heizung und -wischer, elektr. Fernbed. für Heckklappe.
Varianten:	Kastenwagen 3-Sitzer – Schnelltransporter 6-Sitzer – Bus
Preise (DM):	Ab 18.950,-

Dicke Lippe: 1987 erhielt die E-Serie einen stabileren Vorderbau.

Die Modellpflege für 1999 brachte eine modifizierte Front.

Chronik	
1966	Mai: Debüt als Mazda Bongo F800 und Mazda Bongo F1000 mit wassergekühltem Heckmotor in Unterfluranordnung (Weltpremiere) und Heckantrieb. Drei Karosserievarianten werden angeboten: Lkw, Kastenwagen und Bus. Produktion bis 1978.
1977	Die zweite Bongo-Generation startet mit dem zur Vorderachse verlegten Motor und Heckantrieb als E-Serie. Produktion in Kooperation mit Ford. Export-Versionen des Mazda Bongo: Mazda E 1300 (44 kW / 60 PS), Mazda E 1400 (52 kW / 70 PS) und Mazda E 1600 (59 kW / 80 PS). Ford vermarktet die Transporter unter der Bezeichnung Econovan. 1978 erfolgt der Exportstart der Mazda E-Serie nach Europa. In Japan ist der Bongo mit 5000 Einheiten pro Monat meistverkauftes Mazda-Modell.
1983	Oktober: Premiere für die in Japan gebaute Transporter-Reihe in Tokio. Neben Kombi, Kasten und Bus auch als Pritsche und Doppelkabiner lieferbar.
1984	Mai: Markteinführung der E-Serie als Kasten und Kombi. Ein Radstand, Nutzlast von 1,15 bis 1,28 to. Zwei Motorisierungen, Laderaum-Kapazität 4,3 cbm. Nicht als Pritsche od. Fahrgestell.
1987	Einführung E 2000 4x4: Schnelltransporter 5-Sitzer, zuschaltbarer Allradantrieb, Servolenkung, Freilaufnaben an der Vorderachse, Verbundglas-Heckscheibe. Nutzlast 930 kg, DM 28.800,-.
1988	September: Modellpflege: Verbesserter Frontaufprallschutz mit nach vorn geschobenem Stoßfänger (Länge jetzt: 4,92 m), verbesserte Ausstattung: Rammschutzleisten, Teppichboden, Fahrerraum ohne Querstreben, Kopfstützen höhenverstellbar, verbesserte Sitzbezüge. Ab DM 22.450,-.
1990	Januar: Leuchtweitenregulierung serienmäßig.
1994	Juli: Modellpflege, Einführung des neuen 2,0-Liter Benzinmotors mit 95 PS.
1997	Juli: Modellpflege: Neues Türdesign mit größerer Fensterfläche, modifizierter Stoßfänger, neuer Instrumententräger. Türverkleidungen mit Armstütze und Ablagen, verbesserte Dämmung, neuer Dieselmotor. Ab DM 27.800,-.
1999	Oktober: Modellpflege, Fahrerairbag, Modellreihe gestrafft (Wegfall des 4x4-Modells). ABS optional. Ab DM 32.190,-.
2001	Import zum Jahresende eingestellt.

Der Pritschenwagen packte eine Nutzlast von bis zu 1280 Kilogramm.

Die E-Serie war ursprünglich eine Lastwagenbaureihe, die 1971 im Modell Titan ihren Nachfolger fand.

Die anderen Mazda

Mazda ist mehr als Automobile, steht auch für Maschinen und Werkzeugmaschinenbau. Und in der Beziehung hat das Unternehmen eine ungleich längere Tradition.

Maschinenbau

In der gebirgigen Gegend um Hiroshima wächst die japanische Korkpflanze, die Abemaki-Pflanze. Seit den 1870er Jahren hatte sich diese Gegend zum Zentrum für den vielseitig verwendbaren Rohstoff entwickelt. Was in anderen Regionen die Seidenproduktion war, war in der Region Setouchi der Kork. Maschinen zur entsprechenden industriellen Verarbei-

tung mussten aber erst noch gebaut werden – die Keimzelle von Mazda beziehungsweise den Vorgängerfirmen. Am Anfang stand Kiyotani Shokai, deren Präsident Kadohachi Kiyotani dann 1920 mit den Finanzieres der Hiroshima Storing Bank eine halbe Million Yen investierte, um die Toyo Cork Industry Corporation zu gründen. Der erste Präsident, Shinpachi Kaizuka, war wie praktisch alle leitenden Köpfe in der Firma Finanzmanager, kein Ingenieur. Der zweite Präsident, Jujiro Matsuda, war der Praktiker. Und der wurde auch dringend gebraucht, denn in den 1920er Jahren ließ die Nachfrage stark nach, nicht nur aufgrund der Bankenkrise zum Anfang des Jahrzehnts und

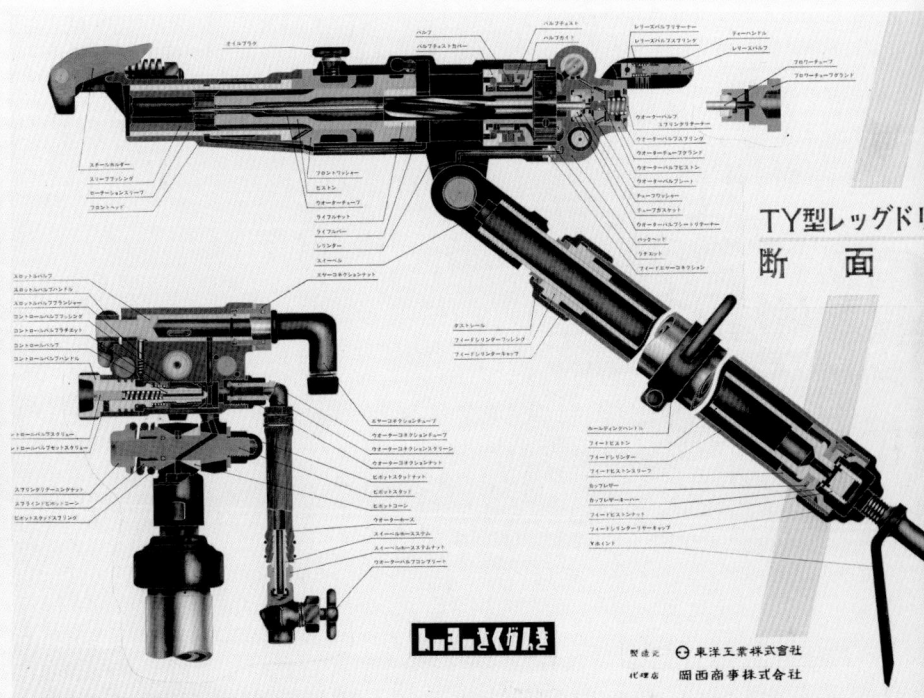

Bis 2003 baute Mazda unter dem Markennamen Toyo Industriemaschinen und Bergbaugerät. Die Produktion erfolgte in einem Teil des Werkskomplexes in Hiroshima.

Mazda verkaufte seine Bergbausparte an einen schwedischen Konzern. Dort werden
die Mazda-Entwicklungen weiterhin gebaut.

Kennt man doch: Für seinen Autozam-Verkaufskanal
greift Mazda auf Suzuki-Konstruktionen zurück. Etwa
auf den Jimney, der als AZ R verkauft wird, oder den
Kleinlieferwagen, der beim Händler Scrum heißt. Diese
Kooperation ist aber auf Japan beschränkt.

wegen des monströsen Erdbebens von 1923, sondern auch, weil nach Kriegsende wieder verstärkt Rohstoffimporte ins Land gelangten.

Andererseits begann im Zuge des Wiederaufbaus um 1925 herum ein gigantisches Landgewinnungsprogramm: Die prosperierende Industrie benötigte immer mehr Platz, Raum, der im großteils gebirgigen Japan nicht zur Verfügung steht. Folgerichtig begann man, diesen dem Meer abzugewinnen. Das bedeutete, dass vor der Küste Millionen und Abermillionen Kubikmeter aufgeschüttet werden mussten. Der Abraum dafür stammte aus dem felsigen Hinterland. Und zu dessen Abbau benötigte man entsprechendes Werkzeug, Tunnelbohrmaschinen, Steinbohrer und sonstiges Bergbauequipment. Dieses musste hergestellt werden. Und um diese Maschinen überhaupt produzieren zu können, benötigte man wiederum Maschinen – was dazu führte, dass Mazda ab 1929 unter dem Markennamen Toyo Werkzeugmaschinen und ab 1935 Bergbaugerät produzierte. Auf diesem Gebiet war Mazda Marktführer in Japan mit einem Marktanteil von bis zu 70 %, zeitweise entfielen bis zu 15 % des Gesamtumsatzes auf diesen Bereich.

Der Werkzeugmaschinenbau verlangt höchste Präzision, daher wurde Toyo Kogyo sehr stark in die japanische Waffenproduktion für Heer und Marine eingespannt. Nach 1942 machte die Waffenproduktion mehr als 50 % des Gesamtvolumens aus. Die Korkfertigung wurde 1944 endgültig eingestellt, die Waffenfertigung (vor allem Gewehre) endete 1945.

Die Industriemaschinensparte lief später dann als eigenständige Unternehmung, wurde 1989 verselbstständigt (Mazda Earth Technologies) und 2003 an die schwedische Sandvik-Gruppe veräußert.

Kooperationen

Als weitaus wichtigste Kooperation in den Sechzigern wurde nicht der Wankel-Deal, sondern die Perkins-Lizenz erachtet. Im Januar 1965 abgeschlossen, erhielten die Japaner so Zugang zu moderner Diesel-Technologie. Im November 1965 begann Mazda mit der Lieferung eines 2,5-Liter-Aggregats an Perkins, ein 2,7-Liter-Motor folgte. Jährlich gingen so bis zu 5000 Motoren nach England. Auf der anderen Seite lieferte Perkins wichtige Komponenten wie Motorblöcke und Kurbelwellen für die Typen Boxer und Titan nach Japan. 1975 wurde das Lizenzabkommen noch einmal verlängert, Mazda lieferte den 4,1-Liter-Diesel an Perkins.

Im Dezember 1987 kam es zu einer Vereinbarung zwischen den Motorrad- und Kleinwagenbauern von Suzuki und Mazda über eine Zusammenarbeit. Hintergrund dieser Gespräche bildete die Tatsache, dass sich auf dem Gebiet der Micro-Minis, der steuerbegünstigen Kei-Klasse, gesetzliche Änderungen abzeichneten, die das Hubraumlimit auf 0,66 Liter nach oben setzten und größere Abmessungen erlaubten.

Suzuki war Marktführer auf dem Gebiet der Kleinstwagen, während Mazda nach dem Ende des Carol kein Standbein mehr in dieser Kategorie hatte. Dazu kam die Mehrmarken-Strategie, die Mazda im April 1989 diverse Vertriebskanäle neu aufbauen ließ, darunter auch den Autozam-Vertrieb, der sich vor allem um das Segment der Kleinstwagen kümmern sollte. Im Mai 1989 begann Suzuki für Mazda den Bau von Mini-Lastwagen wie dem Scrum, die Produktion des neuen Carol-Pkw auf Basis des Alto begann im Oktober 1989. Außerdem war Suzuki auch Partner bei der Motorenentwicklung; der Sechszylinder des MX-3 zum Beispiel entstammt dieser Kooperation. Seit Oktober 1998 übernimmt Mazda die Suzuki-

Der Familia Van – hier ein Modell von 2002 – war eine Nissan-Entwicklung und lief auch dort vom Band.

Ziemlich skurril: der 1986er Ford Escort als Pick-up mit Mazda-Logo: Ein weiteres Beispiel für die internationale Zusammenarbeit, die bei Mazda Tradition hat.

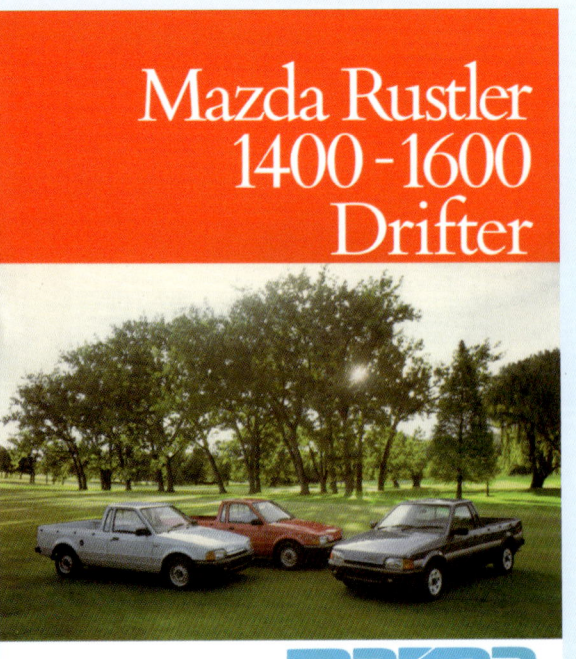

Mazda Rustler
1400-1600
Drifter

Stands By You · Staan By Jou

Minis praktisch unverändert, darunter auch den Vitara, den Wagon R oder den Jimny. Das Arrangement funktioniert hervorragend, bis zum neuen Jahrtausend hatte Mazda rund 674.000 umetikettierte Suzuki abgesetzt.

Mit Nissan bestanden engere Kontakte auf dem Transporter-Gebiet, der Nissan Vanette und der Mazda-Transporter Bongo waren gemeinschaftlich entwickelt worden und bei beiden Herstellern im Programm. Und wer in Japan Mitte der Neunziger beim Mazda-Händler einen Famila Van erwarb, erhielt einen Nissan Sunny Traveller. 2006 kam man überein, gemeinsam einen neuen Transporter zu entwickeln.

Mazdas T-Serie ist das schwerste Nutzfahrzeug aus Hiroshima. Angesiedelt in der Nutzlastklasse bis vier Tonnen, lief die Titan-Serie ab 2004 bei Isuzu vom Band: Mazdas Titan ist heute ein umetikettierter Isuzu ELF. An Isuzu hält übrigens der große Ford-Rivale General Motors gut ein Drittel der Anteile. Pikanterweise hält GM auch eine Minderheitsbeteiligung an Suzuki. Auch mit den anderen japanischen Herstellern unterhält man freundschaftliche Beziehungen. Mit Toyota arbeitet man seit 2004 auf dem Gebiet der Telematiksysteme zusammen, und Mitsubishi beliefert man schon seit Jahren mit Fahrzeugen (und bezog zum Beispiel Motoren) und arbeitet auf dem Gebiet der Brennstoffzellenforschung zusammen.

Die für Mazda wichtigste Zusammenarbeit besteht aber mit Ford. Die Verflechtungen sind ausgesprochen eng. Die Vielfalt der Modelle, die mal als Mazda, mal als Ford angeboten werden, ist schier unüberschaubar. Die Zusammenarbeit begann im Oktober 1969, als Nissan, Mazda und Ford ein Joint Venture zur Herstellung von Automatikgetrieben gründeten. Auch wenn Ford später aus der JATCO ausstieg: die Kontakte blieben bestehen.

Im Dezember 1971 wurden die ersten Courier-Kleinlastwagen auf Grundlage der B-Serie an Ford geliefert, ein Geschäft, das sich sehr erfreulich entwickelte. Nach der Kapitalfusion, die im November 1979 vollzogen wurde, intensivierte sich die Zusammenarbeit zu dem fröhlichen Badge-Engineering der 80er und 90er Jahre, auch wenn natürlich stets auf die notwendige Trennschärfe auf den jeweiligen Märkten geachtet wurde.

Der 1989er Etude steht stellvertretend für jene Fahrzeuge, die Mazda aus dem Ausland bezieht: Dabei handelt es sich um einen südafrikanischen 323-Ableger.

Der Versuch, mit einem Ford Explorer in den USA Fuß zu fassen, ging gründlich schief: Der Mazda Navajo war ein kommerzieller Misserfolg.

Anhang

Typ	**Mazda 121**			**2. Generation**
	Mazda 121 1.4	**1.1**	**1.4**	**1.4 16V**
Einführung	03/88	09/89	08/90	04/91
Motorbauart / Zylinder	Reihe / 4	Reihe / 4	Reihe / 4	Reihe / 4
Antrieb	Front	Front	Front	Front
Bohrung x Hub (mm)	71 x 83,6	68 x 78,4	71 x 83,6	71 x 83,6
Hubraum (cm^3)	1323	1139	1323	1324
Leistung kW / PS	44 / 60	40 / 54	44 / 60	39 / 53
Max. Drehmoment min^{-1}	100 / 3000	87 / 3600	99 / 3000	97 / 2800
Gemischaufbereitung	Vergaser	Vergaser	Vergaser	Einspr.
Abgasreinigung	ungeregelt	ungeregelt	geregelt	geregelt
Getriebe	5-Gang	5-Gang	5-Gang	5-Gang
Bremsen vorn / hinten	S / T	S / T	S / T	S / T
Räder	4Bx12	4Jx12	4Jx12	4 Jx13
Reifen	145 R	165/70 SR	165/70 SR	165/70 SR
Abmessungen L x B x H (mm)	3485 x 1605 x 1505	3845 x 1605 x 1505	3485 x 1605 x 1505	3810 x 1655 x 1495
Radstand (mm)	2295	2295	2295	2295
Leergewicht (kg)	770	730	770	810
Zul. Gesamtgewicht (kg)	1270	1270	1270	1300
Tankinhalt (l)	38	38	38	43
Kofferraum (l)	239	239	239	290
0-100 km/h (s)	12,9	13,1	11,6	13,7
Spitze (km/h)	150	150	150	150
Anmerkung	Verbrauch 7,3 l N	Verbrauch 6,7 l N		Auch mit 53 kW / 72 PS.

Typ	**Mazda 121 3. Generation**		
	Mazda 1.3i Kat.	**1.3i 16V Kat**	**1.8 D**
Einführung	04/96	04/96	04/96
Motorbauart / Zylinder	Reihe / 4	Reihe / 4	Reihe / 4
Antrieb	Front	Front	Front
Bohrung x Hub (mm)	74 x 75,5	71,9 x 76,5	82,5 x 82
Hubraum (cm^3)	1299	1242	1753
Leistung kW / PS	37 / 50	55 / 75	44 / 60
Max. Drehmoment min^{-1}	93 / 2500	110 / 4000	105 / 2500
Gemischaufbereitung	LH-Jetronic	LH-Jetronic	Einspr.
Abgasreinigung	geregelt	geregelt	Oxi-Kat
Getriebe	5-Gang	5-Gang	5-Gang
Bremsen vorn / hinten	S / T	S / T	S / T
Räder	5Jx13	5Jx13	5Jx13
Reifen	155/70 R	155/70 R	165/70 R
Abmessungen L x B x H (mm)	3828 x 1634 x 1334	3828 x 1634 x 1334	3828 x 1634 x 1334
Radstand (mm)	2446	2446	2446
Leergewicht (kg)	1005	1010	1041
Zul. Gesamtgewicht (kg)	1415	1450	1510
Tankinhalt (l)	42	42	42
Kofferraum (l)	250	250	250
0-100 km/h (s)	19,5	12,4	16,7
Spitze (km/h)	143	170	158
Anmerkung	Verbrauch 6,5 l S	Verbrauch 6,3 l S	Verbrauch 5,7 l D

Mazda2　1. Generation

Typ	Mazda2 1.25 l MZI	1.4 l MZI	1.6 l MZI	1.4 MZ-CD
Einführung	04/03	04/03	04/03	04/03
Motorbauart / Zylinder	Reihe / 4	Reihe / 4	Reihe / 4	Reihe / 4
Antrieb	Front	Front	Front	Front
Bohrung x Hub (mm)	71,9 x 76,5	76 x 76,5	79 x 81,4	73,7 x 82
Hubraum (cm^3)	1.242	1388	1596	1379
Leistung kW / PS	55 / 75	59 / 80	74 / 100	55 / 75
Max. Drehmoment min^{-1}	100 / 4000	124 / 3500	146 / 4000	100 / 4000
Gemischaufbereitung	Einsp.	Einsp.	Einsp.	Common-Rail.
Abgasreinigung	geregelt	geregelt	geregelt	Oxi-Kat
Getriebe	5-Gang	5-Gang	5-Gang	5-Gang
Bremsen vorn / hinten	S / T	S / T	S / T	S / T
Räder	5,5Jx14	5,5Jx14	6Jx15	5,5Jx14
Reifen	175/65 R	175/65 R	195/50 R	175/65 R
Abmessungen L x B x H (mm)	3925 x 1680 x 1530	3925 x 1680 x 1530	3.925 x 1680 x 1530	3925 x 1680 x 1530
Radstand (mm)	2490	2490	2490	2490
Leergewicht (kg)	1125	1125	1145	1155
Zul. Gesamtgewicht (kg)	1510	1510	1510	1550
Tankinhalt (l)	45	45	45	45
Kofferraum (l)	268	268	268	268
0-100 km/h (s)	15,1	13,9	11,4	15,0
Spitze (km/h)	163	164	175	160
Anmerkung	Verbrauch 6,3 l S	Andere Rad-/Reifen-kombinationen nach Ausstattung.	Verbrauch 6,8 l S	Andere Rad-/Reifen-kombinationen nach Ausstattung.

Mazda2　2. Generation

Typ	Mazda2 Sport 1.3 l MZR	1.5 l MZR	1.4 l MZ-CD
Einführung	10/07	10/07	07/08
Motorbauart / Zylinder	Reihe / 4	Reihe / 4	Reihe / 4
Antrieb	Front	Front	Front
Bohrung x Hub (mm)	74,0 x 78,4	78 x 78,4	73,7 x 82,0
Hubraum (cm^3)	1349	1498	1399
Leistung kW / PS	55 / 75	76 / 103	50 / 68
Max. Drehmoment min^{-1}	121 / 3500	137 / 4000	160 / 2000
Gemischaufbereitung	Einspr.	Einspr.	Common-Rail
Abgasreinigung	geregelt	geregelt	Oxi-Kat
Getriebe	5-Gang	5-Gang	5-Gang
Bremsen vorn / hinten	S / T	S / T	S / T
Räder	6J x 14	6J x 15	6J x 14
Reifen	175/65 R	185/55 R	175/65 R
Abmessungen L x B x H (mm)	3885 x 1695 x 1475	3885 x 1695 x 1475	3885 x 1695 x 1475
Radstand (mm)	2490	2490	2490
Leergewicht (kg)	950	955	980
Zul. Gesamtgewicht (kg)	1.455	1455	1520
Tankinhalt (l)	43	43	43
Kofferraum (l)	250	250	250
0-100 km/h (s)	14	10,4	15,5
Spitze (km/h)	168	188	162
Anmerkung	Auch mit 63 kW / 86 PS. Auch als Fünftürer; andere Rad-/Reifenkombinationen nach Ausstattung.	Auch als Fünftürer; andere Rad-/Reifenkombinationen nach Ausstattung.	Auch als Dreitürer; andere Rad-/Reifenkombinationen nach Ausstattung.

Mazda 1000 / Mazda 818

Typ	Mazda 1000	1300	Mazda 818 1300	1600
Einführung	09/74	03/74	09/74	09/74
Motorbauart / Zylinder	Reihe / 4	Reihe / 4	Reihe / 4	Reihe / 4
Antrieb	Heck	Heck	Heck	Heck
Bohrung x Hub (mm)	70 x 64	73 x 76	73 x 76	78 x 83
Hubraum (cm^3)	985	1272	1272	1272
Leistung kW / PS	35 / 45	48 / 66	44 / 60	55 / 75
Max. Drehmoment min^{-1}	65 / 4000	97 / 3700	92 / 3500	118 / 3500
Gemischaufbereitung	Vergaser	Vergaser	Vergaser	Vergaser
Abgasreinigung				
Getriebe	4-Gang	4-Gang	4-Gang	4-Gang
Bremsen vorn / hinten	S / T	S / T	S / T	S / T
Räder	4,5Jx13	4,5Jx13	4,5Jx13	4,5Jx13
Reifen	155 SR	155 SR	155 SR	155 SR
Abmessungen L x B x H (mm)	3885 x 1540 x 1385	3885 x 1540 x 1385	4075 x 1595 x 1380	4075 x 1595 x 1365
Radstand (mm)	2260	2260	2310	2310
Leergewicht (kg)	830	830	890	920
Zul. Gesamtgewicht (kg)	1330	1330	1320	1400
Tankinhalt (l)	40	40	45	45
Kofferraum (l)	300	300		
0-100 km/h (s)	24	18	20	13
Spitze (km/h)	130	145	135	145
Anmerkung	Ab 11.74 auch als Viertürer	Verbrauch 9 l N	Auch als Coupé und Kombi.	Nur als Coupé oder Variabel (Tankinhalt: 40 l).

Mazda 323   1. Generation

Typ	Mazda 323 1000	323 S	323 Variabel	323 1300
Einführung	09/77	03/78	09/78	09/79
Motorbauart / Zylinder	Reihe / 4	Reihe / 4	Reihe / 4	Reihe / 4
Antrieb	Heck	Heck	Heck	Heck
Bohrung x Hub (mm)	70 x 64	77 x 76	77 x 76	73 x 76
Hubraum (cm³)	985	1415	1415	1272
Leistung kW / PS	33 / 45	51 / 70	51 / 70	44 / 60
Max. Drehmoment min⁻¹	68 / 3000	112 / 3200	112 / 3200	92 / 3500
Gemischaufbereitung	Vergaser	Vergaser	Vergaser	Vergaser
Abgasreinigung				
Getriebe	4-Gang	4-Gang	4-Gang	4-Gang
Bremsen vorn / hinten	S / T	S / T	S / T	S / T
Räder	4,5Jx13	4,5Jx13	4,5Jx13	4,5Jx13
Reifen	155 SR	155 SR	155 SR	155 SR
Abmessungen L x B x H (mm)	3835 x 1605 x 1375	3835 x 1605 x 1375	4010 x 1605 x 1415	3820 x 1595 x 1375
Radstand (mm)	2315	2315	2315	2315
Leergewicht (kg)	850	875	895	845
Zul. Gesamtgewicht (kg)	1300	1300	1315	1300
Tankinhalt (l)	40	40	45	40
Kofferraum (l)	221	221	221	
0-100 km/h (s)	17,7		14	
Spitze (km/h)	140	140	140	140
Anmerkung	Verbrauch 10 l N	Verbrauch 11,5 l N	Verbrauch 11,5 l N	Auch als Fünftürer, dann Leergew. 855 kg.

Mazda 323   2. Generation / 3. Generation

Typ	Mazda 323 1.1	1.3	1.5 GT	1.3
Einführung	11/80	11/80	11/80	05/86
Motorbauart / Zylinder	Reihe / 4	Reihe / 4	Reihe / 4	Reihe / 4
Antrieb	Front	Front	Front	Front
Bohrung x Hub (mm)	70 / 69,6	77 / 69,6	77 / 80	77 / 69,9
Hubraum (cm³)	1071	1296	1490	1296
Leistung kW / PS	40 / 55	44 / 60	63 / 85	44 / 60
Max. Drehmoment min⁻¹	79 / 4000	95 / 3500	122 / 3200	94 / 3400
Gemischaufbereitung	Vergaser	Vergaser	Vergaser	Vergaser
Abgasreinigung				
Getriebe	5-Gang	5-Gang	5-Gang	5-Gang
Bremsen vorn / hinten	S / T	S / T	S / T	S / T
Räder	4,5Jx13	4,5Jx13	5Jx13	4,5Jx13
Reifen	155 SR	155 SR	175/70 HR	155 R
Abmessungen L x B x H (mm)	3995 x 1630 x 1375	4165 x 1630 x 1375	3995 x 1630 x 1375	4195 x 1645 x 1395
Radstand (mm)	2365	2365	2365	2400
Leergewicht (kg)	825	840	860	906
Zul. Gesamtgewicht (kg)	1350	1350	1350	1450
Tankinhalt (l)	42	49	42	45
Kofferraum (l)	280	390	280	392
0-100 km/h (s)		15,8	11,3	15,8
Spitze (km/h)	140	145	168	155
Anmerkung	Länge Viertürer: 4165 mm Verbrauch 7,3 l N	Verbrauch 7,5 l N	Kombi: 4110 x 1595 x 1425 mm	Auch mit Fließheck. Verbrauch 7,3 l N

Mazda 323   3. Generation

Typ	Mazda 1.5 Variabel	1.6i GT	1.7 Diesel	4WD turbo 16
Einführung	05/86	07/85	09/87	10/86
Motorbauart / Zylinder	Reihe / 4	Reihe / 4	Reihe / 4	Reihe / 4
Antrieb	Front	Front	Front	Allrad
Bohrung x Hub (mm)	77 x 80	78 / 83,6	78 x 90	78 x 83,6
Hubraum (cm³)	1490	1597	1720	1598
Leistung kW / PS	55 / 75	77 / 105	42 / 57	110 / 150
Max. Drehmoment min⁻¹	115 / 3500	137 / 4200	105 / 3000	190 / 5000
Gemischaufbereitung	Vergaser	Einspr.	Einspr.	L-Jetronic
Abgasreinigung				
Getriebe	5-Gang	5-Gang	5-Gang	5-Gang
Bremsen vorn / hinten	S / T	S / S	S / T	S / S
Räder	5Jx13	5Jx14	4,5Jx13	5,5Jx14
Reifen	175/70 SR	185/60 HR	175/70 SR	185/60 HR
Abmessungen L x B x H (mm)	4225 x 1645 x 1430	3990 x 1630 x 1375	4105 x 1645 x 1390	3990 x 1645 x 1390
Radstand (mm)	2365	2365	2400	2400
Leergewicht (kg)	950	970	925	1135
Zul. Gesamtgewicht (kg)	1450	1500	1500	1650
Tankinhalt (l)	45	45	48	53
Kofferraum (l)	308	308	392	308
0-100 km/h (s)		10	16,5	8,2
Spitze (km/h)	160	189	145	205
Anmerkung	Verbrauch 7,4 l N	Ab 9.87 G-Kat, Leistung 63 kW / 85 PS.	Bis 9.87 Leistung 40 kW / 55 PS.	Ab 9.87 mit G-Kat, Leistung 103 kW / 140 PS. Auch ohne 4WD.

Typ	Mazda 323 3. Generation		4. Generation	
	Mazda 323 1.4	**1.5**	**1.4i Kat.**	**1.6i Kat.**
Einführung	09/87	09/87	09/89	09/89
Motorbauart / Zylinder	Reihe / 4	Reihe / 4	Reihe / 4	Reihe / 4
Antrieb	Front	Front	Front	Front
Bohrung x Hub (mm)	71 x 83,6	78 / 78,4	71 x 83,6	78 x 83,6
Hubraum (cm³)	1324	1498	1324	1598
Leistung kW / PS	44 / 60	54 / 73	55 / 75	66 / 90
Max. Drehmoment min⁻¹	100 / 3000	113 / 3200	107 / 3700	135 / 4000
Gemischaufbereitung	Vergaser	Vergaser	Einspr.	Einspr.
Abgasreinigung	ungeregelt	ungeregelt	geregelt	geregelt
Getriebe	5-Gang	5-Gang	5-Gang	5-Gang
Bremsen vorn / hinten	S / T	S / T	S / T	S / T
Räder	4,5Jx13	5Jx13	4,5Jx13	5Jx13
Reifen	155 SR	175/70 SR	155 SR	175/70 TR
Abmessungen L x B x H (mm)	4195 x 1645 x 1390	4000 x 1645 x 1390	3995 x 1675 x 1380	4215 x 1675 x 1375
Radstand (mm)	2400	2400	2450	2500
Leergewicht (kg)	875	915	934	955
Zul. Gesamtgewicht (kg)	1500	1500	1500	1500
Tankinhalt (l)	48	48	50	55
Kofferraum (l)	392	308	310	415
0-100 km/h (s)	12,8		12	10,4
Spitze (km/h)	155	166	168	178
Anmerkung	Verbrauch 7,5 l N	Verbrauch 7,4 l N	Auch als Limousine und Fünftürer.	Auch als Drei- und Fünftürer

Typ	Mazda 323 4. Generation			
	Mazda 323 1.6	**323 F 1.9i 16V**	**1.9i 16V Kat.**	**323 TX Turbo**
Einführung	09/89	09/89	09/89	09/89
Motorbauart / Zylinder	Reihe / 4	Reihe / 4	Reihe / 4	Reihe / 4
Antrieb	Front	Front	Front	Allrad
Bohrung x Hub (mm)	78 x 83,6	83 x 85	83 x 85	83 x 85
Hubraum (cm³)	1598	1840	1840	1840
Leistung kW / PS	63 / 85	76 / 103	94 / 128	120 / 163
Max. Drehmoment min⁻¹	125 / 2500	151 / 4000	157 / 4500	216 / 3000
Gemischaufbereitung	Einspr.	Einspr.	Einspr.	L-Jetronic
Abgasreinigung	geregelt	geregelt	geregelt	geregelt
Getriebe	5-Gang	5-Gang	5-Gang	5-Gang
Bremsen vorn / hinten	S / T	S / S	S / S	S / S
Räder	5Jx13	5Jx13	5Jx14	5,5Jx14
Reifen	175/70 SR	175/70 HR	185/70 HR	195/60 HR
Abmessungen L x B x H (mm)	4225 x 1645 x 1430	4260 x 1675 x 1335	3995 x 1675 x 1380	4045 x 1675 x 1390
Radstand (mm)	2400	2450	2450	2450
Leergewicht (kg)	1020	910	980	1175
Zul. Gesamtgewicht (kg)	1550	1500	1500	1640
Tankinhalt (l)	48	55	50	60
Kofferraum (l)	378	336	310	280
0-100 km/h (s)	11,4	8,9	8,2	7,8
Spitze (km/h)	163	186	201	210
Anmerkung	Daten für Variabel, Verbrauch 7,1 l N	Verbrauch 7,7 l N	Verbrauch 7,9 l S	Verbrauch 9,9 l S

Typ	Mazda 323 4. Generation			5. Generation
	Mazda 1.6 Kat.	**1.9 16V Kat.**	**GT-R**	**323 S 1.4**
Einführung	06/91	11/91	02/92	09/94
Motorbauart / Zylinder	Reihe / 4	Reihe / 4	Reihe / 4	Reihe / 4
Antrieb	Front	Front	Allrad	Front
Bohrung x Hub (mm)	78 x 83,6	83 x 85	83 x 85	71 x 83,6
Hubraum (cm³)	1598	1840	1840	1324
Leistung kW / PS	65 / 88	76 / 103	135 / 185	54 / 73
Max. Drehmoment min⁻¹	132 / 4000	148 / 4000	235 / 4500	105 / 4000
Gemischaufbereitung	Einspr.	Einspr.	L-Jetronic	LH-Jetronic
Abgasreinigung	geregelt	geregelt	geregelt	geregelt
Getriebe	5-Gang	5-Gang	5-Gang	5-Gang
Bremsen vorn / hinten	S / T	S / S	S / S	S / T
Räder	5Jx13	5Jx13	5,5JJx15	4Jx13
Reifen	175/70 HR	175/70 HR	195/50 VR	155/70 SR
Abmessungen L x B x H (mm)	3995 x 1675 x 1380	3995 x 1675 x 1380	4080 x 1690 x 1390	4340 x 1710 x 1420
Radstand (mm)	2450	2450	2450	2605
Leergewicht (kg)	930	950	1210	1040
Zul. Gesamtgewicht (kg)	1500	1500	1675	1515
Tankinhalt (l)	50	50	60	50
Kofferraum (l)	310	310	230	427
0-100 km/h (s)	10,4	8,9	7,2	13,4
Spitze (km/h)	177	186	218	167
Anmerkung	Auch mit 62 kW / 84 PS.	Verbrauch 7,6 l N	Verbrauch 9,3 l S	Auch als 323 C Dreitürer.

Mazda 323   5. Generation

Typ	Mazda 323 C 1.5	323 F 1.9	323 F 2.0i V6	323 S 1.7 TD
Einführung	09/94	01/95	09/94	04/95
Motorbauart / Zylinder	Reihe / 4	Reihe / 4	V / 6	Reihe / 4
Antrieb	Front	Front	Front	Front
Bohrung x Hub (mm)	75,3 x 83,6	83 x 85	78 x 69,6	79 x 86
Hubraum (cm³)	1489	1840	1995	1686
Leistung kW / PS	65 / 88	84 / 114	106 / 144	60 / 82
Max. Drehmoment min⁻¹	132 / 4000	157 / 4000	180 / 5000	168 / 2400
Gemischaufbereitung	LH-Jetronic.	LH-Jetronic.	LH-Jetronic.	TD
Abgasreinigung	geregelt	geregelt	geregelt	Oxi-Kat
Getriebe	5-Gang	5-Gang	5-Gang	5-Gang
Bremsen vorn / hinten	S / T	S / S	S / S	S / T
Räder	5Jx13	5,5Jx14	6Jx15	5,5JJx14
Reifen	175/70 R	185/65 R	195/60 R	185/65 R
Abmessungen L x B x H (mm)	4035 x 1710 x 1405	4245 x 1695 x 1355	4245 x 1695 x 1355	4340 x 1710 x 1420
Radstand (mm)	2505	2605	2605	2605
Leergewicht (kg)	1065	1115	1210	1170
Zul. Gesamtgewicht (kg)	1575	1580	1740	1690
Tankinhalt (l)	55	55	55	50
Kofferraum (l)	300	346	346	427
0-100 km/h (s)	14,3	9,8	9,4	14,2
Spitze (km/h)	173	188	208	170
Anmerkung	Auch als S und F.	Auch als S und C.	Nur als F, Verbr. 8,9 l S.	Verbrauch 6,3 l D

Mazda 323   6. Generation

Typ	Mazda 323 P 1.5i	323 S 1.4i	323 F 1.5i	323 F 1.9i
Einführung	01/97	10/98	10/98	10/98
Motorbauart / Zylinder	Reihe / 4	Reihe/ 4	Reihe/ 4	Reihe/ 4
Antrieb	Front	Front	Front	Front
Bohrung x Hub (mm)	75,3 x 83,6	71 x 83,6	78 x 78,4	83 x 85
Hubraum (cm³)	1489	1323	1498	1840
Leistung kW / PS	65 / 88	54 / 73	65 / 88	84 / 114
Max. Drehmoment min⁻¹	132 / 4000	108 / 4000	132 / 4000	161 / 4000
Gemischaufbereitung	LH-Jetronic.	LH-Jetronic	LH-Jetronic	LH-Jetronic
Abgasreinigung	geregelt	geregelt	geregelt	geregelt
Getriebe	5-Gang	5-Gang	5-Gang	5-Gang
Bremsen vorn / hinten	S / T	S / T	S / T	S / T
Räder	5,5Jx14	5,5JJx14	5,5JJx14	LM-6JJx15
Reifen	185/65 R	175/65 R	185/65 R	195/55 R
Abmessungen L x B x H (mm)	4040 x 1710 x 1405	4340 x 1710 x 1420	4200 x 1705 x 1410	4200 x 1705 x 1410
Radstand (mm)	2505	2610	2610	2610
Leergewicht (kg)	1085	1085	1150	1190
Zul. Gesamtgewicht (kg)	1540	1585	1590	1625
Tankinhalt (l)	55	50	55	55
Kofferraum (l)	304	427	356	356
0-100 km/h (s)	11,8	13,4	11,9	9,8
Spitze (km/h)	173	167	177	194
Anmerkung	Auch als 1.4i.	Verbrauch 7,4 l S	Verbrauch 7,5 l S	

Mazda 323   6. Generation

Typ	Mazda 323 S 2.0 TD	323 F 2.0	323 F TD-DI	323 S 1.6 Automatik
Einführung	10/98	10/00	10/00	10/00
Motorbauart / Zylinder	Reihe/ 4	Reihe / 4	Reihe / 4	Reihe / 4
Antrieb	Front	Front	Front	Front
Bohrung x Hub (mm)	86 x 86	83 x 92	86 x 86	78 x 83,6
Hubraum (cm³)	1998	1991	1998	1598
Leistung kW / PS	52 / 71	96 / 131	74 / 100	70 / 95
Max. Drehmoment min⁻¹	108 / 4000	171 / 4500	230 / 2000	145 / 3700
Gemischaufbereitung	Einspritzung.	Multipoint	TD-DI	Multipoint
Abgasreinigung	Oxi-Kat	geregelt	Oxi-Kat	geregelt
Getriebe	5-Gang	5-Gang	5-Gang	4-St.-Aut.
Bremsen vorn / hinten	S / T	S / S	S / S	S / S
Räder	5,5Jx14	6JJx16	5,5Jx14	5,5Jx14
Reifen	185/65 R	195/50 R	185/65 R	185/65 R
Abmessungen L x B x H (mm)	4200 x 1705 x 1410	4265 x 1705 x 1410	4250 x 1705 x 1410	4365 x 1705 x 1410
Radstand (mm)	2610	2610	2610	2610
Leergewicht (kg)	1160	1230	1275	1270
Zul. Gesamtgewicht (kg)	1665	1665	1735	1655
Tankinhalt (l)	55	55	55	55
Kofferraum (l)	416	356	356	416
0-100 km/h (s)	16,9	9,7	12,2	14,7
Spitze (km/h)	168	203	189	170
Anmerkung	Ab 10.99 66 kW / 90 PS.	Verbrauch 8,5 l S	Verbrauch 5,9 l D	Auch als F-Modell.

Mazda3

Typ	Mazda3 1.4 l MZR	1.6 l MZR	2.0 l MZR	1.6 l MZ-CD
Einführung	09/03	09/03	09/03	03/04
Motorbauart / Zylinder	Reihe / 4	Reihe / 4	Reihe / 4	Reihe / 4
Antrieb	Front	Front	Front	Front
Bohrung x Hub (mm)	74 x 78,4	78 x 83,6	87,5 x 83	75 x 88,3
Hubraum (cm³)	1349	1598	1999	1560
Leistung kW / PS	62 / 84	77 / 105	110 / 150	80 / 109
Max. Drehmoment min⁻¹	122 / 4000	145 / 4000	187 / 4000	240 / 1750
Gemischaufbereitung	Einspr.	Einspritz.	Einspritz.	Common-Rail
Abgasreinigung	ger.	geregelt	Geregelt	Oxi-Kat, DPF
Getriebe	5-Gang	5-Gang	5-Gang	5-Gang
Bremsen vorn / hinten	S / S	S / S	S / S	S / S
Räder	6Jx15	6Jx15	6,5Jx16	6Jx15
Reifen	195/65 R	195/65 R	205/55 R16	195/55 R
Abmessungen L x B x H (mm)	4415 x 1755 x 1.465	4490 x 1755 x 1.465	4415 x 1755 x 1.465	4415 x 1755 x 1.465
Radstand (mm)	2640	2640	2640	2640
Leergewicht (kg)	1265	1250	1340	1350
Zul. Gesamtgewicht (kg)	1715	1710	1790	1825
Tankinhalt (l)	55	55	55	55
Kofferraum (l)	346	413	346	346
0-100 km/h (s)	14,5	11,2	9,1	11,6
Spitze (km/h)	169	185	202	182
Anmerkung	Je nach Ausstattung Felgen 6,5J x 16/17; Reifen 205/55.	Je nach Ausstattung F. 6,5J x 16/17; Reifen 205/55. Auch als Mazda3 Sport.	Je nach Ausstattung Felgen 6/6,5J x 15/16/17; Reifen 205/55. Auch als Mazda3.	Je nach Ausstattung Felgen 6,5J x 15/16/17; Reifen 205/55

Mazda3 / Mazda 616

Typ	Mazda3 Sport 2.0 l MZR-CD	MPS 2.3 l MZR DISI	Mazda 616 1600	1600
Einführung	06/07	01/07	03/73	09/77
Motorbauart / Zylinder	Reihe / 4	Reihe / 4	Reihe / 4	Reihe / 4
Antrieb	Front	Front	Heck	Heck
Bohrung x Hub (mm)	1998	87,5 x 94,0	78 x 83	78 x 83
Hubraum (cm³)	86 x 86	2261	1586	1586
Leistung kW / PS	105 / 143	191 / 260	55 / 75	55 / 75
Max. Drehmoment min⁻¹	360 / 2000	380 / 3000	118 / 3500	121 / 3500
Gemischaufbereitung	Common-Rail	Direkteinspr.	Vergaser	Vergaser
Abgasreinigung	Oxi-Kat, DPF	Geregelt		
Getriebe	6-Gang	6-Gang	4-Gang	4-Gang
Bremsen vorn / hinten	S / S	S / S	S / T	S / T
Räder	6,5Jx16	7Jx18	4Jx13	4Jx13
Reifen	205/55 R	215/45 R18	165 SR	165 SR
Abmessungen L x B x H (mm)	4415 x 1755 x 1.465	4435 x 1765 x 1465	4170 x 1580 x 1435	4260 x 1580 x 1430
Radstand (mm)	2640	2640	2470	2470
Leergewicht (kg)	1485	1485	975	995
Zul. Gesamtgewicht (kg)	1945	1910	1510	1480
Tankinhalt (l)	55	55	50	50
Kofferraum (l)	346	290		
0-100 km/h (s)	9,9	6,1	16	14
Spitze (km/h)	203	250	155	152
Anmerkung			Auch als Coupé, dann Höhe 1395 mm, Leergew. 965 kg.	Verbrauch 10,5 l N

Mazda 626

Typ	Mazda 626 1. Generation		2. Generation	
	Mazda 626 1.6	2.0	1.6	2.0
Einführung	02/79	02/79	03/83	03/83
Motorbauart / Zylinder	Reihe / 4	Reihe / 4	Reihe / 4	Reihe / 4
Antrieb	Heck	Heck	Front	Front
Bohrung x Hub (mm)	78 x 83	80 x 98	81 x 77	86 x 86
Hubraum (cm³)	1586	1970	1587	1998
Leistung kW / PS	55 / 75	66 / 90	59 / 80	74 / 100
Max. Drehmoment min⁻¹	120 / 3800	159 / 2500	121 / 3800	156 / 3700
Gemischaufbereitung	Vergaser	Vergaser	Vergaser	Vergaser
Abgasreinigung				
Getriebe	4-Gang	5-Gang	5-Gang	5-Gang
Bremsen vorn / hinten	S / T	S / T	S / T	S / T
Räder	5Jx13	5,5Jx13	5Jx13	5,5Jx14
Reifen	165 SR	185/70 HR	165 SR	185/70 HR
Abmessungen L x B x H (mm)	4305 x 1660 x 1370	4305 x 1660 x 1345	4430 x 1690 x 1395	4430 x 1690 x 1350
Radstand (mm)	2510	2510	2510	2510
Leergewicht (kg)	1045	1065	1015	1035
Zul. Gesamtgewicht (kg)	1540	1540	1650	1650
Tankinhalt (l)	55	55	60	60
Kofferraum (l)	610	601	404	404
0-100 km/h (s)	14	11,3	12,5	11,7
Spitze (km/h)	155	175	165	181
Anmerkung	Auch als Coupé, Höhe dann 1345 mm.	Auch als Limousine, Höhe dann 1370 mm.	Auch als Fünftürer u. Coupé, Höhe dann 1350 mm. Leergewicht: 1030 bzw. 995 kg.	Auch als Limousine und Coupé, Verbrauch 8,1 l N

Mazda 626   2. Generation

Typ	Mazda 626 2.0 Diesel	2.0i GT	2.0i GLX Kat
Einführung	09/84	10/85	10/85
Motorbauart / Zylinder	Reihe / 4	Reihe / 4	Reihe / 4
Antrieb	Front	Front	Front
Bohrung x Hub (mm)	86 x 86	86 x 86	86 x 86
Hubraum (cm³)	1998	1998	1998
Leistung kW / PS	46 / 62	88 / 120	68 / 92
Max. Drehmoment min^{-1}	116 / 2750	171 / 4000	153 / 2500
Gemischaufbereitung	Einspr.	L-Jetronic	L-Jetronic
Abgasreinigung			Ger.
Getriebe	5-Gang	5-Gang	5-Gang
Bremsen vorn / hinten	S / T	S / S	S / T
Räder	5Jx13	5,5Jx14	5,5Jx14
Reifen	165 SR	185/70 HR	185/70 HR
Abmessungen L x B x H (mm)	4430 x 1690 x 1395	4430 x 1690 x 1365	4430 x 1690 x 1365
Radstand (mm)	2510	2510	2510
Leergewicht (kg)	1095	1095	1070
Zul. Gesamtgewicht (kg)	1720	1720	1720
Tankinhalt (l)	60	60	60
Kofferraum (l)	434	404	434
0-100 km/h (s)	17,3	10,1	11,7
Spitze (km/h)	150	194	179
Anmerkung	Auch als Fünftürer. Verbrauch 6,3 l D.	Auch als Limousine und Coupé, Verbrauch 8,5 l S.	Auch als Limousine und Fünftürer. Verbr. 7,6 l N

Mazda 626   3. Generation

Typ	Mazda 626 2.0 LX Kat.	2.0i GLX Kat.	2.0i GT 16V Kat.	2.0 Diesel
Einführung	09/87	09/87	09/87	09/87
Motorbauart / Zylinder	Reihe / 4	Reihe / 4	Reihe / 4	Reihe / 4
Antrieb	Front	Front	Front	Front
Bohrung x Hub (mm)	86 x 86	86 x 86	86 x 86	86 x 86
Hubraum (cm³)	1998	1998	1998	1998
Leistung kW / PS	66 / 90	66 / 90	103 / 140	44 / 60
Max. Drehmoment min^{-1}	153 / 2500	153 / 2500	173 / 4000	119 / 2750
Gemischaufbereitung	Vergaser	Einspr.	Einspr.	Einspr.
Abgasreinigung	ungeregelt	geregelt	geregelt	
Getriebe	5-Gang	5-Gang	5-Gang	5-Gang
Bremsen vorn / hinten	S / T	S / T	S / S	S / T
Räder	5Jx14	5,5Jx14	6Jx15	5Jx14
Reifen	185/70 HR	185/70 HR	195/60 VR	185/70 HR
Abmessungen L x B x H (mm)	4535 x 1690 x 1410	4610 x 1690 x 1430	4535 x 1690 x 1375	4535 x 1690 x 1410 a
Radstand (mm)	2575	2575	2575	2575
Leergewicht (kg)	1125	1205	1225	1160
Zul. Gesamtgewicht (kg)	1840	1900	1700	1670
Tankinhalt (l)	60	60	60	60
Kofferraum (l)	467	430	421	467
0-100 km/h (s)	11,3	11,9	9,4	17,4
Spitze (km/h)	175	171	206	152
Anmerkung	Auch als Fünftürer, Kofferraum dann 650 l.	Daten für das Kombi-Modell, auch als Limousine, Fünftürer und Coupé.	Auch als Coupé, Kofferraumvolumen 457 l.	Verbrauch 6,3 l D

Mazda 626   3. Gen.   4. Generation

Typ	Mazda 626 2.2 12V	1.9i	2.0i	2.5i V6
Einführung	09/88	02/92	02/92	02/92
Motorbauart / Zylinder	Reihe / 4	Reihe / 4	Reihe / 4	V / 6
Antrieb	Allrad	Front	Front	Front
Bohrung x Hub (mm)	86 x 94	83 x 85	83 x 92	84,5 x 74,2
Hubraum (cm³)	2169	1839	1991	2497
Leistung kW / PS	85 / 115	66 / 90	85 / 115	121 / 165
Max. Drehmoment min^{-1}	180 / 3000	143 / 2500	170 / 4500	217 / 4800
Gemischaufbereitung	L-Jetronic	LH-Jetronic	LH-Jetronic	L-Jetronic
Abgasreinigung	geregelt	geregelt	geregelt	geregelt
Getriebe	5-Gang	5-Gang	5-Gang	5-Gang
Bremsen vorn / hinten	S / T	S / S	S / S	S / S
Räder	5Jx14	5,5Jx15	5,5Jx14	6,5Jx15
Reifen	185/70 HR	185/65 R	195/65 R	205/55 R
Abmessungen L x B x H (mm)	4535 x 1690 x 1410	4695 x 1750 x 1390	4695 x 1750 x 1400	4695 x 1750 x 1390
Radstand (mm)	2575	2610	2610	2610
Leergewicht (kg)	1090	1180	1160	1260
Zul. Gesamtgewicht (kg)	1840	1710	1685	1775
Tankinhalt (l)	60	60	60	60
Kofferraum (l)	354	452	452	455
0-100 km/h (s)	11,2	12,6	10,9	8,5
Spitze (km/h)	181	181	198	220
Anmerkung	Daten gelten für GLX 4WD.	Auch als Limousine. In Basis-Ausstattung LX Trommelbremsen hinten	Auch als Fünftürer. Verbrauch 8,3 l N	Nur Fünftürer, ab 10.94: 120 kW/163 PS. Verbrauch 9,5 l S

	Mazda 626 4. Gen	5. Generation		
Typ	Mazda 626 Comprex	1.9.	2.0.	
Einführung	01/93	06/97	06/97	
Motorbauart / Zylinder	Reihe / 4	Reihe / 4	Reihe / 4	
Antrieb	Front	Front	Front	
Bohrung x Hub (mm)	86 x 86	83 x 85	83 x 92	
Hubraum (cm³)	1998	1840	1991	
Leistung kW / PS	55 / 75	66 / 90	100 / 136	
Max. Drehmoment min⁻¹	169 / 2000	145 / 2500	178 / 4500	
Gemischaufbereitung	Einspr.	LH-Jetronic	Einspr.	
Abgasreinigung		geregelt	geregelt	
Getriebe	5-Gang	5-Gang	5-Gang	
Bremsen vorn / hinten	S / S	S / T	S / S	
Räder	5Jx14	5,5Jx14	6Jx15	
Reifen	195/65 SR	185/65 HR	185/60 VR	
Abmessungen L x B x H (mm)	4635 x 1750 x 1390	4575 x 1710 x 1430	4675 x 1710 x 1515	
Radstand (mm)	2610	2610	2610	
Leergewicht (kg)	1255	1245	1355	
Zul. Gesamtgewicht (kg)	1715	1685	1840	
Tankinhalt (l)	60	64	64	
Kofferraum (l)	455	502	485-1675	
0-100 km/h (s)	14,7	12,6	10,5	
Spitze (km/h)	160	180	202	
Anmerkung	Kombi (L/B/H) 4600/1690/1465 mm, Radstand 2575 mm	Auch als Fünftürer, Leergewicht ab 1255 kg. Ab 10.99 mit 74 kW / 100 PS.	Auch als Limousine und Fünftürer; bis 1.99 auch mit 85 kW/115 PS	

	Mazda 626 5. Gen	Mazda6 1. Generation		
Typ	Mazda 2.0 DITD	Mazda6 1.8 l MZR	2.0 l MZR	2.3 l MZR
Einführung	09/98	04/02	04/02	04/02
Motorbauart / Zylinder	Reihe / 4	Reihe / 4	Reihe / 4	Reihe / 4
Antrieb	Front	Front	Front	Front
Bohrung x Hub (mm)	86 x 86	83 x 83,1	87,5 x 83,1	87,5 x 94
Hubraum (cm³)	1998	1798	1999	2261
Leistung kW / PS	74 / 100	88 / 120	104 / 141	122 / 166
Max. Drehmoment min⁻¹	220 / 1800	165 / 4300	181 / 4100	207 / 4000
Gemischaufbereitung	TD-DI	Einspr.	Einspr.	Einspr.
Abgasreinigung	Oxi-Kat	ger.	ger.	ger.
Getriebe	5-Gang	5-Gang	5-Gang	5-Gang
Bremsen vorn / hinten	S / S	S / S	S / S	S / S
Räder	6Jx15	6JJ x 15	6JJ x 15	7JJ x 17
Reifen	195/60 R	195/65 R	195/65 R	215/45 R
Abmessungen L x B x H (mm)	4575 x 1710 x 1430	4680 x 1780 x 1435	4680 x 1780 x 1435	4700 x 1780 x 1480
Radstand (mm)	2610	2675	2675	2675
Leergewicht (kg)	1340	1345	1465	1465
Zul. Gesamtgewicht (kg)	1770	1815	1855	1935
Tankinhalt (l)	64	64	64	64
Kofferraum (l)	502	500	492	505
0-100 km/h (s)	11,5	10,7	9,7	9,2
Spitze (km/h)	185	197	208	209
Anmerkung	Alle Karosserien; ab 10.2000 mit 81 KW / 110 PS.	Auch als Fünftürer und Kombi. Verbrauch 7,7 l S.	Auch als Limousine und Kombi. Verbrauch 8 l N	Auch als Fünftürer und Limousine. Verbr. 8,8 l S

	Mazda6			2. Generation
Typ	Mazda6 2.3 l MZR 4WD	2.0 l MZR-CD	2.3 l MZR MPS	1.8 l MZR
Einführung	04/02	09/05	04/05	02/08
Motorbauart / Zylinder	Reihe / 4	Reihe / 4	Reihe / 4	Reihe / 4
Antrieb	Allrad	Front	Allrad	Front
Bohrung x Hub (mm)	87,5 x 94	86 x 86	87,5 x 94	83 x 83,1
Hubraum (cm³)	2261	1998	2261	1798
Leistung kW / PS	119 / 162	89 / 121	191 / 260	88 / 120
Max. Drehmoment min⁻¹	205 / 4000	310 / 2000	380 / 3000	165 / 4300
Gemischaufbereitung	Einspr.	Common-Rail	Einspr.	Einspr.
Abgasreinigung	ger.	Oxi-Kat	ger.	ger.
Getriebe	5-St-Automatik	5-Gang	6-Gang	5-Gang
Bremsen vorn / hinten	S / S	S / S	S / S	S / S
Räder	7JJ x 17	6JJ x 15	7JJ x 18	6JJ x 16
Reifen	215/45 R	195/65 R	215/45 R	205/60 R
Abmessungen L x B x H (mm)	4700 x 1780 x 1490	4680 x 1780 x 1435	4765 x 1780 x 1430	4755 x 1795 x 1.445
Radstand (mm)	2675	2675	2675	2725
Leergewicht (kg)	1605	1485	1665	1280
Zul. Gesamtgewicht (kg)	2025	1930	2085	1885
Tankinhalt (l)	62	64	60	60
Kofferraum (l)	490	500	455	519
0-100 km/h (s)	10,9	10,8	6,6	11,3
Spitze (km/h)	190	198	240	200
Anmerkung	Nur als Mazda6 Sport Kombi. Verbrauch 8,7 l S	Auch als Fünftürer und Kombi sowie mit 100 kW/136 PS.	Nur als Limousine. Verbrauch 10,2 l S	Auch als Sport Fließheck und Sport Kombi, L/B/H 4785/1795/1490 mm, Kofferraum 519-1751 l. Gew. 1345 kg, GG 1965 kg. Auch mit 7Jx17; R. 215/50

Typ	Mazda6 2. Generation		
	Mazda 2.0 l MZR	**2.5 l MZR**	**2.0 l MZR-CD**
Einführung	02/08	02/08	02/08
Motorbauart / Zylinder	Reihe / 4	Reihe / 4	Reihe / 4
Antrieb	Front	Front	Front
Bohrung x Hub (mm)	87,5 x 83,1	89 x 100	86 x 86
Hubraum (cm^3)	1999	2488	1998
Leistung kW / PS	108 / 147	125 / 170	103 / 140
Max. Drehmoment min^{-1}	184 / 4000	226 / 4000	330 / 2000
Gemischaufbereitung	Einspr.	Einspr.	Common-Rail
Abgasreinigung	ger.	ger.	Oxi-Kat, DPF
Getriebe	6-Gang	6-Gang	6-Gang
Bremsen vorn / hinten	S / S	S / S	S / S
Räder	7J x 17	7,5J x 18	6J x 16
Reifen	215/50 R	225/45 R	205/60 R
Abmessungen L x B x H (mm)	4755 x 1795 x 1.445	4755 x 1795 x 1.440	4755 x 1795 x 1.440
Radstand (mm)	2725	2725	2725
Leergewicht (kg)	1295	1320	1425
Zul. Gesamtgewicht (kg)	1905	1930	2035
Tankinhalt (l)	64	64	64
Kofferraum (l)	519	519	519
0-100 km/h (s)	9,9	8,0	10,5
Spitze (km/h)	214	220	204
Anmerkung	Auch als Mazda6 Sport Fließheck und Sport Kombi. Je nach Ausstattung Felgen 7Jx17; Reifen 215/50.	Auch als Mazda6 Sport und Sport Kombi. Je nach Ausstattung Felgen 7Jx17; Reifen 215/50.	Auch als Mazda6 Sport und Sport Kombi. Je nach Ausstattung Felgengröße auch 7J x 17 / 7,5J x 18, Reifen 215/50 / 225/45.

Typ	Mazda 929 1. Gen.	2. Generation		
	Mazda 929	**929 L Variabel**	**929 L 2.0**	**2.0**
Einführung	10/76	04/79	04/82	03/84
Motorbauart / Zylinder	Reihe / 4	Reihe / 4	Reihe / 4	Reihe / 4
Antrieb	Heck	Heck	Heck	Heck
Bohrung x Hub (mm)	80 x 88	80 x 89	80 x 89	80 x 89
Hubraum (cm^3)	1769	1984	1984	1984
Leistung kW / PS	61 / 83	66 / 90	66 / 90	74 / 101
Max. Drehmoment min^{-1}	137 / 2900	159 / 2600	159 / 2600	153 / 3700
Gemischaufbereitung	Vergaser	Vergaser	Vergaser	Vergaser
Abgasreinigung				
Getriebe	4-Gang	4-Gang	5-Gang	5-Gang
Bremsen vorn / hinten	S / T	S / T	S / S	S / S
Räder	5,5Jx13	5,5J x 14	5,5J x 14	5,5J x 14
Reifen	175 SR	175 SR	175 SR	175/70 SR
Abmessungen L x B x H (mm)	4405 x 1665 x 1380	4575 x 1710 x 1445	4670 x 1690 x 1420	4705 x 1690 x 1420
Radstand (mm)	2510	2610	2615	2615
Leergewicht (kg)	1095	1190	1165	1160
Zul. Gesamtgewicht (kg)	1600	1680	1740	1740
Tankinhalt (l)	62	65	65	60
Kofferraum (l)		880 (dachhoch)	391	379
0-100 km/h (s)	13	13,5	14,2	13,5
Spitze (km/h)	160	164	164	171
Anmerkung	Höhe Limousine 1410 mm. Verbrauch 12 l N	Verbrauch 13,5 l N		Abmessungen Kombi 4680 x 1690 x 1445 mm. Radstand 2610 mm.

Typ	Mazda 929	4. Generation		
	Mazda 929 2.0i	**2.0i**	**2.2i**	**3.0i V6**
Einführung	10/84	04/87	04/87	04/87
Motorbauart / Zylinder	Reihe / 4	Reihe / 4	Reihe / 4	V / 6
Antrieb	Heck	Heck	Heck	Heck
Bohrung x Hub (mm)	80 x 89	86 x 86	86 x 94	90 x 77,4
Hubraum (cm^3)	1984	1995	2184	2954
Leistung kW / PS	88 / 120	85 / 115	100 / 136	140 / 190
Max. Drehmoment min^{-1}	169 / 4200	164 / 4500	196 / 4000	255 / 4200
Gemischaufbereitung	L-Jetronic	Einspr.	Einspr.	Einspr.
Abgasreinigung				
Getriebe	5-Gang	5-Gang	5-Gang	5-Gang
Bremsen vorn / hinten	S / S	S / S	S / S	S / S
Räder	5,5Jx14	5Jx14	5,5Jx14	6Jx15
Reifen	195/70 SR	195/70 HR	195/70 HR	205/60 VR
Abmessungen L x B x H (mm)	4680 x 1690 x 1355	4885 x 1705 x 1425	4885 x 1705 x 1425	4885 x 1705 x 1425
Radstand (mm)	2615	2710	2710	2710
Leergewicht (kg)	1175	1335	1335	1460
Zul. Gesamtgewicht (kg)	1740	1940	1940	2040
Tankinhalt (l)	60	75	75	75
Kofferraum (l)	326	427	427	427
0-100 km/h (s)	10,2	11,1	9,9	8,6
Spitze (km/h)	192	182	187	220
Anmerkung	Auch als Limousine. Verbrauch 9,5 l N.		Leistung mit G-Kat 85 kW / 115 PS	Leistung mit G-Kat 125 kW / 170 PS.

Typ	**Mazda 929**		**Xedos 6**	
	Mzada 929 2.2 12V Kat.	**3.0 V6**	**2.0i V6**	**1.6i 16V**
Einführung	09/89	04/90	06/92	02/1994
Motorbauart / Zylinder	Reihe / 4	V / 6	V / 6	Reihe / 4
Antrieb	Heck	Heck	Front	Front
Bohrung x Hub (mm)	86 x 94	90 x 77,4	78 x 69,6	78 x 83,6
Hubraum (cm³)	2184	2954	1995	1598
Leistung kW / PS	94 / 128	123 / 167	106 / 144	83 / 113
Max. Drehmoment min⁻¹	190 / 3500	250 / 4000	172 / 5000	135 / 5500
Gemischaufbereitung	Einspr.	Einspr.	LH-Jetronic	Einspr.
Abgasreinigung	geregelt	geregelt	geregelt	geregelt
Getriebe	5-Gang	5-Gang	5-Gang	5-Gang
Bremsen vorn / hinten	S / S	S / S	S / S	S / S
Räder	5Jx14	LM-6Jx15	6JJx15	5,5Jx14
Reifen	195/70 HR	205/60 VR	195/60 R	185/65 R
Abmessungen L x B x H (mm)	4885 x 1705 x 1425	4885 x 1705 x 1425	4560 x 1700 x 1355	4560 x 1700 x 1355
Radstand (mm)	2710	2710	2610	2610
Leergewicht (kg)	1360	1470	1210	1140
Zul. Gesamtgewicht (kg)	1940	2040	1670	1645
Tankinhalt (l)	75	75	60	60
Kofferraum (l)	427	427	390	390
0-100 km/h (s)	12,2	10,2	9,3	11,9
Spitze (km/h)	181	205	214	184
Anmerkung	Verbrauch 11,3 l S	Verbrauch 10,7 l S	Verbrauch 8,2 l S	Ab 8.94 mit 79 kW / 107 PS. Verbrauch 7,4 l S.

Typ	**Xedos 9**			
	Mazda Xedos 9 2.0i V6	**2.5i V6**	**2.3i V6 Miller**	**2.5l V6**
Einführung	09/93	09/93	10/95	10/00
Motorbauart / Zylinder	V / 6	V / 6	V / 6	V / 6
Antrieb	Front	Front	Front	Front
Bohrung x Hub (mm)	78 x 69,6	84,5 x 74,2	80,3 x 74,2	84,5 x 74,2
Hubraum (cm³)	1995	2497	2255	2497
Leistung kW / PS	105 / 143	123 / 167	155 / 210	120 / 164
Max. Drehmoment min⁻¹	176 / 4900	212 / 4900	290 / 3700	212 / 5000
Gemischaufbereitung	L-Jetronic	L-Jetronic	LH-Jetronic	LH-Jetronic
Abgasreinigung	geregelt	geregelt	geregelt	geregelt
Getriebe	5-Gang	5-Gang	4-St.-Aut.	4-St.-Aut.
Bremsen vorn / hinten	S / S	S / S	S / S	S / S
Räder	6JJx15	6JJx15	6JJx15	LM-6JJx16
Reifen	205/65 R	205/65 R	205/65 R	215/55 VR
Abmessungen L x B x H (mm)	4825 x 1770 x 1395	4825 x 1770 x 1395	4825 x 1770 x 1395	4825 x 1770 x 1395
Radstand (mm)	2760	2760	2760	2750
Leergewicht (kg)	1410	1415	1500	1570
Zul. Gesamtgewicht (kg)	1940	1940	1985	1955
Tankinhalt (l)	68	68	68	68
Kofferraum (l)	417	417	417	417
0-100 km/h (s)	10,7	8,6	9,5	11,0
Spitze (km/h)	202	220	230	207
Anmerkung	Verbrauch 8,4 l S	Verbrauch 9,3 l S	Verbrauch 10 l S	Verbrauch 10,7 l S

Typ	**Mazda RX-3**	**Mazda RX-5**	**Mazda RX-7 1. Generation**	
	Mazda RX-3	**Mazda RX-5**	**Mazda RX-7**	**RX-7**
Einführung	03/73	03/76	03/78	03/81
Motorbauart / Zylinder	2-Scheiben-Wankel	2-Scheiben-Wankel	2-Scheiben-Wankel	2-Scheiben-Wankel
Antrieb	Heck	Heck	Heck	Heck
Bohrung x Hub (mm)	2 x 573	2 x 654	2 x 573	2 x 573
Hubraum (cm³)				
Leistung kW / PS	75 / 95	85 / 115	77 / 105	85 / 115
Max. Drehmoment min⁻¹	142 / 4000	167 / 4000	145 / 4000	152 / 4000
Gemischaufbereitung	Vergaser	Vergaser	Vergaser	Vergaser
Abgasreinigung				
Getriebe	5-Gang	5-Gang	5-Gang	5-Gang
Bremsen vorn / hinten	S / T	S / S	S / S	S / S
Räder	4Jx13	LM-5J x 14	LM-5J x 13	LM-5J x 13
Reifen	155 HR	185/70 HR	185/70 HR	185/70 HR
Abmessungen L x B x H (mm)	4065 x 1595 x 1350	4475 x 1685 x 1320	4320 x 1670 x 1260	4320 x 1670 x 1260
Radstand (mm)	2310	2510	2420	2420
Leergewicht (kg)	945	1200	1045	1045
Zul. Gesamtgewicht (kg)	1300	1650	1420	1420
Tankinhalt (l)	60	55	55	55
Kofferraum (l)		280	215	215
0-100 km/h (s)	13	11,3	12,9	8,9
Spitze (km/h)	175	179	192	200
Anmerkung	Verbrauch 14,5 l N	Verbrauch 16,9 l N	Verbrauch 16 l N	Ab 9.84 Leistung 83 kW / 113 PS.

Typ	Mazda RX-7	2. Generation	RX-7 Turbo	RX-7 Turbo Cabriolet
	Mazda RX-7	**RX-7**	**RX-7 Turbo**	**RX-7 Turbo Cabriolet**
Einführung	09/84	04/86	09/87	09/89
Motorbauart / Zylinder	2-Scheiben-Wankel	2-Scheiben-Wankel	2-Scheiben-Wankel	2-Scheiben-Wankel
Antrieb	Heck	Heck	Heck	Heck
Bohrung x Hub (mm)	2 x 573	2 x 654	2 x 654	2 x 654
Hubraum (cm^3)				
Leistung kW / PS	83 / 113	110 / 150	133 / 180	147 / 200
Max. Drehmoment min^{-1}	148 / 4000	182 / 3000	274 / 3500	265 / 3500
Gemischaufbereitung	Vergaser	L-Jetronic	L-Jetronic	L-Jetronic
Abgasreinigung			geregelt	geregelt
Getriebe	5-Gang	5-Gang	5-Gang	5-Gang
Bremsen vorn / hinten	S / S	S / S	S / S	S / S
Räder	LM-5,5J x 14	LM-6Jx15	LM-6Jx165	LM-6,5Jx15
Reifen	205/60 HR	205/60 VR	205/55 VR	205/60 VR
Abmessungen L x B x H (mm)	4320 x 1670 x 1260	4310 x 1690 x 1265	4310 x 1690 x 1265	4335 x 1690 x 1265
Radstand (mm)	2420	2430	2430	2430
Leergewicht (kg)	1080	1225	1346	1380
Zul. Gesamtgewicht (kg)	1460	1700	1715	1600
Tankinhalt (l)	63	63	72	72
Kofferraum (l)	215	103	103	117
0-100 km/h (s)	9,3	8,6	7,2	7
Spitze (km/h)	200	218	230	230
Anmerkung				

Typ	Mazda RX-7 3. Gen	Mazda RX-8	RX-8
	Mazda RX-7 Turbo Kat.	**Mazda RX-8 Renesis**	**RX-8**
Einführung	07/92	11/03	11/03
Motorbauart / Zylinder	2-Scheiben-Wankel	2-Scheiben-Wankel	2-Scheiben-Wankel
Antrieb	Heck	Heck	Heck
Bohrung x Hub (mm)	2 x 654	2 x 654	2 x 654
Hubraum (cm^3)			
Leistung kW / PS	176 / 240	141/192	170/231
Max. Drehmoment min^{-1}	294 / 5000	220 / 5000	211 / 5500
Gemischaufbereitung	D-Jetronic	Einspr.	Einspr.
Abgasreinigung	geregelt	Geregelt	Geregelt
Getriebe	5-Gang	5-Gang	6-Gang
Bremsen vorn / hinten	S / S	S / S	S / S
Räder	LM-8Jx16	7,5J x 16	8J x 18
Reifen	225/50 ZR	225/55 R	225/45 R
Abmessungen L x B x H (mm)	4295 x 1760 x 1230	4430 x 1770 x 1340	4430 x 1770 x 1340
Radstand (mm)	2425	2700	2700
Leergewicht (kg)	1320	1390-1448	1390-1455
Zul. Gesamtgewicht (kg)	1490	1820	1815
Tankinhalt (l)	280	61	61
Kofferraum (l)	76	290	290
0-100 km/h (s)	6,3	7,2	6,4
Spitze (km/h)	250	223	235
Anmerkung			

Typ	Mazda MX-3	1.9i V6	Mazda MX-5 1. Generation	1.9 16V
	Mazda 1.6-16V	**1.9i V6**	**Mazda MX-5 1.6**	**1.9 16V**
Einführung	01/92	02/94	05/90	02/94
Motorbauart / Zylinder	Reihe / 4	V / 6	Reihe / 4	Reihe / 4
Antrieb	Front	Front	Heck	Heck
Bohrung x Hub (mm)	78 x 83,6	75 x 69,6	78 x 83,6	83 x 85
Hubraum (cm^3)	1598	1845	1598	1840
Leistung kW / PS	65 / 88	95 / 129	85 / 115	96 / 131
Max. Drehmoment min^{-1}	132 / 4000	157 / 5000	135 / 5500	152 / 5000
Gemischaufbereitung	Einspr.	L-Jetronic	L-Jetronic	L-Jetronic
Abgasreinigung	geregelt	geregelt	geregelt	geregelt
Getriebe	5-Gang	5-Gang	5-Gang	5-Gang
Bremsen vorn / hinten	S / T	S / S	S / S	S / S
Räder	5,5Jx14	6Jx15	5,5Jx14	5,5Jx14
Reifen	185/65 HR	205/55 VR	165/60 HR	185/60 R
Abmessungen L x B x H (mm)	4220 x 1695 x 1310	4220 x 1695 x 1310	3975 x 1670 x 1230	3975 x 1670 x 1230
Radstand (mm)	2455	2455	2265	2265
Leergewicht (kg)	1030	1145	970	990
Zul. Gesamtgewicht (kg)	1475	1540	1190	1230
Tankinhalt (l)	50	50	45	45
Kofferraum (l)	289	289	135	135
0-100 km/h (s)	11,4	8,5	10,3	10,1
Spitze (km/h)	179	202	186	194
Anmerkung	Ab 2.94 Leistung 79 kW / 107 PS, Verbrauch 7,5 l N	Leistung bis 1.94: 98 kW / 133 PS. Verbrauch 9 l N	Ab 1995 auch 66 kW / 90 PS. Verbrauch 7,9 l N	Verbrauch 8,7 l N

Typ	Mazda MX-5 2. Generation			3. Generation
	Mazda MX-5 1.6i 16V	**1.9i 16V**	**1.9i 16V Sportive**	**MX-5 1.8 l MZR**
Einführung	04/98	04/98	12/00	01/06
Motorbauart / Zylinder	Reihe / 4	Reihe / 4	Reihe / 4	Reihe / 4
Antrieb	Heck	Heck	Heck	Heck
Bohrung x Hub (mm)	78 x 83,6	83 x 85	83 x 85	1798
Hubraum (cm³)	1597	1840	1840	83,0 x 83,1
Leistung kW / PS	81 / 110	103 / 140	107 / 146	93 / 126
Max. Drehmoment min⁻¹	134 / 5000	162 / 4500	168 / 5000	167 / 4500
Gemischaufbereitung	Einspr.	Einspr.	Einspr.	Einspr.
Abgasreinigung	geregelt	geregelt	geregelt	ger.
Getriebe	5-Gang	5-Gang	6-Gang	5-Gang
Bremsen vorn / hinten	S / S	S / S	S / S	S / S
Räder	5,5Jx14	6Jx15	6,5Jx16	6J x 15
Reifen	185/60 R	195/50 R	205/45 H	205/50 R
Abmessungen L x B x H (mm)	3975 x 1680 x 1225	3975 x 1680 x 1225	3975 x 1680 x 1225	3995 x 1720 x 1245
Radstand (mm)	2265	2265	2265	2330
Leergewicht (kg)	1090	1100	1175	1155
Zul. Gesamtgewicht (kg)	1255	1265	1315	1365
Tankinhalt (l)	50	50	50	50
Kofferraum (l)	144	144	144	150
0-100 km/h (s)	9,7	8,5	8,4	9,4
Spitze (km/h)	191	205	215	196
Anmerkung	Verbrauch 8,1 l N	Leistung ab 10.2000: 107 kW; mit Automatik 102 kW	Verbrauch 9,5 l S	

Typ	Mazda MX-5 3. Generation		Mazda MX-6	
	Mazda MX-5 2.0 l MZR	**2.0 l MZR Roadster Coupé**	**Mazda MX-6 2.0 16V**	**2.5 V6 24V**
Einführung	01/06	01/07	02/92	02/1992
Motorbauart / Zylinder	Reihe / 4	Reihe / 4	Reihe / 4	V / 6
Antrieb	Heck	Heck	Front	Front
Bohrung x Hub (mm)	87,5 x 83,1	87,5 x 83,1	83 x 92	84,5 x 74,2
Hubraum (cm³)	1999	1999	1991	2497
Leistung kW / PS	118/160	118/160	85 / 115	121 / 165
Max. Drehmoment min⁻¹	188 / 5000	188 / 5000	170 / 4700	217 / 4800
Gemischaufbereitung	Einspr.	Einspr.	Einspr.	Einspr.
Abgasreinigung	ger.	ger.	geregelt	geregelt
Getriebe	5-Gang	5-Gang	5-Gang	5-Gang
Bremsen vorn / hinten	S / S	S / S	S / S	S / S
Räder	6,5J x 16	7 x 17	5,5Jx14	6,5Jx15
Reifen	205/50 R	205/45 R	195/65 HR	205/55 R
Abmessungen L x B x H (mm)	3995 x 1720 x 1245	3995 x 1720 x 1255	4615 x 1750 x 1310	4620 x 1750 x 1310
Radstand (mm)	2330	2330	2610	2610
Leergewicht (kg)	1155	1192	1170	1255
Zul. Gesamtgewicht (kg)	1365	1365	1560	1560
Tankinhalt (l)	50	50	60	60
Kofferraum (l)	150	150	404	404
0-100 km/h (s)	7,9	8,3	10,4	8,5
Spitze (km/h)	210	215	204	220
Anmerkung	Je nach Ausstattung auch mit 7Jx17 und 205/45 und 6-Gang.	Auch als MX-5 1.8 l MZR Roadster Coupé.	Verbrauch 8,0 l N	Ab 9.1995 Leistung 120 kW / 163 PS.

Typ	Mazda Demio		Mazda Premacy	
	Mazda Demio 1.4i	**1.5i**	**Mazda Premacy 1.9**	**2.0 DiDT**
Einführung	08/98	04/00	06/99	10/99
Motorbauart / Zylinder	Reihe / 4	Reihe / 4	Reihe / 4	Reihe / 4
Antrieb	Front	Front	Front	Front
Bohrung x Hub (mm)	71 x 83,6	78 x 78,4	83 x 85	86 x 86
Hubraum (cm³)	1323	1498	1840	1998
Leistung kW / PS	53 / 72	55 / 75	74 / 100	66 / 90
Max. Drehmoment min⁻¹	105 / 3500	116 / 2500	152 / 3500	220 / 1800
Gemischaufbereitung	LH-Jetronic	LH-Jetronic	LH-Jetronic	DI, Turbo
Abgasreinigung	geregelt	geregelt	geregelt	Oxikat
Getriebe	5-Gang	5-Gang	5-Gang	5-Gang
Bremsen vorn / hinten	S / T	S / T	S / T	S / T
Räder	4,5Jx13	5,5Jx14	6Jx14	6Jx14
Reifen	165/70 R	175/60 R	185/65 R	185/65 R
Abmessungen L x B x H (mm)	3808 x 1650 x 1500	3808 x 1650 x 1500	4295 x 1705 x 1600	4295 x 1705 x 1600
Radstand (mm)	2390	2390	2670	2670
Leergewicht (kg)	1025	1025	1310	1425
Zul. Gesamtgewicht (kg)	1450	1450	1750	1820
Tankinhalt (l)	43	43	58	58
Kofferraum (l)	330-679	330-679	420-1848	420-1848
0-100 km/h (s)	13,2	13	11,8	12,9
Spitze (km/h)	158	160	175	170
Anmerkung	Auch mit 46 kW / 63 PS	Verbrauch 7,3 l S	Auch mit 84 kW / 114 PS. Kofferraumvolumen dann 370-1798 l.	Ab 10.2001 auch mit 74 kW / 100 PS.

Typ	Mazda Premacy	Mazda MPV		
	Mazda Premacy 2.0	**Mazda MPV 3.0i V6**	**3.0i V6**	**2.5 TD**
Einführung	10/01	09/94	06/96	06/96
Motorbauart / Zylinder	Reihe/ 4	V / 6	V / 6	Reihe / 4
Antrieb	Front	Heck	Heck	Heck
Bohrung x Hub (mm)	96 / 131	90 x 77,4	90 x 77,4	93 x 92
Hubraum (cm³)	1991	2954	2954	2499
Leistung kW / PS	96 / 131	113 / 154	109 / 148	85 / 115
Max. Drehmoment min⁻¹	171 / 4500	228 / 4000	228 / 4000	277 / 2000
Gemischaufbereitung	LH-Jetronic	L-Jetronic	L-Jetronic	Einspr.
Abgasreinigung	geregelt	geregelt	geregelt	Unger.
Getriebe	5-Gang	4-St-Automatik	4-St-Automatik	5-Gang
Bremsen vorn / hinten	S / T	S / S	S / S	S / S
Räder	6JJx16	6Jx15	6Jx15	5,5Jx15
Reifen	195/55 R	215/65 R	215/65 R	215/65 R
Abmessungen L x B x H (mm)	4295 x 1705 x 1600	4470 x 1825 x 1690	4670 x 1825 x 1750	4670 x 1825 x 1750
Radstand (mm)	2670	2805	2805	2805
Leergewicht (kg)	1385	1830	1710	1775
Zul. Gesamtgewicht (kg)	1795	2356	2310	2370
Tankinhalt (l)	58	74	74	74
Kofferraum (l)	420-1848	220	282	282
0-100 km/h (s)	10,7	12,6	13,9	16,4
Spitze (km/h)	188	170	185	165
Anmerkung	Verbrauch 9,4 l S	Verbrauch 13,9 l N	Verbrauch 12,6 l N	Verbrauch 9,3 l D

Typ	Mazda MPV 2. Generation		
	Mazda MPV 2.0	**2.3 MZR**	**2.0 MZR-CD**
Einführung	09/99	05/02	05/02
Motorbauart / Zylinder	Reihe / 4	Reihe / 4	Reihe / 4
Antrieb	Front	Front	Front
Bohrung x Hub (mm)	83 x 92	87,5 x 94	86 x 86
Hubraum (cm³)	1991	2261	1998
Leistung kW / PS	90 / 122	104 / 141	100 / 136
Max. Drehmoment min⁻¹	175 / 3800	195 / 4000	310 / 2000
Gemischaufbereitung	LH-Jetronic	LH-Jetronic	Common-Rail
Abgasreinigung	geregelt	geregelt	Oxi-Kat
Getriebe	5-Gang	5-Gang	5-Gang
Bremsen vorn / hinten	S / T	S / S	S / S
Räder	6JJx15	6JJx15	6,5Jx16
Reifen	205/65 R	205/65 R	215/60 R
Abmessungen L x B x H (mm)	4750 x 1830 x 1750	4805 x 1830 x 1785	4805 x 1830 x 1785
Radstand (mm)	2840	2840	2840
Leergewicht (kg)	1610	1655	1780
Zul. Gesamtgewicht (kg)	2230	2270	2395
Tankinhalt (l)	70	75	75
Kofferraum (l)	294-1600	405	405
0-100 km/h (s)	14,2	12,7	13,2
Spitze (km/h)	178	180	176
Anmerkung	Ab 7.01 88 kW / 120 PS.	Kofferraum max. 1600 l	Verbrauch 7,1 l D

Typ	Mazda5		
	Mazda5 MZR 1.8	**MZR 2.0**	**MZR-CD 2.0**
Einführung	06/05	06/05	06/05
Motorbauart / Zylinder	Reihe / 4	Reihe / 4	Reihe / 4
Antrieb	Front	Front	Front
Bohrung x Hub (mm)	83 x 83,1	87,5 x 83,1	86 x 86
Hubraum (cm³)	1798	1999	1998
Leistung kW / PS	85 / 115	107 / 145	81 / 110
Max. Drehmoment min⁻¹	165 / 4000	185 / 4500	310 / 2000
Gemischaufbereitung	Multipoint	Multipoint	Common Rail
Abgasreinigung	geregelt	geregelt	DPF, Oxikat
Getriebe	5-Gang	5-Gang	6-Gang
Bremsen vorn / hinten	S / S	S / S	S / S
Räder	6Jx15	6Jx15	6Jx15
Reifen	195/65 R	195/65 R	195/65 R
Abmessungen L x B x H (mm)	4505 x 1755 x 1615	4505 x 1755 x 1615	4505 x 1755 x 1615
Radstand (mm)	2750	2750	2750
Leergewicht (kg)	1470	1475	1610
Zul. Gesamtgewicht (kg)	2090	2100	2225
Tankinhalt (l)	60	60	60
Kofferraum (l)	112	112	112
0-100 km/h (s)	11,4	8,2	12,9
Spitze (km/h)	182	198	179
Anmerkung	Als Fünf- oder Sieben-sitzer. Kofferraum maximal 1678 l.	Je nach Ausstattung auch 6,5Jx16/17, Reifen205/55 R 16/17.	Auch 105 kW/145 PS, 197 km/h. Auch 6,5Jx16/17, R. 205/55 R 16/17.

Typ	**Mazda Tribute**		**Maxda CX-7**
	Mazda Tribute 2WD 2.0	**Tribute 4WD 3.0 V6**	**Mazda CX-7 2.3 l MZR DISI**
Einführung	10/00	10/00	10/07
Motorbauart / Zylinder	Reihe / 4	V / 6	Reihe / 4
Antrieb	Front	Allrad	Allrad
Bohrung x Hub (mm)	84,8 x 88	89 x 79,5	87,5 x 94,0
Hubraum (cm³)	1989	2967	2261
Leistung kW / PS	91 / 124	145 / 197	191 / 260
Max. Drehmoment min⁻¹	175 / 4500	265 / 4750	380 / 3000
Gemischaufbereitung	Einspr.	Einspr.	Einspr.
Abgasreinigung	geregelt	geregelt	geregelt
Getriebe	6-Gang	4-St-Automatik	6-Gang
Bremsen vorn / hinten	S / T	S / T	S / S
Räder	6,5JJ x 16	7JJ x 16	7,5J x 18
Reifen	215/70	235/70	235/60 R
Abmessungen L x B x H (mm)	4395 x 1800 x 1710	4395 x 1825 x 1765	4675 x 1870 x 1645
Radstand (mm)	2620	2620	2750
Leergewicht (kg)	1425	1495	1770
Zul. Gesamtgewicht (kg)	1995	1985	2270
Tankinhalt (l)	57	61	69
Kofferraum (l)	368	457	455
0-100 km/h (s)	13,0	11,8	8,0
Spitze (km/h)	169	190	210
Anmerkung	Auch als 4WD und mit Automatik lieferbar.	Verbrauch 12,8 l S	Verbrauch 10,2 l S

Typ	**Mazda B-Serie**			**Mazda BT-50**
	Mazda B-2500	**B-2500**	**B-2500**	**Mazda BT-50**
Einführung	01/97	12/97	01/03	01/07
Motorbauart / Zylinder	Reihe / 4	Reihe / 4	Reihe / 4	Reihe / 4
Antrieb	Heck, Front zuschaltbar	Heck, Front zuschaltbar	Heck, Front zuschaltbar	Heck, Front zuschaltbar
Bohrung x Hub (mm)	93 x 92	93 x 92	93 x 92	93 x 92
Hubraum (cm³)	2499	2499	2499	2499
Leistung kW / PS	63 / 86	57 / 78	80 / 109	105 / 143
Max. Drehmoment min⁻¹	171 / 2000	168 / 2500	266 / 2000	330 / 1800
Gemischaufbereitung	Einspr.	Einspr.	Einspr.	Common-Rail
Abgasreinigung		Oxi-Kat	Oxi-Kat	Oxi-Kat
Getriebe	5-Gang	5-Gang	5-Gang	5-Gang
Bremsen vorn / hinten	S / T	S / T	S / T	S / S
Räder	6Jx16	6Jx16	7Jx15	7Jx16
Reifen	205 R	205 R	265/75 R	245/70 R
Abmessungen L x B x H (mm)	5130 x 1705 x 1690	5020 x 1695 x 1740	5005 x 1695 x 1740	5075 x 1805 x 1750
Radstand (mm)	3000	3000	3000	3000
Leergewicht (kg)	1635	1725	1700	1855
Zul. Gesamtgewicht (kg)	2795	2930	2925	3080
Tankinhalt (l)	70	70	60	70
Kofferraum (l)				
0-100 km/h (s)	23	22,9	23,1	12,9
Spitze (km/h)	130	130	148	158
Anmerkung		Langkabine, auch als TD mit 80 kW / 109 PS.	Daten beziehen sich auf Toplands L-Cab.	Daten beziehen sich auf Toplands L-Cab.

Typ	**Mazda E-Serie**		
	Mazda E 2000	**E 2200**	**E 2200**
Einführung	10/84	06/88	11/99
Motorbauart / Zylinder	Reihe / 4	Reihe / 4	Reihe / 4
Antrieb	Heck	Heck	Heck
Bohrung x Hub (mm)	86 x 86	86 x 94	86 x 94
Hubraum (cm³)	1998	2184	2184
Leistung kW / PS	63 / 86	46 / 63	52 / 71
Max. Drehmoment min⁻¹	151 / 2800	130 / 2000	136 / 2000
Gemischaufbereitung	Vergaser	Einspr.	Einspr.
Abgasreinigung			
Getriebe	5-Gang	5-Gang	5-Gang
Bremsen vorn / hinten	S / T	S / T	S / T
Räder	5Jx14	5Jx14	5Jx14
Reifen	185 R	185 R	185 R
Abmessungen L x B x H (mm)	4700 x 1690 x 1960	4915 x 1690 x 1970	4965 x 1690 x 1955
Radstand (mm)	2600	2600	2600
Leergewicht (kg)	1520-1590	1530-1580	1595-1630
Zul. Gesamtgewicht (kg)	2385-2795	2425-2795	2910
Tankinhalt (l)	62	62	62
Kofferraum (l)			
0-100 km/h (s)			
Spitze (km/h)	138	122	125
Anmerkung	Als 3-, 6- oder 9-Sitzer, Abmessungen 4x4: 4710 x 1690 x 1980 mm, Leergew. 1590 kg. Ab 11.9 Leistung 70 kW / 95 PS.	Als 3-, 6- oder 9-Sitzer, bis 6.88 nicht 4x4.	Als 3- oder 6-Sitzer.